Eine Einladung in die Mathematik

W0264196

Dierk Schleicher · Malte Lackmann
Herausgeber

Eine Einladung in die Mathematik

Einblicke in aktuelle Forschung

Aus dem englischen Original übersetzt von Bertram Arnold
sowie von Robin Stoll ("Wie man Diophantische Gleichungen löst")
und Marcel Oliver ("Regulär oder singulär? Mathematische und numerische
Rätsel in der Strömungsmechanik") unter Mitwirkung der Herausgeber

 Springer Spektrum

Herausgeber
Dierk Schleicher
Jacobs University
Postfach 750 561
28725 Bremen
Deutschland
dierk@jacobs-university.de

Malte Lackmann
Immenkorv 13
24582 Bordesholm
Deutschland
malte.lackmann@web.de

Übersetzung der englischen Ausgabe: *An Invitation to Mathematics. From Competitions to Research* von D. Schleicher und M. Lackmann (Hrsg.). Springer-Verlag Berlin Heidelberg, 2011. ISBN 978-3-642-19532-7

ISBN 978-3-642-25797-1   ISBN 978-3-642-25798-8 (eBook)
DOI 10.1007/978-3-642-25798-8
Springer Heidelberg Dordrecht London New York

Die Deutsche Nationalbibliothek verzeichnet diese Publikation in der Deutschen Nationalbibliografie; detaillierte bibliografische Daten sind im Internet über http://dnb.d-nb.de abrufbar.

Mathematics Subject Classification Codes (2010): 00-01, 00A09, 00A05

Springer Spektrum
© Springer-Verlag Berlin Heidelberg 2013
Das Werk einschließlich aller seiner Teile ist urheberrechtlich geschützt. Jede Verwertung, die nicht ausdrücklich vom Urheberrechtsgesetz zugelassen ist, bedarf der vorherigen Zustimmung des Verlags. Das gilt insbesondere für Vervielfältigungen, Bearbeitungen, Übersetzungen, Mikroverfilmungen und die Einspeicherung und Verarbeitung in elektronischen Systemen.

Die Wiedergabe von Gebrauchsnamen, Handelsnamen, Warenbezeichnungen usw. in diesem Werk berechtigt auch ohne besondere Kennzeichnung nicht zu der Annahme, dass solche Namen im Sinne der Warenzeichen- und Markenschutz-Gesetzgebung als frei zu betrachten wären und daher von jedermann benutzt werden dürften.

Gedruckt auf säurefreiem und chlorfrei gebleichtem Papier

Springer Spektrum ist eine Marke von Springer DE. Springer DE ist Teil der Fachverlagsgruppe Springer Science+Business Media.
www.springer-spektrum.de

Inhaltsverzeichnis

Vorwort: Was ist Mathematik?

Günter M. Ziegler

Dieses Buch ist eine Einladung in die Mathematik.

Aber *was ist Mathematik?* Diese Frage sucht nach einer Definition. Eine solche findet man etwa in der englischen Wikipedia. Ich übersetze:

> *Mathematik ist das Studium von Mengen, Struktur, Raum und Veränderung. Mathematiker suchen Muster, formulieren neue Vermutungen und leiten wahre Aussagen systematisch aus passend gewählten Axiomen und Definitionen ab.*

Mengen, Struktur, Raum und Veränderung? Diese Worte stecken einen riesigen Bereich an Wissen ab — und werden dann mit einer sehr engen, mechanischen und ehrlich gesagt recht langweiligen Beschreibung davon abgeschlossen, „was Mathematiker machen". Sollte „was Mathematiker machen" wirklich Teil der Definition sein?

Die Definition der deutschen *Wikipedia* ist aus anderen Gründen interessant: sie betont, dass es keine Definition von Mathematik gibt, die allgemein akzeptiert wird.

> *Die Mathematik ist die Wissenschaft, welche aus der Untersuchung von Figuren und dem Rechnen mit Zahlen entstand. Für Mathematik gibt es keine allgemein anerkannte Definition; heute wird sie üblicherweise als eine Wissenschaft beschrieben, die selbst durch logische Definitionen geschaffene abstrakte Strukturen mittels der Logik auf ihre Eigenschaften und Muster untersucht.*

Ist das eine gute Definition, eine zufriedenstellende Antwort auf die Frage „Was ist Mathematik"? Ich glaube nicht, dass man in der *Wikipedia* eine solche finden kann (ganz unabhängig von der Sprache). Viel wichtiger ist aber, dass man auch in den Lehrplänen für Mathematikunterricht vergeblich nach einer Antwort sucht. Selbst das berühmte Buch „Was ist Mathematik?" von Richard Courant und Herbert Robbins kann keine zufriedenstellende Antwort liefern.

Vielleicht passt eine gute Definition einfach nicht in ein oder zwei Sätze. Ich behaupte sogar, dass eine einzige Antwort unmöglich ausreichen kann: Die Mathematik des 21. Jahrhunderts bildet einen riesigen und unglaublich vielseitigen Wissensschatz, der verschiedenste Forschungsgebiete vereint.

Günter M. Ziegler
Fachbereich Mathematik und Informatik, Freie Universität Berlin, Arnimallee 2, 14195 Berlin, Germany. E-mail: `ziegler@math.fu-berlin.de`

Man kann Mathematik daher auf die verschiedensten Arten erkunden — im Wettstreit bei nationalen und internationalen Wettbewerben, in jahrelanger Einzelarbeit (man denke an Andrew Wiles, der den großen Satz von Fermat bewies, oder Grigori Perelman, der die Poincaré-Vermutung zeigen konnte), über einer Tasse Kaffee bei einer Konferenz oder in massiver Zusammenarbeit im Internet (wie bei den von Michael Nielsen, Timothy Gowers, Terence Tao und anderen angestoßenen Polymath–Projekten).

Aber vielleicht hat die englische *Wikipedia* doch in einem Sinne recht: der Weg zur Wissenschaft Mathematik führt über die Menschen, die Mathematik betreiben. *Was ist Mathematik also für eine Erfahrung?* Was bedeutet es, Mathematik zu *machen*?

Dieses Buch ist eine Einladung in die Mathematik, die aus Beiträgen von führenden Mathematikern besteht. Viele von ihnen machten ihre ersten Schritte in die Mathematik, und in Richtung mathematische Forschung, bei Wettbewerben wie den Mathematikolympiaden — eine der vielen Möglichkeiten, Begeisterung für Mathematik zu entwickeln. Dieses Buch soll eine Verbindung zwischen der „gezähmten" Schul- und Wettbewerbsmathematik und der „wilden" und „freien" Mathematik bilden, die in der Forschung untersucht wird. Als früherer Schüler, erfolgreicher Teilnehmer an Wettbewerben wie der IMO und als Universitätsprofesssor, der versucht, der Öffentlichkeit Mathematik näher zu bringen, habe ich alle diese Arten von Mathematik kennengelernt, und bin daher gespannt auf dieses Buch und die Brücken, die es baut.

Ausgangspunkt dieses Buchs war die 50. Internationale Mathematikolympiade, die 2009 in Bremen stattfand, genauer gesagt eine Veranstaltung, die ich (gemeinsam mit Martin Grötschel) moderieren durfte. Bei dieser wurde mehreren IMO-Goldmedaillisten und anderen Mathematikern ersten Ranges eine Bühne gegeben, um über die Mathematik zu reden, die sie betrieben, die sie betreiben und die sie interessiert. All dies spiegelt sich in diesem Buch wider: es enthält einige Vorträge von der IMO-Veranstaltung sowie andere Facetten der mathematischen Forschung. Es wurde mit bewundernswerter Sorgfalt, Energie und Liebe zum Detail von Dierk Schleicher (einem der Hauptorganisatoren der 50. IMO in Bremen) und Malte Lackmann (einem erfolgreichen dreimaligen IMO-Teilnehmer) zusammengestellt und von Bertram Arnold ins Deutsche übersetzt. Ich möchte allen dreien für dieses Werk danken, das ich als Anfang einer Antwort auf die Frage „Was ist Mathematik" sehe — und jetzt ein informatives, amüsantes und (im wahren Sinne des Wortes) *attraktives* Lesevergnügen wünschen.

Berlin, Mai 2012

Günter M. Ziegler

Willkommen!

Eine Begrüßung durch die Herausgeber

Liebe Leser,

wir freuen uns, dass ihr unsere *Einladung in die Mathematik* angenommen habt. Es ist eine gemeinsame Einladung von einigen der international führenden Mathematiker zusammen mit uns, den Herausgebern. Die vierzehn Beiträge in diesem Buch sind von sehr verschiedenen Persönlichkeiten auf sehr unterschiedliche Art und Weise geschrieben worden, aber wir alle haben eines gemeinsam: wir haben eine Leidenschaft für die Mathematik, wir sind gerne Mathematiker und wir würden uns freuen, unsere Begeisterung für das Fach mit euch, unseren Lesern, zu teilen.

Für wen wurde dieses Buch geschrieben? Dieses Buch wurde für alle geschrieben, die Interesse an Mathematik haben — ja, genau für Leute wie dich! Vor allem haben wir dabei junge Leute im Kopf, die am Ende der Schulzeit oder am Beginn des Studiums stehen und die Mathematik in der Schule (und vielleicht in Mathematikwettbewerben) kennen und schätzen gelernt haben. Die Mathematik hat viele verschiedene Gesichter: Schulmathematik ist etwas anderes als die Mathematik, die man bei Wettbewerben betreibt, und Forschungsmathematik steht noch einmal auf einem ganz anderen Blatt. Aber natürlich gibt es auch viele Ähnlichkeiten — schließlich handelt es sich immer um Mathematik!

Die Idee dieses Buches ist, dass professionelle Forschungsmathematiker den Teil der Mathematik, in dem sie sich auskennen und in dem sie exzellente Arbeit leisten, auf einladende Weise beschreiben und unseren Lesern nahebringen. Wir haben uns große Mühe gegeben, auf euch Leser Rücksicht zu nehmen und die Beiträge so zu schreiben, dass sie — größtenteils — für talentierte und, was wichtiger ist, interessierte Schüler oder junge Studenten zugänglich sind. Wir denken ganz besonders auch an Mathematiklehrer, von denen wir hoffen, dass sie unsere Einladung so spannend finden, dass sie vielleicht den einen oder anderen Aspekt an ihre Schüler weitergeben; und natürlich hoffen wir auch darauf, dass auch aktive Forschungsmathematiker dieses Buch gerne lesen werden, da es eine Möglichkeit darstellt, interessante mathematische Einsichten und Denkweisen kennenzulernen, die vielleicht außerhalb ihres eigenen Spezialgebiets liegen. Wir selbst können versichern, dass wir während der Arbeit an diesem Buch sehr viel gelernt haben!

Vierzehn Einladungen in die Mathematik. Wie man beim Lesen des Buchs schnell bemerkt, sind die vierzehn individuellen Einladungen, die es enthält, genauso verschieden wie die Persönlichkeiten ihrer Autoren und deren mathematische Geschmäcker und Vorlieben: Mathematik bietet Platz für sehr verschiedene Menschen. Die vierzehn Einladungen sind unabhängig voneinander geschrieben und wir stellen uns nicht vor, dass sie in ihrer vorgegebenen Reihenfolge gelesen werden, sondern eher, dass ihr das Buch durchblättert, mit dem Beitrag startet, der euch auf den ersten Blick am meisten zusagt und dann in eurer eigenen Reihenfolge weitermacht — ein bisschen wie der „Zufalls-Weg" auf dem Buchumschlag, der die Bilder aus den verschiedenen Beiträgen verbindet. (Bei der Ordnung der Beiträge haben wir versucht, Beiträge über verwandte Themen nah zueinander zu bringen, aber es hätte natürlich auch viele andere Möglichkeiten gegeben.) Wenn ihr bei einer bestimmten Einladung feststeckt, kann es eine gute Idee sein, einfach mit einer anderen weiterzumachen. Es kann gut passieren, dass ihr merkt, dass die Beiträge, die ihr zuerst schwierig fandet, mit der Zeit einfacher und auch schöner werden: das mag daran liegen, dass ihr in der Zwischenzeit mehr Mathematik gelernt habt, aber auch einfach daran, dass ihr etwas Zeit hattet, die Erkenntnisse zu verdauen. In der Tat sind die meisten Beiträge Einladungen zum aktiven Lesen und zum aktiven Mit-Denken: Denken ist schließlich das, was die meisten von uns während ihrer Arbeitszeit hauptsächlich machen.

Gerade haben wir euch geraten, mit den Einladungen anzufangen, die euch auf den ersten Blick am interessantesten erscheinen. Genauso möchten wir euch aber auch ermutigen, das ganze breite Spektrum an Mathematik zu benutzen, das dieses Buch bietet. Es mag sein, dass ihr in der Schule oder bei Wettbewerben Vorlieben für einen Teil der Mathematik oder Abneigungen gegen einen anderen entwickelt habt. Wir denken aber, dass es ungesund ist, sich zu früh auf einen bestimmten Teil der Mathematik zu spezialisieren, bevor man die Schönheit der anderen Teile und die Reichweite und Vielfalt der gesamten Mathematik kennengelernt hat. Wir haben oft mit jungen Studenten gesprochen, die sich sicher waren, in Gebiet X arbeiten zu wollen und sich weigerten, ihre Bildung auf anderen Gebieten voranzutreiben, und haben ihnen geraten, etwas Hintergrund in den Bereichen Y und Z zu erlangen. Oft stellte sich heraus, dass diese Bereiche gar nicht so langweilig waren, und am Ende ihres Studiums entschieden sich die Studenten, ihre Forschung in Gebiet Y oder Z' zu betreiben — oder auch Ω. Und selbst für diejenigen, die, nachdem sie verschiedene Zweige der Mathematik erkundet hatten, wieder zu ihrem früheren Lieblingsbereich zurückgekehrt sind, kann es nur gut sein, ihren mathematischen Horizont so breit wie möglich gestaltet zu haben. Denn in der modernen Mathematik gibt es immer mehr Verbindungen zwischen verschiedenen Gebieten, die sich vor einiger Zeit auseinanderzubewegen schienen. Dies kann man an den Beiträgen unseres Buches gut sehen: viele Beiträge behandeln (scheinbar) sehr verschiedene Aspekte der mathematischen Forschung und zeigen überraschende Verbindungen zwischen ihnen. Es gibt viele Gemeinsamkeiten zwischen den einzelnen Beiträgen, so dass ihr oft den Eindruck haben werdet, dieselben Ideen in sehr verschiedenen Zusammenhängen anzutreffen. (Wir erzählen euch jetzt aber nicht, an welche Gemeinsamkeiten wir denken — findet sie ruhig selber!)

Zusammenfassend kann man sagen: Der Titel dieses Buches ist *nicht* „Vierzehn Einladungen in die Mathematik", und wir hoffen, dass ihr einen Einblick in die Mathematik erhalten könnt, der so viel Breite und Vielfalt hat, wie es uns möglich war, zwischen die Deckel dieses Buches zu bekommen. (Natürlich ist die Mathematik selbst noch viel breiter, und wir hätten gern noch etliche weitere Beiträge. Wenn ihr glaubt, dass ein wichtiger Aspekt der Mathematik fehlt, oder dass wir eine bestimmte Person übersehen haben, die eine weitere Einladung zur Mathematik hätte beitragen sollen, lasst es uns bitte wissen — und helft uns, diese Person zu überzeugen, ihre Einsichten für die nächste Auflage dieses Buchs beizusteuern!)

Der Ursprung des Buchs. Dieses Buch wurde von der 50. Internationalen Mathematik-Olympiade inspiriert, die 2009 in Bremen stattgefunden hat. Beide von uns waren an der Olympiade beteiligt: der eine als einer der Hauptorganisatoren, der andere als Teilnehmer.

Ein Höhepunkt dieser Olympiade war die Zeremonie zur Feier des 50. IMO-Geburtstags, zu der sechs der weltweit führenden Forschungsmathematiker eingeladen wurden, die alle persönliche IMO-Erfahrung hatten: Béla Bollobás, Timothy Gowers, László Lovász, Stanislav Smirnov, Terence Tao und Jean-Christophe Yoccoz. *Alle sechs nahmen unsere Einladung an!* Sie hielten wundervolle Vorträge und wurden von den IMO-Delegationen wie Filmstars gefeiert. Wir haben versucht, den IMO-Teilnehmern ausgiebige Möglichkeiten einzurichten, mit den Ehrengästen in Kontakt zu kommen. Die Veranstaltung wurde für uns alle zu einem spannenden Erlebnis, das viele bleibende Erinnerung schaffte. Wir hoffen, dass dieser Geist der persönlichen Interaktion und Einladung auch in den einzelnen Einladungen in diesem Buch durchscheint.

Neben den Beiträgen der genannten Ehrengästen haben drei weitere Beiträge ihre Wurzeln in der IMO 2009: an drei Abenden während der Olympiade, als die Lösungen der Schüler gerade korrigiert wurden, boten wir ihnen mathematische Vorträge an (gehalten von Michael Stoll, Marcel Oliver und Dierk Schleicher). Ein weiterer Beitrag (von Alexander Razborov) hat seinen Ursprung in einer Vorlesungsreihe bei der „Summer School on Contemporary Mathematics" in Dubna bei Moskau im Jahr 2009. Trotz dieser unterschiedlichen Ursprünge sind alle Beiträge eigens für dieses Buch verfasst worden (frühere Versionen der Beiträge von Bollobás, Gowers, Lovász, Smirnov, Tao und Yoccoz sind im Bericht über die 50. IMO erschienen).

Dieses Buch wurde zwar von den Erlebnissen auf der 50. IMO inspiriert, geht aber viel weiter als diese einzelne Veranstaltung, so spannend sie auch war, und versucht, dauerhafte Brücken zwischen Schulen, Wettbewerben und mathematischer Forschung zu bauen. József Pelikán, der damalige Vorsitzende des IMO Advisory Boards, hat die folgende Metapher geprägt: Wenn Forschungsmathematik wie die Tierwelt in der Wildnis ist, dann ist das Lösen von Olympiade-Aufgaben wie die Tiere in einem Zoo — selbst wenn sie als Tiere der Wildnis verkauft werden, sind sie doch in einem sehr engen Käfig gefangen. Kein Löwe kann seine ganze Stärke und Pracht in einem kleinen Gehege zeigen, genau wie die ganze Schönheit der Mathematik sich in den starren Grenzen der Wettbewerbsregularien nicht entfalten kann. Für junge Menschen, die bei Wettbewerben erfolgreich gewesen sind, ist es wichtig zu lernen, diesen Mikrokosmos zu verlassen und neue Herausforderungen in der realen mathematischen Wildnis zu meistern.

Etwas Werbung machen für die Mathematik? Wir haben darüber nachgedacht, diese Einleitung dazu zu nutzen, Werbung für die Mathematik zu machen, inklusive der üblichen Formulierungen darüber, wie wichtig Mathematik ist und wie große Teile unserer Kultur auf mathematischem Denken beruhen. Schließlich haben wir uns dagegen entschieden, da wir denken, dass unsere Leser nicht mehr überzeugt werden müssen und dass die Einladungen von sich aus für die Schönheit und den Wert der Mathematik sprechen. Allerdings sind wir uns bewusst, dass viele Studenten Eltern oder andere wohlmeinende Ratgeber haben, die ihnen sagen, sie sollten lieber etwas studieren, mit dem sie eines Tages ordentlich Geld verdienen können und sichere Berufsaussichten haben. All diesen Zweiflern wollen wir sagen, dass es unsere ausdrückliche Meinung ist, dass junge Menschen in dem Bereich am erfolgreichsten sind, der ihnen am meisten Spaß macht, weil dies der einzige Bereich ist, in dem sie ihr ganzes Potential entwickeln können. Eltern[1], bitte habt keine Angst: alle Studenten aus allen Ländern der Welt, die Mathematiker werden wollten und denen wir geraten haben, ihre Ziele trotz der Bedenken ihrer Eltern weiterhin zu verfolgen, waren erfolgreich in ihrem Gebiet, sei es in der akademischen Welt, in der Industrie oder in der Businesswelt, und niemand von ihnen ist arbeitslos geworden.

Was dieses Buch zu etwas Besonderem macht. Zuallererst sind natürlich unsere Autoren einige der weltweit herausragenden Forschungsmathematiker, die einige ihrer Einblicke mit euch, unseren Lesern, teilen. Dieses Buch versucht, Brücken zu schlagen zwischen aktiven Forschungsmathematikern und jungen Studenten; an seiner Erstellung hat ein Team aus vielen verschiedenen Menschen von beiden Seiten der Brücke mitgearbeitet: Autoren, Herausgeber und Testleser.

---

[1] Zusätzliche Informationen zur Beruhigung von Eltern: Vor drei Jahren hat das *Wall Street Journal* ein Ranking von 200 Jobs nach den folgenden fünf Kriterien veröffentlicht: Arbeitsumfeld, Einkommen, Jobaussichten, körperliche Belastung und Stress. Die untersuchten Berufe umfassten so verschiedene Tätigkeiten wie Programmierer, Filmtechniker, Physiker, Astronom und Holzfäller. Und was sind die drei „besten" Berufe? In dieser Reihenfolge: Mathematiker, Aktuar und Statistiker. Alle drei Jobs basieren auf einer intensiven mathematischen Ausbildung. (Quelle: `http://online.wsj.com/article/SB123119236117055127.html`.)

Wir haben es unseren Autoren wahrhaftig nicht leicht gemacht, ihre Beiträge zu schreiben: Wir haben uns in unserer Herausgebertätigkeit an Timothy Gowers orientiert, der im Vorwort zum *Princeton Companion to Mathematics* von „aktivem interventionistischem Herausgeben" (active interventionist editing) schreibt. Alle Beiträge wurden sorgfältig von uns und einem Team junger Testleser aus der Zielgruppe des Buches gelesen, und die Autoren und wir haben alles zu verbessern versucht, was nicht gut verständlich war. So hoffen wir, dass die Beiträge, die für unsere Leser verständlich *sein sollten*, es auch tatsächlich *sind*; die einzige Möglichkeit, dies sicherzustellen, war, viele Testleser zu beteiligen, und genau das haben wir getan.

Diese Vorgehensweise hatte zahlreiche und substantielle Änderungswünsche in den meisten Beiträgen zur Folge. Alle Autoren akzeptierten diese Wünsche, und viele waren sehr erfreut über das Feedback, das sie von uns erhielten. Ein Autor, der anfangs etwas skeptisch über diesen Prozess gewesen war, schrieb uns: „Ich bin sehr beeindruckt von der Qualität der Arbeit, die sie gemacht haben — sie übertrifft bei weitem das normale Niveau an Gutachten, die ich in allen drei Eigenschaften der wissenschaftlichen Begutachtung (als Herausgeber, als Autor und, naja, selber als Gutachter) gesehen habe". Im Vorwort zu seinem *Princeton Companion* schreibt Timothy Gowers: „Wenn man daran denkt, dass interventionistisches Herausgeben dieser Art in der Mathematik selten ist, so kann ich mir kaum vorstellen, dass das Buch nicht in einer positiven Art und Weise ungewöhnlich wird". Bei allem angemessenen Respekt hoffen wir, dass dies zu einem gewissen Grad auch auf unser Buch zutrifft, und dass unsere Leser das Ergebnis der Bemühungen der Autoren und des Herausgeberteams begrüßen werden.

Wir möchten dieses *Willkommen* mit Zitaten von zweien der Testleser abschließen: „Ich hätte vorher nicht gedacht, dass Thema XY spannend sein könnte; naja, kann es anscheinend doch sein...". Ein anderes Zitat zu einem anderen Beitrag: „Ich fand diesen Text sehr interessant zu lesen; und das hat wirklich etwas zu bedeuten, da ich eigentlich dachte, dass mich dieses Gebiet nicht sehr interessiert!"

Wir wollen euch ermutigen, unser Buch in genau diesem Geiste zu lesen!

Bonn; Bremen und Ithaca/NY, Mai 2012

Malte Lackmann und Dierk Schleicher

Danksagungen. Zunächst sind wir den Autoren unserer *Einladung in die Mathematik* tiefen und aufrichtigen Dank schuldig. Wir haben nicht nur ihre Bereitschaft, Beiträge für das Buch zu schreiben und damit ihre persönlichen Einsichten zu teilen, sehr zu schätzen gelernt, sondern auch die positive Einstellung, mit der sie unseren zahlreichen Verbesserungswünschen entgegengetreten sind. Wir glauben und hoffen, dass auch unsere Leser davon profitieren werden. Wir hatten außerdem etliche „Testleser", die geduldig und sorgfältig mehrere oder sogar alle der Einladungen gelesen haben und dadurch mitgeholfen haben, ein deutlich besseres Buch zu produzieren. Einige der Autoren haben uns gebeten, ihnen ihre ausdrückliche Wertschätzung für ihre Hingabe und Sorgfalt bei dieser Arbeit zu überbringen, und wir tun dies sehr gerne. Unsere aktivsten Testleser waren Alexander Thomas, Bertram Arnold und Kęstutis Česnavičius, aber viele weitere Schüler und Studenten lasen einen oder mehrere Beiträge und gaben wertvolles Feedback, so unter anderem Bastian Laubner, Christoph Kröner, Dima Dudko, Florian Tran, Jens Reinhold, Lisa Sauermann, Matthias Görner, Michael Meyer, Nikita Selinger, Philipp Meerkamp und Radoslav Zlatev sowie unsere Kollegen und Freunde Marcel Oliver und Michael Stoll. Wir möchten außerdem Jan Cannizzo danken, der uns für die englische Version bei sprachlichen Unklarheiten zur Seite stand und einige Beiträge im Bezug auf die Sprache auch vollständig überarbeitete; unsere Autoren haben uns eigens gebeten, ihm aufrichtig zu danken.

Wir sind Clemens Heine vom Springer Verlag außerordentlich dankbar für seine unermüdliche inhaltliche und moralische Unterstützung in welcher Situation auch immer; es ist sicherlich keine leere Phrase, wenn wir sagen, dass dieses Buch ohne seine stetige Unterstützung nicht entstanden wäre. Es war auch ein Vergnügen, mit Frank Holzwarth vom Springer Verlag zusammenzuarbeiten, der all unsere LaTeX-Probleme innerhalb von Sekunden löste.

Bei der Übersetzung ins Deutsche gab es wieder eine Gruppe von Testlesern, die uns diesmal vor allem auf inhaltliche Fehler bei der Übertragung sowie auf sprachliche Ungeschliffenheiten hingewiesen haben. Wir danken hierfür Alicia von Schenk, Bastian Laubner, Bernhard Reinke, Danial Sanusi, Daniel Brügmann, Fabian Henneke, Florian Schweiger, Jens Reinhold, Lisa Sauermann, Marvin Meister, Matthias Görner, Michael Meyer, Michael Rothgang, Michael Schubert, Michael Thon, Robin Stoll und Stephanie Schiemann.

Dankende Anerkennung gilt auch dem Rat und den Vorschlägen, die uns viele Kollegen mitgeteilt haben, unter ihnen Béla Bollobás, Timothy Gowers, Martin Grötschel und vor allem Günter Ziegler. Wir danken auch allen, die die IMO 2009 zu einem Erfolg und einem inspirierenden Ereignis gemacht haben, vor allem unseren Freunden und Kollegen aus dem Lenkungskreis: Anke Allner, Hans-Dietrich Gronau, Hanns-Heinrich Langmann und Harald Wagner. Außerdem hatte die IMO 2009 ein großes Team von aktiven Helfern: Koordinatoren, Guides, Freiwillige und viele mehr — nicht zu vergessen sind auch die vielen Sponsoren! Wir möchten ihnen allen gerne danken.

Schließlich dankt M.L. allen, die das Jahr in Bremen möglich und vor allem zu so einer schönen Zeit gemacht haben.

D.S. dankt seinen Studenten und Kollegen für ihr Verständnis während der Arbeit an diesem Buch. Und natürlich danke, Anke und Diego, für eure Unterstützung und euer Verständnis, und dafür, dass ihr bei mir seid.

Wir beide danken unserem Freund und Übersetzer, Bertram Arnold, der sich — nach konstruktiver Mitarbeit am englischen Original — mit viel Geduld und Kompetenz der Aufgabe gestellt hat, dieses Buch und seine Einladungen mathematisch und stilistisch ins Deutsche zu übersetzen.

Struktur und Zufälligkeit der Primzahlen

Terence Tao

Zusammenfassung Wir stellen einige Themen der analytischen Primzahltheorie vor. Unser Augenmerk liegt dabei insbesondere auf der seltsamen Mischung von Ordnung und Chaos in den Primzahlen. Obwohl wir offensichtliche Muster in der Menge der Primzahlen finden können (so sind etwa fast alle ungerade) und ihre asymptotische Verteilung sehr regulär ist (Primzahlsatz), kennen wir immer noch keine deterministische Formel, die schnell große Primzahlen erzeugt, und können selbst einfache Muster wie die Primzahlzwillinge $p, p + 2$ nicht abzählen. Trotzdem verstehen wir gewisse Teile der Struktur und Zufälligkeit der Primzahlen bereits so gut, dass wir auch durchaus nichttriviale Ergebnisse erhalten haben.

1 Einleitung

Die Primzahlen $2, 3, 5, 7, \ldots$ werden seit Urzeiten mathematisch untersucht. Mittlerweile habe wir ein Gefühl entwickelt, wie sie sich verhalten *sollten*, und können daher auch mit großer Gewissheit Vermutungen formulieren... aber diese zu *beweisen*, stellt uns immer noch vor Probleme! Dies liegt daran, dass wir erwarten, dass sich die Primzahlen auf verschiedene Weisen *pseudozufällig* verhalten und nicht einem einfachen Muster folgen. Die Mathematik kennt nun viele Wege, die Existenz eines Musters zu beweisen... wie sollen wir aber das *Fehlen* eines Musters zeigen?

In diesem Beitrag werde ich nun versuchen darzulegen, wieso wir uns die Primzahlen als pseudozufällig vorstellen und wie man diese Intuition in mathematische Formeln gießen kann. Er ist dabei nur ein erster Einblick in dieses

Terence Tao
Department of Mathematics, UCLA, Los Angeles CA 90095-1555, USA.
E-mail: tao@math.ucla.edu

Thema; viele wichtige Themen wie Siebe oder Exponentialsummen werden ausgelassen, und wir sehen über eher technische Details hinweg.

2 Primzahlen finden

Paradoxerweise sind Primzahlen gleichzeitig häufig und schwer zu finden. Einerseits wusste man schon seit der Antike [2]:

Theorem 1 (Satz von Euklid). *Es gibt unendlich viele Primzahlen.*

Insbesondere gibt es zu jedem k eine Primzahl mit mindestens k Stellen. Trotzdem können wir bis jetzt nicht gleichzeitig „schnell" und „deterministisch" eine solche Primzahl finden! (Hierbei steht „schnell" für „berechenbar in einer Zeit, die durch ein Polynom in k abgeschätzt werden kann".) Anders gesagt kennt man keine (deterministische) Formel, die uns schnell große Primzahlen liefert. Momentan ist die größte bekannte Primzahl $2^{43,112,609} - 1$. Diese Zahl hat etwa 13 Millionen Stellen [3].

Andererseits lassen sich solche Primzahlen schnell *probabilistisch* erzeugen. Wir können nämlich schnell überprüfen, sei es probabilistisch [10, 13] oder deterministisch [1], ob eine bestimmte k-stellige Zahl eine Primzahl ist. Hierfür benutzt man Varianten des kleinen Satzes von Fermat, der $a^n \equiv a \mod n$ für n prim besagt. (Wir können $a^n \mod n$ schnell berechnen, indem wir erst durch wiederholtes Quadrieren von a die Werte $a^{2^j} \mod n$ für verschiedene j bestimmen und anschließend genau die Reste $a^{2^j} \mod n$ zusammenmultiplizieren, bei denen an der j-ten Binärstelle von n eine Eins steht.)

Außerdem gibt es den folgenden wichtigen Satz [8, 16, 18]:

Theorem 2 (Primzahlsatz). *Die Anzahl der Primzahlen, die kleiner als eine bestimmte natürliche Zahl n sind, ist $(1 + o(1))\frac{n}{\log n}$, wobei $o(1)$ für $n \to \infty$ gegen Null konvergiert.*

(Wir schreiben log für den natürlichen Logarithmus.) Hieraus folgt, dass eine zufällige k-stellige Zahl mit einer Wahrscheinlichkeit von ungefähr $\frac{1}{k \log 10}$ prim ist. Wählen wir also zufällig k-stellige Zahlen aus und überprüfen, ob wir eine Primzahl erhalten haben, so können wir mit großer Wahrscheinlichkeit schnell eine k-stellige Primzahl finden.

Brauchen wir wirklich Zufall?   Zusammengefasst können wir zwar Primzahlen nicht schnell und *deterministisch* finden, kennen aber Algorithmen, die sie uns schnell und *probabilistisch* liefern.

Andererseits besagen gewisse bedeutende Vermutungen der Komplexitätstheorie, etwa P = BPP, dass (grob gesagt) jedes schnell probabilistisch gelöste Problem auch schnell deterministisch gelöst werden kann.[1]

---

[1] Strenggenommen können wir die P = BPP-Vermutung nur auf *Entscheidungsprobleme* — Probleme, deren Antwort „ja" oder „nein" ist — und nicht auf *Suchprobleme* wie das

Diese Vermutungen hängen mit einer berühmteren Vermutung, dem Milleniumsproblem P $\neq$ NP zusammen, auf dessen Lösung das Clay Mathematics Institute ein Preisgeld von einer Million Dollar ausgelobt hat.[2]

Man konnte den Zufall bereits aus anderen probabilistischen Algorithmen entfernen und diese somit in deterministische überführen. Für das Finden von Primzahlen ist dies bis jetzt noch nicht gelungen. (In einem massiv gemeinschaftlichen Forschungsprojekt [11] versucht man zur Zeit genau dies[3]).

3 Primzahlen zählen

Wie wir gesehen haben, ist es schwer, eine bestimmte große Primzahl zu erhalten. Mehr Ergebnisse erhalten wir, wenn wir die Primzahlen *alle gemeinsam* und nicht einzeln betrachten.

Man kann sich dies wie das Problem vorstellen, die Anzahl der Sandkörner in einer Schachtel zu zählen. Dies ist sehr viel einfacher, wenn wir nicht alle einzeln abzählen, sondern die Schachtel *wiegen*, ihr leeres Gewicht abziehen und das Ergebnis durch das durchschnittliche Gewicht eines Sandkorns teilen. Wir finden also das *gemeinsame* Verhalten des Sands in einer leicht zu messenden Größe (dem Gewicht der gefüllten Schachtel) wieder.

So erhalten wir etwa aus dem *Fundamentalsatz der Arithmetik* die *Eulersche Produktformel*

$$\sum_{n=1}^{\infty} \frac{1}{n^s} = \prod_{p \text{ prime}} \left(1 + \frac{1}{p^s} + \frac{1}{p^{2s}} + \frac{1}{p^{3s}} + \dots\right) = \prod_{p \text{ prime}} \left(1 - \frac{1}{p^s}\right)^{-1} \quad (1)$$

für $s > 1$ (in einem gewissen Sinne auch für andere komplexe Werte von s, wenn wir alle Terme richtig definieren).

Die Formel (1) verbindet also das kollektive Verhalten aller Primzahlen mit der *Riemannschen Zetafunktion*

$$\zeta(s) := \sum_{n=1}^{\infty} \frac{1}{n^s} \, ,$$

also

$$\prod_{p \text{ prime}} \left(1 - \frac{1}{p^s}\right) = \frac{1}{\zeta(s)} \, . \quad (2)$$

Finden einer Primzahl anwenden. Hier benötigen wir also Varianten von P = BPP, etwa P = promise-BPP.

[2] Die genauen Definitionen von P, NP und BPP sind recht technisch; es reicht zu wissen, dass P für „polynomielle Zeit", NP für „nichtdeterministische polynomielle Zeit" und BPP für „fehlerbeschränkte probabilistische polynomielle Zeit" steht.

[3] Mittlerweile wurde dieses Projekt abgeschlossen, seine Ergebnisse findet man in [12]. (Anm. d. Üs.)

Dies erlaubt uns, mit der Zetafunktion (insbesondere ihren Nullstellen) Aussagen über die Primzahlen zu beweisen.

So folgt etwa aus der Divergenz der harmonischen Reihe $\sum_{n=1}^{\infty} \frac{1}{n} = +\infty$, dass $\frac{1}{\zeta(s)}$ gegen Null geht, falls s (von rechts) gegen 1 konvergiert. Wir erhalten hieraus und aus (2) bereits den Satz von Euklid (Theorem 1) und sogar Eulers stärkeres Ergebnis, dass auch die Summe $\sum_p \frac{1}{p}$ der Kehrwerte aller Primzahlen divergiert.[4]

Auf die gleiche Weise kann man auch mit komplexer Analysis und der (nichttrivialen) Tatsache, dass $\zeta(s)$ für $s \in \mathbb{C}$ mit $\mathrm{Re}(s) \geq 1$ nie verschwindet, den Primzahlsatz (Theorem 2) beweisen [18]; dies ist in der Tat der erste bekannte Beweis [8, 16] (und andersherum kann man aus dem Primzahlsatz Aussagen über die Nullstellen von ζ folgern).

Zentral für dieses Gebiet ist die berühmte *Riemannsche Vermutung*, die besagt, dass $\zeta(s)$ für $\mathrm{Re}(s) > 1/2$ nie[5] verschwindet. Mit ihr können wir den Primzahlsatz noch stark verschärfen, da sie für die Anzahl der Primzahlen, die kleiner als eine bestimmte natürliche Zahl n sind, die genauere Formel[6] $\int_0^n \frac{dx}{\log x} + O(n^{1/2} \log n)$ liefert, wobei $O(n^{1/2} \log n)$ eine im Betrag durch $Cn^{1/2} \log n$ beschränkte Größe und C eine absolute Konstante ist (für $n > 2657$ kann man etwa $C = \frac{1}{8\pi}$ wählen [14]). Die Vermutung liefert uns noch viele weitere zahlentheoretische Resultate; sie ist ein weiteres Milleniumsproblem des Clay Mathematics Institute. Der Großteil der uns bekannten Eigenschaften der Primzahlen stammt aus der Untersuchung der Eigenschaften der Riemannschen Zetafunktion und ihrer Varianten, obwohl wir einige Fragen über Primzahlen selbst unter Annahme der Riemannschen Vermutung nicht beantworten können.

4 Primzahlen modellieren

Es hilft oft weiter, sich die Menge der Primzahlen als *pseudozufällige Menge* vorzustellen — eine Menge von Zahlen, die zwar nicht zufällig ist, sich aber so verhält, als ob sie es wäre.

So besagt etwa der Primzahlsatz mehr oder weniger, dass eine zufällig gewählte Zahl n ungefähr mit Wahrscheinlichkeit $1/\log n$ prim ist. Man könnte

---

[4] Es ist nämlich $\log 1/\zeta(s) = \log \prod_p (1 - p^{-s}) = \sum_p \log(1 - p^{-s}) \geq -2 \sum_p p^{-s}$.

[5] Hierbei ist zu beachten, dass die Summe $\sum_{n=1}^{\infty} \frac{1}{n^s}$ im klassischen Sinne nur für $\mathrm{Re}(s) > 1$ konvergiert. Es stellt sich aber heraus, dass dies nur ein technisches Problem ist und wir durch eine geschickte Summation oder eine andere Definition von $\zeta(s)$ auch den Fall $\mathrm{Re}(s) \leq 1$ betrachten können; auf die genauen Details will ich hier nicht eingehen.

[6] Der Primzahlsatz besagt in der Version von Theorem 2 zwar, dass für $n \to \infty$ die Anzahl der richtigen Stellen der Näherung $n/\log n$ gegen unendlich geht, gibt aber keine genauen Abschätzungen für die Anzahl der richtigen Stellen in Abhängigkeit von der Größe von $\pi(n)$. Wenn die Riemannsche Vermutung stimmt, stimmt $\int_0^n dx/\log x$ in fast der Hälfte der Ziffern mit $\pi(n)$ überein.

also die Primzahlen durch eine zufällige Menge natürlicher Zahlen ersetzen, die jede natürliche Zahl $n > 1$ unabhängig mit Wahrscheinlichkeit $1/\log n$ enthält; dies ist *Cramérs Zufallsmodell*.

Dieses Modell ist noch nicht ausgefeilt genug, da es gewisse offensichtliche Strukturen in den Primzahlen ignoriert, etwa dass fast alle ungerade sind. Dies können wir aber leicht ändern, indem wir ungerade Zahlen n unabhängig mit Wahrscheinlichkeit $2/\log n$ und gerade Zahlen mit Wahrscheinlichkeit 0 auswählen.

So können wir weitere offensichtliche Strukturen berücksichtigen, etwa dass die meisten Primzahlen nicht durch 3, 5, ... teilbar sind. So gelangen wir zu ausgereifteren Modellen, und man glaubt, dass diese das asymptotische Verhalten der Primzahlen gut vorhersagen.

Ein Beispiel ist die Abschätzung der Anzahl der Primzahlzwillinge n, $n+2$, wobei $n \leq N$ für eine bestimmte Schranke N. Im Cramérschen Zufallsmodell sind für ein bestimmtes n die Zahlen n und $n + 2$ mit Wahrscheinlichkeit $\frac{1}{\log n \log(n+2)}$ beide prim, also erhalten wir für die Anzahl der Primzahlzwillinge ungefähr[7]

$$\sum_{n=1}^{N} \frac{1}{\log n \log(n + 2)} \approx \frac{N}{\log^2 N} \; .$$

Diese Vorhersage stimmt nicht; dasselbe Argument prognostiziert etwa auch viele Paare *aufeinanderfolgender* Primzahlen $n, n + 1$, was absurd ist. Im verfeinerten Modell, in dem ungerade Zahlen n unabhängig voneinander mit Wahrscheinlichkeit $2/\log n$ und gerade Zahlen mit Wahrscheinlichkeit 0 prim sind, erhält man die leicht veränderte Vorhersage

$$\sum_{\substack{1 \leq n \leq N \\ n \text{ ungerade}}} \frac{2}{\log n} \times \frac{2}{\log(n + 2)} \approx 2 \frac{N}{\log^2 N} \; .$$

Nimmt man allgemeiner an, dass alle Zahlen n, die durch eine unter einer bestimmten kleinen Schranke w liegenden Primzahl teilbar sind, mit Wahrscheinlichkeit 0 und alle anderen mit Wahrscheinlichkeit $\prod_{p<w}(1-\frac{1}{p})^{-1} \times \frac{1}{\log n}$ prim sind, erreicht man schließlich die Abschätzung

$$2 \left(\prod_{\substack{p < w \\ p \text{ ungerade}}} \frac{p - 2}{p} \left(1 - \frac{1}{p} \right)^{-2} \right) \frac{N}{\log^2 N} = 2 \left(\prod_{\substack{p < w \\ p \text{ ungerade}}} \left(1 - \frac{1}{(p - 1)^2} \right) \right) \frac{N}{\log^2 N}$$

(ist p eine ungerade Primzahl, so können von p aufeinanderfolgenden Zahlen nur $p - 2$ die kleinere in einem Primzahlzwillingspaar sein). Für $w \to \infty$ erhält man die asymptotische Abschätzung

---

[7] Das Symbol $\approx$ bedeutet, dass der Quotient der beiden Seiten für $N \to \infty$ gegen 1 konvergiert.

$$\Pi_2 \, \frac{N}{\log^2 N}$$

für die Anzahl der Primzahlzwillinge, die kleiner als N sind, wobei Π_2 die
Primzahlzwillingskonstante

$$\Pi_2 := 2 \prod_{p \text{ ungerade Primzahl}} \left(1 - \frac{1}{(p-1)^2}\right) \approx 1{,}32032\ldots$$

ist. Diese Prognose ist für $N = 10^{10}$ auf vier Dezimalstellen korrekt, und man
nimmt an, dass sie asymptotisch richtig ist. (Dies ist Teil einer allgemeineren
Vermutung, der sogenannten *starken Primzahlzwillingsvermutung* von Hardy
und Littlewood [9].)

Durch ähnliche Argumente, die sich auf Zufallsmodelle stützen, erhält man
Heuristiken für viele weitere zahlentheoretische Vermutungen, die man durch
umfangreiche numerische Berechnungen bekräftigen konnte.

5 Muster in den Primzahlen finden

Nun sind die Primzahlen natürlich eine feste und keine zufällige Menge ganzer
Zahlen, weshalb Vorhersagen anhand von Zufallsmodellen nicht rigoros sind.
Können wir sie trotzdem mathematisch benutzen?

In diese Richtung gab es einige Fortschritte. Ein Ansatz ist, die Möglichkeiten, in der eine Menge *nicht* pseudozufällig sein könnte (d. h. eine ihrer
Eigenschaften ist stark von der einer zufälligen verschieden), zu klassifizieren
und dann zu zeigen, dass keine von ihnen für die Primzahlen zutrifft.

Betrachte etwa die *ungerade Goldbachvermutung*: Jede ungerade natürliche Zahl $n > 5$ ist Summe dreier Primzahlen. Hätten nun alle großen Primzahlen die letzte Dezimalstelle 1, so könnte die Goldbachvermutung nicht für
große ungerade Zahlen gelten, deren letzte Stelle nicht 3 ist. Die Vermutung
wäre also falsch, wenn es eine hinreichend seltsame „Verschwörung" unter den
Primzahlen gäbe.

Eine solche Verschwörung kann es aber aufgrund des *Dirichletschen Primzahlsatzes* über arithmetische Folgen nicht geben. Dieser besagt (unter anderem), dass es viele Primzahlen gibt, deren letzte Stelle nicht 1 ist. (Der
Beweis dieses Satzes baut auf dem des Primzahlsatzes auf.)

Mit Methoden der *Fourieranalyse* (um genau zu sein, der *Hardy-Littlewood-
Kreismethode*) können wir zeigen, dass *jede* Verschwörung, die die Goldbachvermutung (zumindest für große Zahlen) abschießen könnte, ungefähr diese
Form hätte: Eine unerwartete „Vorliebe" der Primzahlen für einen Rest modulo 10 (oder modulo einer anderen Basis, die nicht ganz sein muss).

Winogradow [17] konnte jede dieser möglichen Verschwörungen ausschließen und bewies so den *Satz von Winogradow*: Jede hinreichend große unge-

rade Zahl ist Summe dreier Primzahlen.[8] Seitdem wurde seine Methode von vielen Autoren ausgeweitet und lässt sich jetzt auch auf viele andere Muster anwenden; so konnten Ben Green und ich [4] etwa mit verwandten Methoden zeigen, dass die Primzahlen beliebig lange arithmetische Folgen enthalten, und in der Folge wurden in Arbeiten von Ben Green, mir und Tamar Ziegler [5, 6, 7] eine große Spanne von anderen additiven Mustern abgedeckt.[9] (Grob gesagt können wir mit den bekannten Techniken additive Muster zählen, die von zwei unabhängigen Parametern abhängen, etwa arithmetische Folgen $a, a + r, \ldots, a + (k - 1)r$ einer festen Länge k.)

Leider widersetzen sich „einparametrige" Muster wie Primzahlzwillinge $n, n + 2$ immer noch der aktuellen Technologie. In diesem Feld bleibt viel zu tun!

Literaturverzeichnis

[1] Manindra Agrawal, Neeraj Kayal und Nitin Saxena, *PRIMES is in P*. Annals of Mathematics (2) **160** (2004), 781–793.

[2] Euklid, *Die Elemente*, etwa 300 v. Chr.

[3] Great Internet Mersenne Prime Search, 2008; http://www.mersenne.org .

[4] Ben Green und Terence Tao, *The primes contain arbitrarily long arithmetic progressions*. Annals of Mathematics **167** 2 (2008), 481–547.

[5] Ben Green und Terence Tao, *Linear equations in primes*. Annals of Mathematics **171** 3 (2010), 1753–1850.

[6] Ben Green und Terence Tao, *The Möbius function is strongly orthogonal to nilsequences*. Annals of Mathematics **175** 2 (2012), 541–566.

[7] Ben Green, Terence Tao und Tamar Ziegler, *The inverse conjecture for the Gowers norm*. Preprint.

[8] Jacques Hadamard, *Sur la distribution des zéros de la fonction $\zeta(s)$ et ses conséquences arithmétiques*. Bulletin de la Société Mathématique de France **24** (1896), 199–220.

[9] Godfrey H. Hardy und John E. Littlewood, *Some problems of 'partitio numerorum'. III. On the expression of a number as a sum of primes*. Acta Mathematica **44** (1923), 1–70.

[10] Gary L. Miller, *Riemann's hypothesis and tests for primality*. Journal of Computer and System Sciences **13** 3 (1976), 300–317.

[11] Polymath4 project: Deterministic way to find primes; http://michaelnielsen.org/polymath1/index.php?title=Finding_primes .

[12] Terence Tao, Ernest Croot III und Harald Helfgott, *Deterministic methods to find primes*. Mathematics of Computation **81** (2011), 1233–1246.

[13] Michael O. Rabin, *Probabilistic algorithm for testing primality*. Journal of Number Theory **12** (1980), 128–138.

---

[8] Winogradow selbst konnte keine genaue untere Schranke angeben. Sein Student Borozdin fand kurze Zeit später, dass Zahlen über $3^{3^{15}} \approx 10^{6\,846\,169}$ „hinreichend groß" sind. Mittlerweile konnte man diese Schranke auf $e^{3\,100} \approx 10^{1\,346}$ senken — immer noch zu groß, um alle kleineren Zahlen mit dem Computer zu testen.

[9] So konnte Terence Tao etwa vor kurzem zeigen, dass jede ungerade Zahl die Summe von höchstens fünf Primzahlen ist [15] (A. d. Üs.)

[14] Lowell Schoenfeld, *Sharper bounds for the Chebyshev functions $\theta(x)$ and $\psi(x)$. II.* Mathematics of Computation **30** (1976), 337–360.

[15] Terence Tao, *Every odd number greater than 1 is the sum of at most five primes.* Preprint, 31. Januar 2012, 44 Seiten; `arXiv:1201.6656v3`.

[16] Charles-Jean de la Vallée Poussin, *Recherches analytiques de la théorie des nombres premiers.* Annales de la Société scientifique de Bruxelles **20** (1896), 183–256.

[17] Ivan M. Winogradow, *The method of trigonometrical sums in the theory of numbers* (Russisch). Travaux de l'Institut Mathématique Stekloff **10** (1937).

[18] Don Zagier, *Newman's short proof of the prime number theorem.* American Mathematical Monthly **104** 8 (1997), 705–708.

Wie man Diophantische Gleichungen löst

Michael Stoll

Zusammenfassung Dieser Beitrag ist eine erweiterte Version des Vortrags, den ich vor den Teilnehmern der IMO 2009 und anderen Interessierten gehalten habe. Wir führen Diophantische Gleichungen ein und zeigen, dass es schwer sein kann sie zu lösen. Dann zeigen wir, wie man eine spezielle Gleichung, die mit im Pascalschen Dreieck mehrfach auftauchenden Zahlen zu tun hat, mit modernsten Techniken lösen kann.

1 Diophantische Gleichungen

Das Thema dieses Texts sind *Diophantische Gleichungen*. Eine Diophantische Gleichung hat die Form

$$F(x_1, x_2, \ldots, x_n) = 0 \,,$$

wobei F ein Polynom mit ganzzahligen Koeffizienten ist und man nach Lösungen in *ganzen Zahlen* (oder in rationalen Zahlen, das hängt vom Problem ab) sucht. Sie sind nach Diophantos von Alexandria benannt, über den man nicht viel mit Sicherheit weiß. Er lebte wahrscheinlich um 300 n. Chr. Er schrieb die *Arithmetika*, ein Werk bestehend aus 13 Büchern, von denen einige erhalten sind. In diesen erklärt er mithilfe vieler Beispiele, wie man rationale Lösungen von bestimmten Arten von Gleichungen wie der obigen finden kann. Diophantos war auch einer der Ersten, die eine symbolische Schreibweise für Potenzen benutzten.

Die folgenden Beispiele sollen einen Vorgeschmack auf diese Art von Fragestellung geben. Am besten verdeckst du die Seite unterhalb der Gleichung

Michael Stoll
Mathematisches Institut, Universität Bayreuth, 95440 Bayreuth, Deutschland.
E-mail: `Michael.Stoll@uni-bayreuth.de`

und versuchst selbst eine Lösung zu finden, bevor du weiterliest. Die erste
Gleichung ist

$$x^3 + y^3 + z^3 = 29\,,$$

eine Gleichung mit drei Unbekannten, für die (nicht unbedingt positive) ganzzahlige Lösungen gesucht sind. Vermutlich hast du nicht besonders lange ge-
braucht, um eine Lösung wie etwa $(x, y, z) = (3, 1, 1)$ oder vielleicht auch
$(4, -3, -2)$ zu finden. Jetzt betrachten wir folgende Gleichung:

$$x^3 + y^3 + z^3 = 30\,.$$

Versuche eine Zeitlang, eine Lösung zu finden, bevor du in dieser Fußnote
nachschaust[1]. Diese Lösung ist die kleinste und wurde mit einem Computer
im Juli 1999 gefunden und 2007 veröffentlicht [1]. Das zeigt schon, dass es sehr
schwierig sein kann, eine Diophantische Gleichung zu lösen. Nun betrachten
wir

$$x^3 + y^3 + z^3 = 31\,.$$

Hast du versucht, sie zu lösen? Du solltest zu dem Schluss gekommen sein,
dass es keine Lösung gibt: Die dritte Potenz einer ganzen Zahl ist immer
$\equiv -1, 0$ oder $1 \bmod 9$, also kann eine Summe von drei Kubikzahlen niemals
$\equiv 4$ oder $5 \bmod 9$ sein. Da $31 \equiv 4 \bmod 9$ ist, kann 31 keine solche Summe
sein. Das selbe Argument greift auch, wenn wir 31 durch 32 ersetzen. Als
nächstes kommt dann die Gleichung

$$x^3 + y^3 + z^3 = 33\,.$$

Falls du es geschafft hast, dafür eine Lösung zu finden, solltest du darüber
nachdenken, Diophantische Gleichungen zu deinem Forschungsgebiet zu machen. Momentan ist nämlich unbekannt, ob diese Gleichung eine ganzzahlige
Lösung hat oder nicht![2]

Das Folgende ist also ein interessantes Problem: zu entscheiden ob eine
gegebene Diophantische Gleichung lösbar ist oder nicht. Tatsächlich steht
dieses Problem auf der berühmtesten Liste mathematischer Probleme, die
es gibt; es ist nämlich eines der 23 Probleme, die David Hilbert in seiner
Rede vor dem Internationalen Mathematiker-Kongress von 1900 in Paris als
lohnende Fragen für das neue Jahrhundert angegeben hat. Die Beschreibung
des zehnten Problems auf Hilberts Liste lautet [3]:

---

[1] $x = 2\,220\,422\,932, \quad y = -2\,218\,888\,517, \quad z = -283\,059\,965.$

[2] Diese Einleitung wurde durch einen Vortrag inspiriert, den Bjorn Poonen 2008 auf einem
Workshop in Warwick gehalten hat.

> 10. Entscheidung der Lösbarkeit einer Diophantischen Gleichung.
>
> Eine D i o p h a n t i s c h e Gleichung mit irgend welchen Unbekannten und mit ganzen rationalen Zahlencoefficienten sei vorgelegt: *man soll ein Verfahren angeben, nach welchem sich mittelst einer endlichen Anzahl von Operationen entscheiden läßt, ob die Gleichung in ganzen rationalen Zahlen lösbar ist.*

Heutzutage würde man sagen, Hilbert fragt nach einem *Algorithmus*, der für ein Polynom $F(x_1, \ldots, x_n)$ mit ganzzahligen Koeffizienten entscheidet, ob die Gleichung

$$F(x_1, \ldots, x_n) = 0$$

in $\mathbb{Z}$ lösbar ist. Das ist gemeinhin als *Hilberts Zehntes Problem* bekannt. Es ist nicht nur das kürzeste Problem auf Hilberts Liste, es ist auch das einzige Entscheidungsproblem[3] und nimmt damit eine Sonderstellung ein. Aus dem Wortlaut kann man schließen, dass Hilbert an eine positive Lösung des Problems glaubte: so ein Algorithmus musste existieren. Tatsächlich sagt er am Ende der Einleitung seiner Rede, bevor er zu der Liste der Probleme kommt:

... in der Mathematik giebt es kein Ignorabimus[4]!

Das zeigt, dass Hilbert überzeugt war, dass jedes mathematische Problem eine eindeutige Lösung haben muss.

Die einfachen Beispiele, die ich am Anfang gezeigt habe, haben dir vielleicht das Gefühl gegeben, dass dieses Problem sehr schwierig sein kann. Genauso ging es den Mathematikern, die sich damit beschäftigt haben. Sie kamen mehr und mehr zu der Überzeugung, dass Hilberts Zehntes Problem wahrscheinlich eine negative Lösung hat: Ein existiert kein Algorithmus, der den Anforderungen genügt. Nun ist es ziemlich klar, wie man beweist, dass ein Algorithmus existiert, der eine bestimmte Aufgabe erfüllt: Man findet einen solchen Algorithmus und schreibt ihn auf. Jeder wird dann akzeptieren, dass es tatsächlich ein Algorithmus *ist*, der das gegebene Problem löst. Zu zeigen, dass ein solcher Algorithmus *nicht* existiert, ist ein völlig anderes Problem. Man muss einen Weg finden, *alle möglichen* Algorithmen zu betrachten, um zu zeigen, dass keiner davon das Problem löst. Die relevante Theorie, ein Zweig der mathematischen Logik, existierte noch nicht, als Hilbert seinen Vortrag hielt. Sie wurde ein paar Jahrzehnte später entwickelt und führte zu so berühmten Ergebnissen wie Gödels Unvollständigkeitssatz, welcher definitiv zeigte, dass es ein *Ignorabimus* in der Mathematik gibt. In der Tat ermöglichte die Arbeit verschiedener Leute, insbesondere Martin Davis,

---

[3] Ein *Entscheidungsproblem* fragt nach einem Algorithmus, der entscheidet, ob ein Element einer bestimmten Menge eine bestimmte Eigenschaft hat.

[4] Dieses lateinische Wort bedeutet „Wir werden (es) nicht wissen".

Hilary Putnam und Julia Robinson, dass 1970 Yuri Matiyasevich folgendes Ergebnis beweisen konnte:[5]

Theorem 1 (Davis, Putnam, Robinson; Matiyasevich).
Die Lösbarkeit Diophantischer Gleichungen ist unentscheidbar.

Tatsächlich bewies er ein viel stärkeres Ergebnis, das beispielsweise folgendes einschließt: Man kann ein Polynom $F(x_0, x_1, \ldots, x_n)$ angeben, für das kein Algorithmus existiert, der bei gegebenem Input $a \in \mathbb{Z}$ entscheidet, ob es eine ganzzahlige Lösung für

$$F(a, x_1, \ldots, x_n) = 0$$

gibt. Beachte, dass wir stets die Lösbarkeit einer Diophantischen Gleichung beweisen können, da wir beim Durchsuchen der abzählbar vielen Möglichkeiten irgendwann eine Lösung finden (aber wir wissen vorher nicht, wie weit wir suchen müssen). Das eigentlich schwierige Problem tritt also auf, wenn es keine Lösungen gibt und wir das beweisen müssen. Eine ähnliche Situation ergibt sich, wenn es endlich viele Lösungen gibt und wir alle finden wollen. In diesem Fall erwartet man, dass die Lösungen ziemlich klein sind[6]. Also ist es normalerweise nicht so schwer, alle Lösungen zu finden; die Schwierigkeit liegt darin zu zeigen, dass es keine anderen gibt.

Sollten wir jetzt alle Versuche, Diophantische Gleichungen zu lösen, aufgeben, in der Überzeugung, dass es völlig hoffnungslos ist? Das wäre voreilig. Wir können immer noch hoffen, für bestimmte Arten von Gleichungen einen Algorithmus zu finden. Zum Beispiel gibt es ziemlich gute Gründe dafür zu glauben, dass es eine positive Antwort auf Hilberts Frage für Polynome *in zwei Variablen* geben sollte. Im Rest dieses Beitrags werden wir eine solche Gleichung als Beispielfall betrachten und werden zeigen, mit welcher Art von Methoden sie gelöst werden kann.

2 Die Beispielgleichung

Die Gleichung, die wir hier betrachten wollen, wurde von der folgenden Frage angeregt. Betrachte das Pascalsche Dreieck (Abbildung 1). Welche natürlichen Zahlen tauchen mehrmals in diesem Dreieck auf, wenn wir die äußeren beiden „Schichten" $(1, 1, 1, \ldots$ und $1, 2, 3, \ldots)$ auf jeder Seite und die offensichtliche Achsensymmetrie außer Acht lassen?

In anderen Worten, was sind die ganzzahligen Lösungen der Gleichung

$$\binom{y}{k} = \binom{x}{l} \tag{1}$$

─────────────────────

[5] Siehe [5] für eine verständliche Beschreibung des Problems und seiner Lösung.
[6] Die große Lösung für $x^3 + y^3 + z^3 = 30$ ist kein Gegenbeispiel zu dieser Aussage, da es in diesem Fall unendlich viele Lösungen geben sollte.

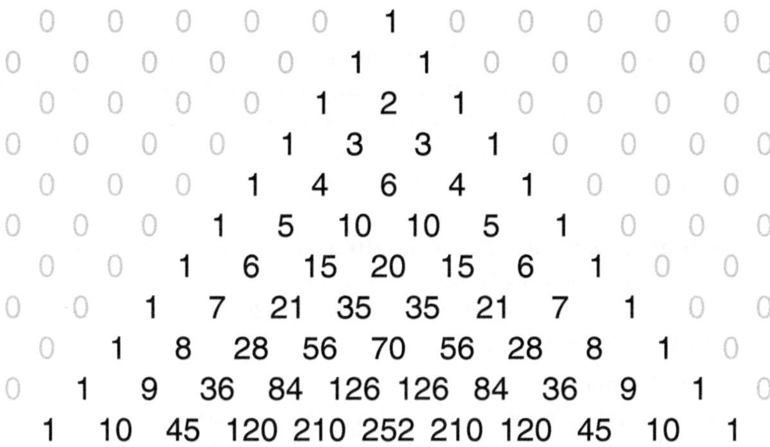

Abb. 1. Das Pascalsche Dreieck

unter den Nebenbedingungen $1 < k \leq y/2$, $1 < l \leq x/2$ und $k < l$? Die folgenden Lösungen sind bekannt.

$$\binom{16}{2} = \binom{10}{3}, \quad \binom{56}{2} = \binom{22}{3}, \quad \binom{120}{2} = \binom{36}{3},$$

$$\binom{21}{2} = \binom{10}{4}, \quad \binom{153}{2} = \binom{19}{5}, \quad \binom{78}{2} = \binom{15}{5} = \binom{14}{6},$$

$$\binom{221}{2} = \binom{17}{8}, \quad \binom{F_{2i+2}F_{2i+3}}{F_{2i}F_{2i+3}} = \binom{F_{2i+2}F_{2i+3} - 1}{F_{2i}F_{2i+3} + 1} \text{ für } i = 1, 2, \ldots,$$

wobei F_n die n-te Fibonacci-Zahl ist ($F_0 = 0$, $F_1 = 1$, $F_{n+2} = F_{n+1} + F_n$).

Gleichung (1) ist nach unserer Definition keine Diophantische Gleichung, weil sie von k und l nicht in polynomialer Weise abhängt. Auch ist sie viel zu schwierig, um sie vollständig zu lösen. Also spezialisieren wir sie, indem wir für k und l Konstanten nehmen. Die Fälle

$$(k, l) \in \{(2,3), (2,4), (2,6), (2,8), (3,4), (3,6), (4,6)\}$$

wurden schon vollständig gelöst. Jeder dieser Fälle benötigt tiefe Mathematik, ähnlich den nachstehend beschriebenen Methoden. Der „kleinste" ungelöste Fall ist offenbar $(k, l) = (2, 5)$, was zu der folgenden Gleichung führt:

$$\binom{y}{2} = \binom{x}{5}, \quad \text{oder} \quad 60y(y-1) = x(x-1)(x-2)(x-3)(x-4). \quad (2)$$

Der erste Schritt beim Lösen von Gleichungen wie (2) ist es, nach Lösungen zu suchen. Wir finden schnell Lösungen mit

$$x = 0, 1, 2, 3, 4, 5, 6, 7, 15 \quad \text{und} \quad 19$$

und dann keine weiteren mehr. (Nur die letzten zwei sind „nichttrivial" in dem Sinn, dass sie die oben beschriebenen Beschränkungen einhalten. Es gibt keine Lösungen mit $x < 0$, da dann die rechte Seite negativ ist; die linke Seite ist aber für $y \in \mathbb{Z}$ niemals negativ.) Dies lässt nun folgende Frage aufkommen: Haben wir schon alle Lösungen gefunden, und wenn ja, wie können wir das beweisen?

Das ist ein guter Zeitpunkt innezuhalten und zu überlegen, was über die Lösungsmenge von Gleichungen wie (2) allgemein bekannt ist. Das erste wichtige Ergebnis wurde von Carl Ludwig Siegel 1929 bewiesen (siehe [4, Abschnitt D.9] für einen Beweis.)

Theorem 2 (Siegel).
Sei F ein irreduzibles Polynom in zwei Variablen x und y mit ganzzahligen Koeffizienten. Wenn die Lösungen von $F(x, y) = 0$ nicht rational parametrisiert werden können, dann hat $F(x, y) = 0$ nur endlich viele ganzzahlige Lösungen.

Eine *rationale Parametrisierung* von $F(x, y) = 0$ ist ein Paar von rationalen Funktionen $f(t)$, $g(t)$ (Quotienten von Polynomen), nicht beide konstant, so dass $F(f(t), g(t)) = 0$ ist (als Funktion von t). Die Existenz einer solchen rationalen Parametrisierung kann algorithmisch überprüft werden; für unsere Gleichung ergibt sich, dass sie nicht rational parametrisierbar ist. Damit wissen wir, dass es nur endlich viele Lösungen gibt, und es besteht die Chance, dass unsere Liste von Lösungen bereits vollständig ist. Leider sind Theorem 2 und sein Beweis aber von Natur aus *ineffektiv*: Der Beweis liefert keine Schranke für die Größe der Lösungen, also können wir alleine damit noch nicht nachprüfen, ob unsere Liste komplett ist. Dieser recht unbefriedigende Zustand hat sich bis in die 1960-er Jahre nicht geändert; dann entwickelte Alan Baker seine Theorie der „Linearformen in Logarithmen", die zum ersten Mal explizite Schranken für die Lösungen von vielen Typen von Gleichungen bereitstellte. Für diesen Durchbruch erhielt er die Fields-Medaille. Bakers Ergebnis deckt eine Klasse von Gleichungen ab, die unsere Gleichung (2) enthält. In unserem Fall läuft das, was er bewiesen hat, ungefähr auf das Folgende hinaus:

$$|x| < 10^{10^{10^{10^{600}}}} . \tag{3}$$

Das reduziert das Lösen unserer Gleichung (2) auf ein endliches Problem. Die Ungleichung in (3) gibt uns eine explizite obere Schranke für x. Wir müssten also nur die endlich vielen verbleibenden Möglichkeiten überprüfen und erhielten die vollständige Lösungsmenge zu (2). Von einem sehr reinen mathematischen Standpunkt aus könnten wir das Problem damit als gelöst betrachten. Andererseits würden wir gerne die vollständige Liste von Lösungen tatsächlich bestimmen, und die Aussage, dass es im Prinzip möglich ist das zu tun, genügt uns nicht. Zu sagen, dass die Zahl in (3) jede Vorstellungskraft übersteigt, ist eine schreckliche Untertreibung; schon der Versuch herauszufinden, wie lange es dauern würde, tatsächlich alle notwendigen Berechnungen auszuführen, wäre zum Scheitern verurteilt.

Wie auch immer, die Zeit blieb in den 1960-ern nicht stehen, und mit im Grunde immer noch der selben Methode, aber mit vielen Verfeinerungen und Verbesserungen, sind wir nun in der Lage, die folgende Abschätzung zu beweisen:

$$|x| < 10^{10^{600}} . \tag{4}$$

Du fragst dich vielleicht zu Recht, ob damit wirklich ein Fortschritt erzielt wurde. Die Anzahl der Elektronen im Weltall wird auf 10^{80} geschätzt, also können wir nicht einmal eine Zahl mit 10^{600} Ziffern aufschreiben! Trotzdem ist die Verbesserung durch (4) ausschlaggebend. Aber bevor wir dies sehen können, müssen wir unser Problem aus einem anderen Blickwinkel betrachten.

3 Eine geometrische Interpretation

Wir werden unser auf den ersten Blick algebraisches Problem ((2) ist eine algebraische Gleichung) in ein geometrisches verwandeln. Eine Gleichung $F(x, y) = 0$ in zwei Variablen definiert eine Teilmenge der Ebene, die aus den Punkten besteht, deren Koordinaten die Gleichung erfüllen. Falls F ein (nicht konstantes) Polynom ist, wird diese Lösungsmenge eine *ebene algebraische Kurve* genannt. Wir können die zu unserer Gleichung (2) gehörende Kurve C in der Ebene $\mathbb{R}^2$ zeichnen (siehe Abbildung 2). Wir sind nun an den *ganzzahligen Punkten* auf C interessiert, also den Punkten mit ganzzahligen Koordinaten, da sie den ganzzahligen Lösungen von (2) entsprechen. Die Menge der ganzzahligen Punkte auf C wird mit $C(\mathbb{Z})$ bezeichnet.

Diese Menge $C(\mathbb{Z})$ der ganzzahligen Punkte auf der Kurve C hat von sich aus keine zusätzliche nützliche Struktur. Aber wir können von einer gut entwickelten Theorie, der *Algebraischen Geometrie*, Gebrauch machen. Sie studiert Mengen, die durch (evtl. mehrere) Polynomgleichungen definiert werden, insbesondere auch Kurven wie C. Diese Theorie sagt uns, dass wir die Kurve C in ein anderes Objekt J einbetten können, das keine Kurve, sondern eine Fläche ist. Dieses Objekt kann für jede Kurve konstruiert werden und wird die *Jacobi-Varietät* der Kurve genannt[7]. Die interessante Eigenschaft von J (und Jacobi-Varietäten im Allgemeinen) ist, dass J eine *Gruppe* ist. Genauer gesagt existiert eine Verknüpfung auf J, die auf geometrische Weise definiert ist, und (beispielsweise) die Menge $J(\mathbb{Z})$ der ganzzahligen Punkte[8] auf J in eine *abelsche Gruppe* verwandelt. Für beliebige Jacobi-Varietäten gibt es das

---

[7] Die Jacobi-Varietät ist nicht immer eine Fläche; ihre Dimension hängt von der Kurve ab.

[8] Algebraische Geometer verwenden hier die Menge der *rationalen* Punkte. Das macht keinen Unterschied, da J eine projektive Varietät ist (das bedeutet, dass die Koordinaten so skaliert werden können, dass man keine Nenner mehr hat).

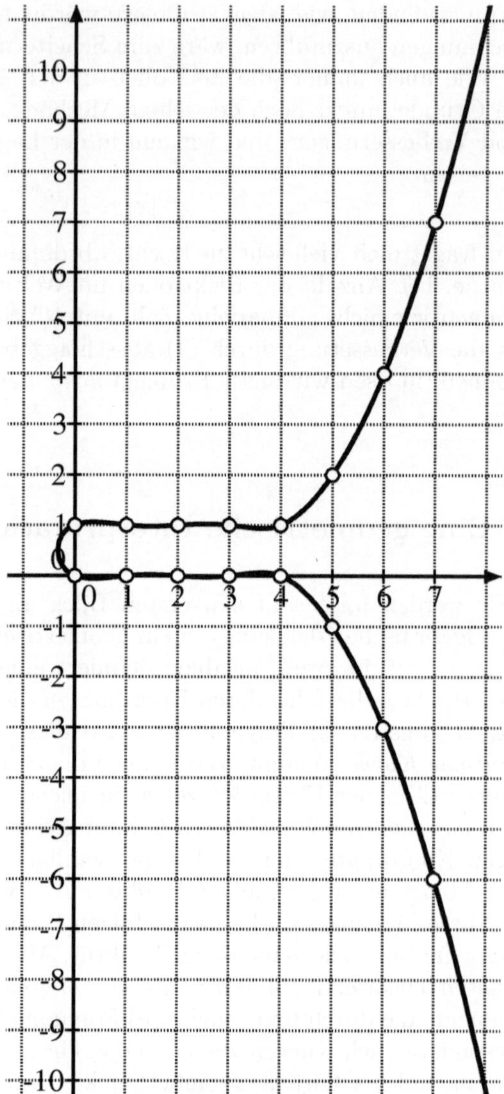

folgende wichtige Ergebnis, das in eine ähnliche Richtung geht wie Siegels
Theorem 2, das aber ein Jahr älter ist und in Siegels Beweis verwendet wird
(siehe [4, Teil C]):

Theorem 3 (Weil).
Wenn J die Jacobi-Varietät einer Kurve ist, dann ist die abelsche Gruppe $J(\mathbb{Z})$ endlich erzeugt.

Das bedeutet, dass wir (im Prinzip) eine explizite Beschreibung der Gruppe $J(\mathbb{Z})$ durch Erzeuger und Relationen finden können. Wenn wir eine solche Beschreibung haben, dann können wir versuchen, die Gruppenstruktur und die Geometrie in geeigneter Weise ausnutzen, um die Elemente von $J(\mathbb{Z})$, die im Bild von C liegen, in den Griff zu bekommen; so kann man alle ganzzahligen Punkte von C bestimmen.

Es ist nicht bekannt, ob es immer möglich ist, tatsächlich ein explizites Erzeugendensystem einer Gruppe wie $J(\mathbb{Z})$ algorithmisch zu bestimmen, auch wenn es gewisse „Standard-Vermutungen" gibt, aus deren Richtigkeit das folgen würde. Es gibt aber Methoden, die mit etwas Glück ein Erzeugendensystem finden können; sie funktionieren aber nicht unbedingt in allen Fällen. Das ist der Punkt, an dem die Methode, die hier wir beschreiben, in der Anwendung schiefgehen kann. In unserem Beispiel haben wir aber Glück und können zeigen, dass $J(\mathbb{Z})$ eine *freie abelsche Gruppe vom Rang 6* ist:

$$J(\mathbb{Z}) = \mathbb{Z}\,P_1 + \mathbb{Z}\,P_2 + \mathbb{Z}\,P_3 + \mathbb{Z}\,P_4 + \mathbb{Z}\,P_5 + \mathbb{Z}\,P_6 \tag{5}$$

mit explizit bekannten Punkten $P_1, \ldots, P_6 \in J(\mathbb{Z})$.

Sei $\iota : C \to J$ die Einbettung von C in J. Die Fläche J befindet sich in einem hoch-dimensionalen Raum; ganzzahlige Punkte darauf sind durch eine Anzahl von Koordinaten gegeben. Wir können die „Größe" eines solchen Punktes bestimmen, indem wir den Logarithmus des größten Absolutbetrages der Koordinaten nehmen (das sagt uns ungefähr, wie viel Platz wir brauchen, um den Punkt niederzuschreiben). Das ergibt eine Funktion

$$h : J(\mathbb{Z}) \to \mathbb{R}_{\geq 0}\,,$$

die die *Höhe* genannt wird. Man kann zeigen, dass die Höhenfunktion die folgenden Eigenschaften besitzt. Die erste sagt uns, wie sich die Höhe auf den ganzzahligen Punkten unserer Kurve verhält:

$$h\big(\iota(x,y)\big) \approx \log|x| \quad \text{für Punkte } (x,y) \in C(\mathbb{Z}), \text{ falls } x \text{ nicht sehr klein ist.} \tag{6}$$

Die zweite Eigenschaft besagt, dass die Höhenfunktion sich gut mit der Gruppenstruktur auf J verträgt:

$$h(n_1 P_1 + n_2 P_2 + n_3 P_3 + n_4 P_4 + n_5 P_5 + n_6 P_6) \approx n_1^2 + n_2^2 + n_3^2 + n_4^2 + n_5^2 + n_6^2. \tag{7}$$

(Genauer kann jede Seite durch ein explizites konstantes Vielfaches der anderen Seite beschränkt werden. Noch genauer ist h bis auf einen beschränkten Fehler eine positiv definite quadratische Form auf $J(\mathbb{Z})$.)

Wenn wir jetzt die Aussage (4) mit den Eigenschaften (6) und (7) der Höhe h kombinieren, erhalten wir das folgende Ergebnis:

Lemma 1. *Wenn* $(x,y) \in C(\mathbb{Z})$ *ist, dann haben wir*

$$\iota(x,y) = n_1 P_1 + n_2 P_2 + n_3 P_3 + n_4 P_4 + n_5 P_5 + n_6 P_6$$

mit Koeffizienten $n_j \in \mathbb{Z}$, die die Ungleichung $|n_j| < 10^{300}$ erfüllen.

Natürlich ist die hier angegebene Schranke 10^{300} nicht genau; eine genaue Schranke kann angegeben werden und hat die gleiche Größenordnung.

Der springende Punkt ist, dass die Verwendung der Gruppenstruktur von J es uns erlaubt, die Größe des Suchraumes von ungefähr $10^{10^{600}}$ auf „nur noch" 10^{1800} zu verkleinern (es gibt sechs Koeffizienten n_j mit ungefähr 10^{300} möglichen Werten für jeden). Das ist natürlich immer noch viel zu groß, um jede Möglichkeit durchzuprobieren (denk an die Elektronen im Weltall), aber, und das ist das Entscheidende, die Zahlen, mit denen wir arbeiten müssen, können problemlos auf einem Computer dargestellt werden, und wir können mit ihnen *rechnen*!

4 Nadeln im Heuhaufen

Wir haben jetzt einen enormen Heuhaufen

$$H = \left\{ (n_1, n_2, n_3, n_4, n_5, n_6) \in \mathbb{Z}^6 : |n_j| < 10^{300} \right\}$$

aus ungefähr 10^{1800} Grashalmen, der eine kleine Anzahl Nadeln enthält. Wir wollen nun die Nadeln finden. Anstatt jeden Halm im Heuhaufen anzuschauen, können wir versuchen, das Problem schneller zu lösen, indem wir Bedingungen an die Positionen der Nadeln finden, die große Bereiche des Heuhaufens ausschließen. Hier benutzen wir die Tatsache, dass die Gruppenstruktur auf J geometrisch definiert ist. Unsere Objekte C, J und ι sind über $\mathbb{Z}$ definiert, also können wir ihre definierenden Gleichungen modulo p betrachten, wobei p eine Primzahl ist. Wir bezeichnen den Körper $\mathbb{Z}/p\mathbb{Z}$ mit p Elementen als $\mathbb{F}_p$. Die Menge der Punkte mit Koordinaten aus $\mathbb{F}_p$, die diese definierenden Gleichungen mod p erfüllen, bezeichnen wir mit $C(\mathbb{F}_p)$ und $J(\mathbb{F}_p)$. Dann ist für alle bis auf endlich viele p (und die Ausnahmen können explizit angegeben werden) $J(\mathbb{F}_p)$ wieder eine abelsche Gruppe, und sie enthält das Bild $\iota(C(\mathbb{F}_p))$ von $C(\mathbb{F}_p)$. Die Gruppe $J(\mathbb{F}_p)$ ist endlich, also ist es die Menge $C(\mathbb{F}_p)$ auch; beide können berechnet werden. Weiterhin kommutiert das folgende Diagramm, und die geometrische Natur der Gruppenstruktur impliziert, dass die rechte senkrechte Abbildung ein Gruppenhomomorphismus ist:

$$
\begin{array}{ccccc}
C(\mathbb{Z}) & \xrightarrow{\ \iota\ } & J(\mathbb{Z}) & =\!\!= & \mathbb{Z}^6 \\
\downarrow & & \downarrow & {\swarrow}_{\alpha_p} & \\
C(\mathbb{F}_p) & \xrightarrow{\ \iota_p\ } & J(\mathbb{F}_p) & &
\end{array}
$$

Die senkrechten Abbildungen erhält man durch Reduzieren der Koordinaten mod p. Die diagonale Abbildung α_p ist wieder ein Gruppenhomomorphismus, der durch das Bild der Erzeuger $P_1, \ldots, P_6$ von $J(\mathbb{Z})$ festgelegt ist. Das Folgende ist nun klar:

Lemma 2. *Seien $(x, y) \in C(\mathbb{Z})$ und $n_1, \ldots, n_6 \in \mathbb{Z}$ mit*

$$\iota(x, y) = n_1 P_1 + \cdots + n_6 P_6 \,.$$

Dann ist

$$\alpha_p(n_1, n_2, n_3, n_4, n_5, n_6) \in \iota_p\big(C(\mathbb{F}_p)\big) \,.$$

Die Teilmenge $\Lambda_p = \alpha_p^{-1}\big(\iota_p(C(\mathbb{F}_p))\big) \subset \mathbb{Z}^6$ ist (normalerweise, wenn α_p surjektiv ist) eine Vereinigung von $\#C(\mathbb{F}_p)$ Nebenklassen einer Untergruppe vom Index $\#J(\mathbb{F}_p)$ in $\mathbb{Z}^6$. Da man zeigen kann, dass $\#C(\mathbb{F}_p) \approx p$ und $\#J(\mathbb{F}_p) \approx p^2$ (hier zeigen sich die Dimensionen 1 und 2), sehen wir, dass die Schnittmenge unseres Heuhaufens H mit Λ_p nur ungefähr $1/p$ mal so viele Elemente hat wie der ursprüngliche Heuhaufen. Das hilft uns noch nicht sehr viel, aber wir können versuchen, die Einschränkungen *vieler* Primzahlen zu *kombinieren*. Wenn S eine (endliche, aber große) Menge von Primzahlen ist, dann setzen wir

$$\Lambda_S = \bigcap_{p \in S} \Lambda_p \quad \text{und erhalten} \quad \iota\big(C(\mathbb{Z})\big) \subset \Lambda_S \cap H \,.$$

Wenn wir S genügend groß machen (sagen wir, etwa tausend Primzahlen), dann ist es sehr wahrscheinlich, dass die Menge auf der rechten Seite ziemlich klein ist, also können wir leicht die verbleibenden Möglichkeiten überprüfen. Die Idee dabei ist, dass die Reduktionen der Heuhaufengröße, die wir durch verschiedene Primzahlen erreichen, sich multiplizieren sollten, so dass wir eine Verkleinerung um einen Faktor erwarten können, der ungefähr so groß ist wie das Produkt aller Primzahlen in S.

Wir müssen nur die Primzahlen so auswählen, dass die Komplexität der Mengen Λ_S, die wir auf unserem Weg erhalten, in einem vernünftigen Rahmen bleibt. Eine solche gute Auswahl an Primzahlen kann man tatsächlich mit einiger Anstrengung finden, und die Berechnung von Λ_S kann so effizient implementiert werden, dass ein Standard-PC (von 2008) diese in weniger als einem Tag ausführen kann. Wir erhalten schlussendlich das Ergebnis, das wir von Anfang an vermutet hatten:

Theorem 4 (Bugeaud, Mignotte, Siksek, Stoll, Tengely).
Seien x, y ganze Zahlen, die die Gleichung

$$\binom{y}{2} = \binom{x}{5}$$

erfüllen. Dann ist $\quad x \in \{0, 1, 2, 3, 4, 5, 6, 7, 15, 19\} \,.$

Eine detaillierte Beschreibung der Methoden (anhand einer anderen Beispielgleichung: $y^2 - y = x^5 - x$) ist in [2] zu finden.

Literaturverzeichnis

[1] Michael Beck, Eric Pine, Wayne Tarrant und Kim Yarbrough Jensen, *New integer representations as the sum of three cubes*. Mathematics of Computation **76** 259 (2007), 1683–1690.

[2] Yann Bugeaud, Maurice Mignotte, Samir Siksek, Michael Stoll und Szabolcs Tengely, *Integral points on hyperelliptic curves*. Algebra & Number Theory **2** 8 (2008), 859–885.

[3] David Hilbert, *Mathematische Probleme. Vortrag, gehalten auf dem internationalen Mathematiker-Congress zu Paris 1900*. Nachrichten von der Königlichen Gesellschaft der Wissenschaften zu Göttingen 1900 (1900), 253–297.

[4] Marc Hindry und Joseph H. Silverman, *Diophantine Geometry. An Introduction*. Graduate Texts in Mathematics **201**, Springer-Verlag, New York, 2000.

[5] Yuri V. Matiyasevich, *Hilbert's Tenth Problem*. MIT Press, Cambridge/MA, 1993.

[6] Roel J. Stroeker und Benjamin M. M. de Weger, *Elliptic binomial Diophantine equations*. Mathematics of Computation **68** (1999), 1257–1281.

Vom Kindergarten zu quadratischen Formen

Simon Norton

Zusammenfassung Ausgehend von einem elementaren Problem erreichen wir durch schrittweise Verallgemeinerung ein wichtiges Gebiet der Mathematik, die Theorie der quadratischen Formen. Desweiteren geben wir eine Möglichkeit an, die Anzahl der grundsätzlich verschiedenen quadratischen Formen mit einer bestimmten Diskriminante, die Klassenzahl, zu berechnen. Diese spielte beispielsweise bei den ersten Versuchen, den großen Satz von Fermat zu beweisen, eine wichtige Rolle.

1 Einleitung

Vor einer Weile dachte ich über ein recht einfaches Problem nach (Problem 1), das mich über ein paar Zwischenschritte zu tiefgehender Mathematik brachte. Ich kannte die relevanten Konzepte zwar bereits, doch meine Überlegungen zeigten sie mir von einer anderen, interessanten Seite. Der Leser möge mir auf dieser Reise folgen.

Problem 1. *Eine Kindergärtnerin passt auf einige Kinder auf. Als sie zufällig zwei von ihnen auswählen will, stellt sie fest, dass die beiden genau mit Wahrscheinlichkeit 50% das gleiche Geschlecht haben. Was sagt das über die Anzahl der Mädchen und Jungen aus?*

Vor dem Umblättern solltest du versuchen, dieses Problem zu lösen.

Simon Norton
Department of Pure Mathematics and Mathematical Statistics, University of Cambridge, Cambridge CB3 0WB, UK. E-mail: S.Norton@dpmms.cam.ac.uk

Die Anzahl der Jungen sei α, die der Mädchen β. Die Anzahl der (ungeordneten) Paare ist dann $\frac{1}{2}(\alpha + \beta)(\alpha + \beta - 1)$, während die Anzahl der gemischtgeschlechtlichen Paare $\alpha\beta$ ist. Also

$$(\alpha + \beta)(\alpha + \beta - 1) = 4\alpha\beta \tag{1}$$

und umgestellt

$$(\alpha - \beta)^2 = \alpha + \beta. \tag{2}$$

Schreiben wir $n = \alpha - \beta \in \mathbb{Z}$, so ergibt sich $\alpha = \frac{n(n+1)}{2}$ und $\beta = \frac{n(n-1)}{2}$. Also sind α und β aufeinanderfolgende Dreieckszahlen, wobei $\alpha > \beta$ falls $n > 0$, und $\beta > \alpha$ falls $n < 0$.

In den „entarteten" Fällen $n \in \{-1, 0, 1\}$ ist die Voraussetzung automatisch wahr, da man keine zwei Kinder auswählen kann.

Wir haben das Problem also vollständig gelöst:

Theorem 1. *Die Anzahl der Jungen und Mädchen sind aufeinanderfolgende Dreieckszahlen. Für eine nichtentartete Lösung müssen die kleinere und größere Zahl mindestens 1 bzw. 3 sein. Umgekehrt ist jedes solche Paar eine Lösung.* $\qquad\Box$

2 Vom Geschlecht zu Socken

Ein Mathematiker sucht, hat er ein Problem erst einmal gelöst, oft nach Verallgemeinerungen. In diesem Fall mag man etwa annehmen, dass die Kinder nicht eins von zwei, sondern von drei Geschlechtern haben. Ein Mathematiker, der über so ein Problem nachdenkt, wird sich aber als realitätsfremd bezeichnen lassen müssen, weshalb wir vom Geschlecht zu Socken wechseln und die folgende Frage stellen:

Problem 2. *Ein Mann bewahrt seine dreifarbige Sockensammlung in einer Tasche auf. Zwei Socken der gleichen Farbe bilden jeweils ein Paar. Er stellt fest, dass er, wenn er zwei Socken zufällig herausnimmt, genau mit Wahrscheinlichkeit 50% ein Paar erhält. Was lässt sich über die Zahl der Socken jeder Farbe sagen?*

Die Anzahl der Socken in jeder der drei Farben sei α, β und γ. Analog zu (1) und (2) in Problem 1 erhalten wir die folgenden Gleichungen:

$$(\alpha + \beta + \gamma)(\alpha + \beta + \gamma - 1) = 4\beta\gamma + 4\gamma\alpha + 4\alpha\beta \tag{3}$$

$$\alpha^2 + \beta^2 + \gamma^2 - 2\beta\gamma - 2\gamma\alpha - 2\alpha\beta = \alpha + \beta + \gamma \tag{4}$$

Multipliziere nun die zweite Gleichung mit 4 und substituiere $a = 2\alpha + 1$, $b = 2\beta + 1$, $c = 2\gamma + 1$. Wir erhalten

$$a^2 + b^2 + c^2 - 2bc - 2ca - 2ab = -3 \,. \tag{5}$$

Anmerkung 1. Unser Hauptziel ist die Klassifikation der Lösungen dieser Gleichung (und ihrer allgemeineren Form, in der wir -3 durch eine beliebige ganze Zahl Δ ersetzen) über den ganzen Zahlen, unabhängig vom ursprünglichen Problem. Es stellt sich heraus, dass diese Klassifikation mit der von quadratischen Formen mit Diskriminante Δ zusammenhängt.

Man kann (5) auch als

$$(a + b - c)^2 = 4ab - 3 \tag{6}$$

schreiben, und da die rechte Seite somit nichtnegativ sein muss, haben a und b (und analog c) das gleiche Vorzeichen. Eine Lösung von (5) heiße nun in Abhängigkeit von diesem Vorzeichen *positives* oder *negatives Tripel*. Da die Gleichung sich unter Negierung von a, b und c nicht ändert, können wir uns ohne Beschränkung der Allgemeinheit auf positive Tripel beschränken. Außerdem folgt aus (6), dass a und b (und analog c) ungerade sein müssen, da $4ab - 3$ sonst bei Division durch 8 den quadratischen Nichtrest 5 lassen würde. Wir haben also bewiesen:

Theorem 2. *Es gibt eine $(2,1)$–Paarung zwischen Lösungen von (5) über den ganzen Zahlen und Lösungen von (4) über den nichtnegativen ganzen Zahlen, indem man die Vorzeichen von a, b und c so anpasst, dass alle nichtnegativ sind, und dann $a = 2\alpha + 1$, $b = 2\beta + 1$, $c = 2\gamma + 1$ setzt. Dies ergibt wiederum eine nichtentartete Lösung von Problem 2 (d. h. eine Lösung mit $\alpha + \beta + \gamma \geq 2$), solange (a,b,c) nicht eine Permutation von $(1,1,1)$ oder $(1,1,3)$ ist; hat jedoch eine der Zahlen a, b und c Betrag 1, so tauchen nicht alle Farben tatsächlich auf.* $\qquad\square$

Wir betrachten nun positive Tripel und benutzen dabei einen Standardtrick, der jede Lösung in eine andere überführt. Man kann (5) auch als

$$c^2 - 2(a + b)c + (a - b)^2 + 3 = 0 \tag{7}$$

schreiben. Betrachte nun eine feste Lösung (a, b, c). Ersetzen wir c durch t, so erhalten wir die Gleichung $t^2 - 2(a+b)t + (a-b)^2 + 3 = 0$, die sich für t lösen lässt. Da diese Gleichung in t quadratisch ist, hat sie zwei Lösungen, und eine von beiden ist c. Die andere sei c'. Bekanntlich ist die linke Seite dieser Gleichung $(t - c)(t - c')$. Koeffizientenvergleich ergibt $c + c' = 2(a + b)$. Ist anders gesagt (a, b, c) ein Tripel, so ist auch $(a, b, 2a + 2b - c)$ eines, und zwar das einzige, das dieselben a und b hat. Analog können wir in jedem Tripel a durch $2b + 2c - a$ oder b durch $2a + 2c - b$ ersetzen und erhalten stets wieder ein Tripel. Ist das Tripel (a, b, c) positiv, so sind auch die Ergebnisse der drei Transformationen positiv, anders gesagt $2a + 2b - c, 2b + 2c - a, 2c + 2a - b > 0$. Wenn wir eine der Transformationen zweimal hintereinander anwenden, erhalten wir außerdem wieder das ursprüngliche Tripel.

Wir können nun durch solche Transformationen an a, b oder c das Tripel vereinfachen (d. h. $|a| + |b| + |c|$ verringern), falls $a > b + c$, $b > c + a$ bzw. $c > a + b$. Wir nennen ein Tripel *reduziert*, falls keine dieser Ungleichungen gilt, also keine dieser drei Transformationen es vereinfacht. Welche reduzierten Tripel gibt es?

Hierfür schreiben wir (5) um:

$$a(b + c - a) + b(c + a - b) + c(a + b - c) = 3 \, . \tag{8}$$

Nach Voraussetzung sind a, b und c positiv. Die Zahlen $b + c - a$, $c + a - b$ und $a + b - c$ sind nichtnegativ (da das Tripel reduziert ist) und ungerade (da a, b und c es sind), also positiv. Wir haben 3 also als Summe dreier positiver Zahlen dargestellt, die daher alle 1 sein müssen; also gibt es nur ein reduziertes Tripel $a = b = c = 1$.

Betrachte nun ein beliebiges positives Tripel. Ist es $(1, 1, 1)$, so ist es bereits reduziert. Sonst können wir es durch eine unserer drei Transformationen vereinfachen. (Es gibt nur eine Möglichkeit, da nur eine der Ungleichungen $a > b + c$, $b > c + a$, $c > a + b$ auf einmal gelten kann). Wir wiederholen diesen Prozess, falls wir nicht bei $(1, 1, 1)$ angekommen sind. Nach dem *Prinzip des unendlichen Abstiegs* müssen die Zahlen immer kleiner werden, bis wir schließlich an einem Punkt ankommen, wo keine weitere Vereinfachung mehr möglich ist. Das Tripel kann dann nur das einzige reduzierte Tripel $(1, 1, 1)$ sein. Kehren wir nun den Vorgang um, so erhalten wir

Theorem 3. *Durch wiederholte Anwendung der drei Transformationen $a \mapsto 2b + 2c - a$, $b \mapsto 2c + 2a - b$, $c \mapsto 2a + 2b - c$ auf $(1, 1, 1)$ erhält man jedes positive Tripel.* $\qquad\qquad\square$

Beachte hierbei, dass durch jede Anwendung einer solchen Transformation das Tripel größer wird: dies kann man etwa über Induktion zeigen, da man nur mit einer Transformation die Größe des Tripels verringern kann, und das muss diejenige sein, mit der wir das aktuelle Tripel aus dem kleineren erhalten haben. Ähnliche Argumente werden wir noch oft benutzen.

Wir betrachten nun ein paar Tripel. Fangen wir mit $(a, b, c) = (1, 1, 1)$ an und transformieren dann immer abwechselnd b und c, so erhalten wir $(1, 3, 1)$, $(1, 3, 7)$, $(1, 13, 7)$ und so weiter. Da $a = 1$, also $\alpha = 0$, sind dies gerade die Tripel, die Lösungen von Problem 1 entsprechen; $\beta = (b - 1)/2$ und $\gamma = (c - 1)/2$ sind aufeinanderfolgende Dreieckszahlen. Transformieren wir in den obigen Tripeln nun jeweils a, so erhalten wir $(7, 3, 1)$, $(19, 3, 7)$, $(39, 13, 7)$ und $(67, 13, 21)$.

Sehen wir nun genau hin, so sehen wir, dass die auftauchenden Zahlen alle etwas gemeinsam haben: Keine von ihnen hat einen Primfaktor der Form $3n - 1$. Auf den ersten Blick ist dies erstaunlich. Wir fangen mit dem Tripel $(1, 1, 1)$ an und wenden ausschließlich additive Transformationen an, und die entstehenden Zahlen haben keine Primteiler der Form $3n - 1$, teilen also eine multiplikative Eigenschaft.

Hinter diesem Ergebnis steht (6), denn wäre a durch $p = 3n - 1$ teilbar, so gälte dies auch für $(a + b - c)^2 + 3$, und es ist bekannt, dass keine Zahl der Form $d^2 + 3$ durch eine ungerade solche Primzahl teilbar ist.[1] (Wir wissen bereits, dass p als Teiler von a ungerade sein muss.)

Dies liefert die eine Richtung von

Theorem 4. *Eine ganze Zahl a taucht genau dann in einem Tripel auf, falls es eine ganze Zahl d gibt, so dass $d^2 + 3$ durch $4a$ teilbar ist.*

Beweis. Sei $d^2 + 3$ durch $4a$ teilbar. Wir wählen $b = (d^2 + 3)/4a$ und $c = a + b - d$. Dann ist $(a + b - c)^2 = d^2 = 4ab - 3$, also ist (a, b, c) Lösung von (6), also (5). Die andere Richtung haben wir bereits gezeigt. $\square$

Anmerkung 2. Die Bedingungen von Theorem 4 sind genau dann erfüllt, und a liegt daher genau dann in einem Tripel, wenn die ungerade Zahl a keine Primfaktoren der Form $3n - 1$ hat und nicht durch 9 teilbar ist. Dies werden wir hier nicht beweisen (man benötigt den in Fußnote 1 erwähnten Satz sowie den Chinesischen Restsatz). Mit $a = 2\alpha + 1$ haben wir also die Menge der in Lösungen von Problem 2 auftauchenden Zahlen komplett bestimmt.

3 Von Socken zu Dreiecken

Wir formen nun unser Problem in ein geometrisches um, das uns weitere Verallgemeinerungsmöglichkeiten liefert.

Betrachte ein Dreieck XYZ mit Seitenlängen $YZ = x = \sqrt{a}$, $ZX = y = \sqrt{b}$ und $XY = z = \sqrt{c}$. Die Heronsche Formel drückt nun die Fläche von XYZ mit Hilfe des halben Umfangs $s = \frac{1}{2}(x + y + z)$ durch $\sqrt{s(s - x)(s - y)(s - z)}$ aus. Einsetzen von a, b und c ergibt

$$\frac{1}{4}\sqrt{-a^2 - b^2 - c^2 + 2bc + 2ca + 2ab}\,.$$

Unsere Tripel entsprechen daher Dreiecken der Fläche $\frac{\sqrt{3}}{4}$, deren Seitenlängen Quadratwurzeln ganzer Zahlen sind (siehe (5)).

Diese Bedingungen bleiben erfüllt, wenn wir den Punkt Z durch sein Bild Z' bei einer Punktspiegelung an X ersetzen. Dies ändert die Seite XY nicht, und XZ wird in die Seite XZ' der gleichen Länge überführt. Die dritte Seite YZ wird in YZ' überführt, deren Länge x' sei. Sei außerdem der Winkel bei X in XYZ durch $\hat{X}$ bezeichnet; der zugehörige Winkel in XYZ' ist dann sein Komplement $\pi - \hat{X}$.

Die Dreiecke XYZ und XYZ' haben die gleiche Fläche, da sie die Grundseite XY gemeinsam haben und nach Definition der Punktspiegelung die

---

[1] Aus dem Gaußschen quadratischen Reziprozitätsgesetz folgt, dass -3 genau dann ein Quadratrest modulo einer ungeraden Primzahl ist, wenn p nicht die Form $3n - 1$ hat.

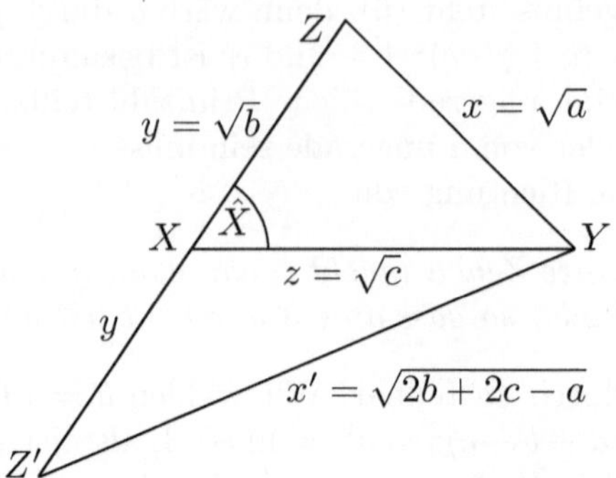

Abb. 1. Ein Dreieck XYZ und sein Bild $XZ'Y$ unter der Punktspiegelung an X.

ihr entsprechenden Höhen von Z und Z' auf XY gleich sind. Außerdem ist x' Quadratwurzel einer ganzen Zahl, wie man mit dem Kosinussatz in den Dreiecken XYZ und XYZ' sieht: Dieser liefert $x^2 = y^2 + z^2 - 2yz \cos \hat{X}$, $x'^2 = y^2 + z^2 - 2yz \cos(\pi - \hat{X}) = y^2 + z^2 + 2yz \cos \hat{X}$, also $x^2 + x'^2 = 2(y^2 + z^2)$, und mit x, y und z ist dann auch x' die Quadratwurzel einer ganzen Zahl. Dies ist offensichtlich gerade die bereits untersuchte Transformation $a \mapsto 2b + 2c - a$.

Für $x' < x$, also (nach Kosinussatz) falls $\hat{X}$ stumpfwinklig ist, verringert diese Transformation die Summe der Quadrate der Seitenlängen (die $|a| + |b| + |c|$ ist). Reduzierte Dreiecke sind daher spitz- oder rechtwinklig. Analog zu Theorem 3 beweist man, dass das einzige reduzierte Dreieck mit Fläche $\frac{\sqrt{3}}{4}$ gleichseitig mit Seitenlänge 1 ist. Die Ecken dieses Dreiecks bestimmen ein hexagonales *Gitter*, und alle durch die Punktspiegelungsoperationen erhaltenen Ecken liegen auch auf diesem Gitter.

Anmerkung 3. Hieraus erhalten wir bereits ein interessantes Korollar: Jedes Dreieck mit Fläche $\frac{\sqrt{3}}{4}$, dessen Seitenlängen Wurzeln ganzer Zahlen sind, kann in ein hexagonales Gitter der Seitenlänge 1 eingebettet werden, d. h. es gibt ein hexagonales Gitter der Seitenlänge 1, so dass die Ecken des Dreiecks Gitterpunkte sind.

Es stellt sich heraus, dass diese Operationen auf natürliche Weise eine Gruppe erzeugen. Betrachte die Menge der Dreiecke der Fläche $\frac{\sqrt{3}}{4}$ mit Seitenlängen, die Wurzeln ganzer Zahlen sind, wobei wir Dreiecke identifizieren, die durch Translationen ineinander überführt werden, nicht aber solche, die sich nur durch die Bezeichnungen der Ecken unterscheiden. Unsere Punktspiegelungsoperationen überführen Translationen in Translationen und wirken daher auf dieser Menge.

Sei S_0 die Operation, die das Dreieck XYZ durch YZX ersetzt (also die Ecken zyklisch permutiert), und sei T_0 die Operation, die XYZ durch

$XZ'Y$ ersetzt (Punktspiegelung von Z an X). Wir benutzen dabei $XZ'Y$ statt XYZ', um die Orientierung zu erhalten.

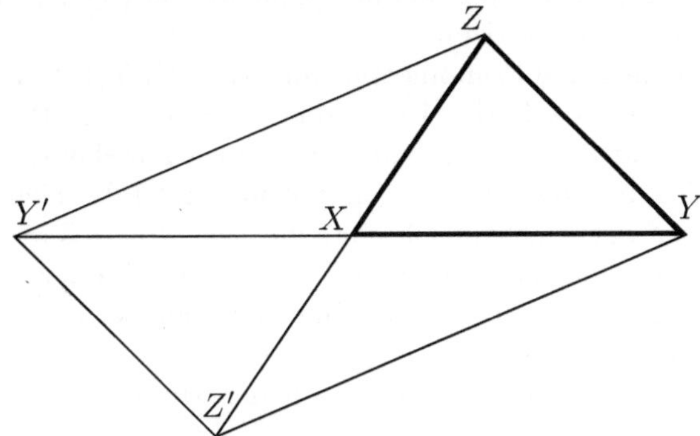

Abb. 2. Die Operation T_0 schickt XYZ auf $XZ'Y$; dieses Dreieck wird auf $XY'Z'$, dann auf XZY' und schließlich wieder auf XYZ geschickt, so dass viermaliges Anwenden von T_0 die Identität ergibt.

Da wir Translationen nicht berücksichtigen, können wir XYZ eindeutig durch die beiden Vektoren $\overrightarrow{XY}$ und $\overrightarrow{XZ}$ beschreiben. Die Operation S_0 ersetzt diese Vektoren durch $\overrightarrow{YZ} = \overrightarrow{XZ} - \overrightarrow{XY}$ und $\overrightarrow{YX} = -\overrightarrow{XY}$, und T_0 ersetzt sie durch $\overrightarrow{XZ'} = -\overrightarrow{XZ}$ und $\overrightarrow{XY}$. In anderen Worten schicken S_0 und T_0 den „Vektorenvektor" $(\overrightarrow{XY}, \overrightarrow{XZ})$ auf

$$(\overrightarrow{XY}, \overrightarrow{XZ}) \begin{pmatrix} -1 & -1 \\ 1 & 0 \end{pmatrix} \quad \text{und} \quad (\overrightarrow{XY}, \overrightarrow{XZ}) \begin{pmatrix} 0 & 1 \\ -1 & 0 \end{pmatrix}$$

so dass man S_0 und T_0 durch diese beiden 2×2-Matrizen ausdrücken kann.

Wir betrachten die von S_0 und T_0 erzeugte Gruppe $\langle S_0, T_0 \rangle$. Da die Gruppenverknüpfung wie Matrizenmultiplikation funktioniert, können wir die Elemente dieser Gruppe durch 2×2-Matrizen darstellen, wie wir es bereits für S_0 und T_0 gemacht haben, und man sollte sich $\langle S_0, T_0 \rangle$ als 2×2-Matrizengruppe vorstellen.

Die Operationen S_0 und T_0 wirken auch linear auf a, b und c. Man sieht leicht, dass man sie durch Multiplikation des Vektors (a, b, c) mit den Matrizen

$$S = \begin{pmatrix} 0 & 0 & 1 \\ 1 & 0 & 0 \\ 0 & 1 & 0 \end{pmatrix} \quad \text{und} \quad T = \begin{pmatrix} -1 & 0 & 0 \\ 2 & 0 & 1 \\ 2 & 1 & 0 \end{pmatrix}$$

beschreiben kann. In der Tat ist

$$(a, b, c) \; T = (-a + 2b + 2c, c, b)$$

und dies ist gerade die oben hergeleitete Formel.

Analog ergibt jede Transformation $A_0 \in \langle S_0, T_0 \rangle$ eine Operation A, die auf Tripel (a, b, c) wirkt. Dabei wird A genau so von S und T erzeugt, wie A_0 von S_0 und T_0 erzeugt wird, und wirkt somit als 3×3-Matrix auf Tripeln. Die Abbildung $A_0 \mapsto A$ ist also ein Homomorphismus von $\langle S_0, T_0 \rangle$ in die Gruppe der invertierbaren 3×3-Matrizen.

Sie induziert sogar einen Homomorphismus von $\langle S_0, T_0 \rangle / \langle -I \rangle$ in die Gruppe der invertierbaren 3×3-Matrizen[2], da $-I = T_0^2$ eine Punktspiegelung am Ursprung ist und die Seitenlängen somit invariant lässt. Diese Gruppe $\langle S_0, T_0 \rangle / \langle -I \rangle$ wird die *Modulgruppe* genannt und mit Γ bezeichnet. Sie spielt in vielen Bereichen der Mathematik eine wichtige Rolle. Wir schreiben nun 2Γ für $\langle S_0, T_0 \rangle$, da jedem Element von Γ genau zwei Elemente von $\langle S_0, T_0 \rangle$ entsprechen. Außerdem sei $\langle S, T \rangle = \Gamma'$, eine Gruppe, die, wie wir noch sehen werden, isomorph zu Γ ist.

Wir können nun eine explizite Formel für den Homomorphismus $A_0 \mapsto A$ angeben. Es gilt

$$a = \langle\langle \overrightarrow{YZ}, \overrightarrow{YZ} \rangle\rangle = \langle\langle \overrightarrow{XY}, \overrightarrow{XY} \rangle\rangle - 2\langle\langle \overrightarrow{XY}, \overrightarrow{XZ} \rangle\rangle + \langle\langle \overrightarrow{XZ}, \overrightarrow{XZ} \rangle\rangle \,,$$

$$b = \langle\langle \overrightarrow{XZ}, \overrightarrow{XZ} \rangle\rangle \,,$$

$$c = \langle\langle \overrightarrow{XY}, \overrightarrow{XY} \rangle\rangle \,,$$

wobei $\langle\langle \,,\, \rangle\rangle$ das Skalarprodukt ist. In einer langwierigen, aber nicht schweren Rechnung zeigt man nun, dass die auf $(\overrightarrow{XY}, \overrightarrow{XZ})$ durch die Matrix $\begin{pmatrix} e & f \\ g & h \end{pmatrix}$ wirkende Operation in der Wirkung auf (a, b, c) die folgende Form annimmt:

$$\begin{pmatrix} (e-f)(h-g) & -fh & -eg \\ (g-h)(e-f+g-h) & h(f+h) & g(e+g) \\ (e-f)(e-f+g-h) & f(f+h) & e(e+g) \end{pmatrix} \,.$$

Setzt man dies nun mit der Identitätsmatrix gleich, so sieht man, dass der Kern dieses Gruppenhomomorphismus genau die von $-I$ erzeugte Gruppe ist. Also ist das Bild dieses Homomorphismus, d. h. die von S und T erzeugte Gruppe Γ', in der Tat isomorph zu $\langle S_0, T_0 \rangle / \langle -I \rangle = \Gamma$.

Anmerkung 4. Eine Ausweitung dieser Argumente zeigt, dass sich alle Relationen zwischen S_0 und T_0 aus $S_0^3 = I$, $T_0^2 = -I$ und dem Kommutieren letzterer Matrix mit S_0 ergeben. Daher ist die Modulgruppe das freie Produkt der von den Bildern von S_0 und T_0 in Γ jeweils erzeugten zyklischen Gruppen der Ordnung 3 bzw. 2.

---

[2] Für Leser, die Gruppenquotienten nicht kennen: $\langle S_0, T_0 \rangle / \langle -I \rangle$ bezeichnet die Menge aller Matrizen $\langle S_0, T_0 \rangle$, wobei wir jede Matrix A mit ihrem additiven Inversen $-A$ identifizieren. Auf dieser Menge wird von $\langle S_0, T_0 \rangle$ eine Gruppenstruktur induziert, und diese Gruppe heißt *Quotientengruppe* von $\langle S_0, T_0 \rangle$ durch $\langle -I \rangle$.

In den beiden Gruppen Γ' und 2Γ betrachten wir nun die Untergruppen $\langle T, STS^{-1}, S^{-1}TS \rangle$ und $\langle T_0, S_0T_0S_0^{-1}, S_0^{-1}T_0S_0 \rangle$. Wie man leicht sieht, haben beide den Index 3. In der zweidimensionalen Darstellung entsprechen die Erzeuger den Operationen, die Z, X und Y an X, Y bzw. Z spiegeln und den entstandenen Punkt mit Y, Z bzw. X vertauschen. In der dreidimensionalen Darstellung entsprechen sie Operationen, die eine der Zahlen a, b oder c wie in Theorem 3 transformieren und die beiden anderen vertauschen. Wir bezeichnen diese Operationen in der dreidimensionalen Darstellung durch T_a, T_b und T_c.

In der Standardliteratur definiert man die Modulgruppe normalerweise als Quotient $\mathrm{PSL}_2(\mathbb{Z})$ der Gruppe aller ganzzahligen 2×2-Matrizen durch $\langle -I \rangle$. Wieso ist unsere Definition hierzu äquivalent? Nun, S_0 und T_0 haben Determinante 1, also gilt dies auch für alle Elemente von $\langle S_0, T_0 \rangle$. Sei andererseits R eine 2×2-Matrix mit ganzzahligen Einträgen und Determinante 1. Ist XYZ ein gleichseitiges Dreieck der Seitenlänge 1, so überführt R den Vektorenvektor $(\overrightarrow{XY}, \overrightarrow{XZ})$ in einen Vektor zweier Vektoren, die ein Dreieck der Fläche $\frac{\sqrt{3}}{4}$ mit Seitenlängen, die Wurzeln ganzer Zahlen sind, aufspannen (da R Determinante 1 hat, erhält es Flächeninhalte), und das daher aus XYZ durch eine Transformation aus 2Γ hervorgeht. Da R mit dieser Transformation auf den Vektoren $(\overrightarrow{XY}, \overrightarrow{XZ})$ übereinstimmt, müssen beide gleich sein.

4 Von Dreiecken zu quadratischen Formen

Kehren wir nun wieder zu dem von einem gleichseitigen Dreieck der Seitenlänge 1 erzeugten hexagonalen Gitter zurück. Ein Vektor zwischen zwei Gitterpunkten hat stets die Form $m\overrightarrow{XY} + n\overrightarrow{XZ}$ mit ganzen Zahlen m und n. Die Länge dieses Vektors lässt sich mit dem Kosinussatz leicht ausrechnen und ist

$$\sqrt{m^2 + n^2 - 2mn\cos(120°)} = \sqrt{m^2 + mn + n^2}\,.$$

Aus der Definition von Γ als Gruppe der ganzen 2×2-Matrizen mit Determinante 1 (modulo $\langle -I \rangle$) folgt, dass ein Gittervektor genau dann als erster Vektor im Bild von $(\overrightarrow{XY}, \overrightarrow{XZ})$ unter 2Γ dargestellt werden kann und somit als Seite eines Dreiecks der Fläche $\frac{\sqrt{3}}{4}$ auftaucht, wenn er *primitiv*, also nicht ein Vielfaches eines anderen Gittervektors ist. Zusammen mit Theorem 4 erhalten wir also, dass eine ganze Zahl a genau dann als $m^2 + mn + n^2$ mit teilerfremden m und n dargestellt werden kann, wenn $4a | d^2 + 3$ für eine ganze Zahl d. (Notwendige und hinreichende Bedingungen hierfür wurden in Anmerkung 2 gegeben.)

Betrachte nun die etwas allgemeinere Situation eines Dreiecksgitters, das von einem beliebigen Dreieck XYZ mit Seitenlängen, deren Quadrate ganze Zahlen sind, erzeugt wird. Für beliebige ganze Zahlen m und n ist dann das

Quadrat der Länge des Vektors $m\overrightarrow{XY} + n\overrightarrow{XZ}$ gleich

$$
\begin{aligned}
|m\overrightarrow{XY} + n\overrightarrow{XZ}|^2 &= \langle\langle\, m\overrightarrow{XY} + n\overrightarrow{XZ}, m\overrightarrow{XY} + n\overrightarrow{XZ}\,\rangle\rangle \\
&= m^2\langle\langle\, \overrightarrow{XY}, \overrightarrow{XY}\,\rangle\rangle + 2mn\langle\langle\, \overrightarrow{XY}, \overrightarrow{XZ}\,\rangle\rangle + n^2\langle\langle\, \overrightarrow{XZ}, \overrightarrow{XZ}\,\rangle\rangle \\
&= cm^2 + (-a + b + c)mn + bn^2,
\end{aligned}
$$

da man das Skalarprodukt in der Mitte als

$$
\frac{1}{2}\left(\langle\langle\, \overrightarrow{XY}, \overrightarrow{XY}\,\rangle\rangle + \langle\langle\, \overrightarrow{XZ}, \overrightarrow{XZ}\,\rangle\rangle - \langle\langle\, \overrightarrow{XY} - \overrightarrow{XZ}, \overrightarrow{XY} - \overrightarrow{XZ}\,\rangle\rangle\right)
$$

schreiben kann und der letzte Term $\langle\langle\, \overrightarrow{YZ}, \overrightarrow{YZ}\,\rangle\rangle$ ist.

Dies dient uns zur Motivation allgemeiner *(binärer) quadratischer Formen*. Eine binäre quadratische Form ist ein Ausdruck der Form $um^2 + vmn + wn^2$, wobei u, v und w feste ganze Zahlen und m und n Variablen sind. Man kann dies auch in Matrixform schreiben:

$$
(m \quad n) \begin{pmatrix} u & v/2 \\ v/2 & w \end{pmatrix} \begin{pmatrix} m \\ n \end{pmatrix}.
$$

Eine quadratische Form $um^2 + vmn + wn^2$ wird zu großen Teilen durch die Determinante der Matrix $\begin{pmatrix} u & \frac{v}{2} \\ \frac{v}{2} & w \end{pmatrix}$ beschrieben. Indem wir diese noch mit -4 malnehmen, definieren wir *Diskriminante* der quadratischen Form $um^2 + vmn + wn^2$ als $\Delta = v^2 - 4uw$. Man sieht nun leicht mit der Lösungsformel für quadratische Gleichungen, dass diese quadratische Form sich genau dann als Produkt linearer Faktoren der Form $sm + tn$ mit rationalen s und t darstellen lässt, wenn Δ eine Quadratzahl ist, und in diesem Fall müssen s und t bereits ganze Zahlen sein.

Mit $a = u + w - v, b = u$ und $c = w$ erhalten wir für die Diskriminante der quadratischen Form $um^2 + vmn + wn^2$

$$
v^2 - 4uw = (-a + b + c)^2 - 4bc = a^2 + b^2 + c^2 - 2bc - 2ca - 2ab,
$$

also genau die rechte Seite von (5). Es folgt: *Es gibt einen bijektiven Zusammenhang zwischen quadratischen Formen $um^2 + vmn + wn^2$ mit Diskriminante Δ und Lösungen (a, b, c) von*

$$
a^2 + b^2 + c^2 - 2bc - 2ca - 2ab = \Delta\,. \tag{5$'$}
$$

Wird nun eine quadratische Form $um^2 + vmn + wn^2$ wie oben beschrieben von einem durch ein Dreieck XYZ erzeugten Dreiecksgitter induziert, so folgt aus (5$'$) mit der Heronschen Formel, dass die Fläche dieses Dreiecks gerade $\frac{\sqrt{-\Delta}}{4}$ ist.

Ist andererseits (a, b, c) ein positives Tripel, das obige Gleichung für ein negatives Δ erfüllt, erfüllen $\sqrt{a}$, $\sqrt{b}$ und $\sqrt{c}$ die Dreiecksungleichungen, da die linke Seite

$$-(\sqrt{a}+\sqrt{b}+\sqrt{c})(\sqrt{a}+\sqrt{b}-\sqrt{c})(\sqrt{b}+\sqrt{c}-\sqrt{a})(\sqrt{c}+\sqrt{a}-\sqrt{b})$$

ist, weshalb die entsprechende quadratische Form von einem Dreieck mit diesen Seitenlängen induziert wird.

Zusammengefasst sehen wir, dass wir mit den ganzzahligen Lösungen von (5) und Dreiecken der Fläche $\frac{\sqrt{3}}{4}$, deren Seitenlängen Wurzeln ganzer Zahlen sind, auch alle quadratischen Formen der Diskriminante $\Delta = -3$ klassifiziert haben.

In den nächsten Abschnitten weiten wir dies auf alle anderen Werte von Δ aus. Grundsätzlich gibt es vier Fälle: Die Diskriminante ist negativ, Null, eine positive Quadratzahl oder eine positive Nichtquadratzahl. Der erste und letzte Fall sind zwar die wichtigsten, aber wir können und werden in den beiden anderen Fällen eine Lösung geben.

5 Negative Diskriminanten

Als Verallgemeinerung der geometrischen Formulierung von Problem 2 stellen wir uns folgende Aufgabe:

Problem 3. *Für eine beliebige negative ganze Zahl Δ finde man alle Dreiecke mit Flächeninhalt $\frac{\sqrt{-\Delta}}{4}$, deren Seitenlängen Quadratwurzeln ganzer Zahlen sind.*

Wir haben für $\Delta = -3$ bereits (5) erhalten, und im Allgemeinen kommen wir so zu (5′). Analog können wir auch die Gleichungen (6)–(8) behandeln; die so erhaltenen, verallgemeinerten Gleichungen nennen wir (6′)–(8′). Hier sind diese Gleichungen (6′)–(8′) ausgeschrieben:

$$(a + b - c)^2 = 4ab + \Delta\,, \tag{6′}$$

$$c^2 - 2(a + b)c + (a - b)^2 - \Delta = 0\,, \tag{7′}$$

$$a(b + c - a) + b(c + a - b) + c(a + b - c) = -\Delta\,. \tag{8′}$$

Aus (6′) folgt, dass Δ bei Division durch 4 den Rest 0 oder 1 lässt. Solche Zahlen nennen wir *erlaubte Diskriminanten* (auch wenn Δ nichtnegativ ist). Andererseits hat (6′) für jedes solche Δ eine Lösung: Für $4|\Delta$ ist eine solche durch $a = 1$, $b = \frac{-\Delta}{4}$ und $c = b + 1$ gegeben, für $4|\Delta - 1$ wählen wir $a = 1$ und $b = c = \frac{1-\Delta}{4}$.

Die bereits für $\Delta = -3$ durchgeführte Analyse überträgt sich fast vollständig. Die Menge der (5′) erfüllenden Tripel ist immer noch unter den Spiegelungsoperationen T_a, T_b und T_c abgeschlossen. Reduzierte Tripel werden analog definiert, und aus (8′) folgt, dass es nur endlich viele reduzierte Tripel gibt, aus denen sich alle anderen durch wiederholtes Anwenden von

T_a, T_b und T_c erhalten lassen. Es kann aber durchaus mehr als ein reduziertes Tripel geben. Zwei solche Tripel sind genau dann Γ'-äquivalent (d. h. lassen sich durch eine Operation aus Γ' ineinander überführen), wenn sie zyklische Permutationen voneinander sind, oder nichtzyklische Permutationen voneinander sind und eine der Zahlen a, b und c die Summe der beiden anderen ist. Anders gesagt ist ein reduziertes Tripel (a, b, c) genau dann äquivalent zu (a, c, b), falls zwei der Zahlen a, b und c gleich sind (also das Dreieck XYZ gleichschenklig ist) oder eine von ihnen die Summe der beiden anderen ist (also das Dreieck XYZ rechtwinklig ist). Diese Fälle heißen *gleichschenklig* bzw. *pythagoräisch*.

Wie in Theorem 3 zeigt man, dass man jedes positive Tripel durch eine Folge der T_i, $i = a, b, c$ aus einem reduzierten Tripel erhält.

Als Verallgemeinerung von Theorem 4 sehen wir, dass eine Zahl a genau dann in einem Tripel auftaucht, wenn es eine ganze Zahl d mit $4a | d^2 - \Delta$ gibt. Auch die geometrische Analyse überträgt sich komplett. Die Fläche des Dreiecks XYZ muss $\frac{\sqrt{-\Delta}}{4}$, die eines Periodenparallelogramms des von diesem Dreieck erzeugten Gitters $\frac{\sqrt{-\Delta}}{2}$ sein, und die Diskriminante der entsprechenden quadratischen Form ist Δ.

Ein Tripel heiße *imprimitiv*, falls a, b und c einen gemeinsamen Teiler $k > 1$ haben. Das Tripel $(a/k, b/k, c/k)$ hat dann Diskriminante Δ/k^2. Gibt es also für ein bestimmtes Δ kein $k > 1$, so dass Δ/k^2 eine erlaubte Diskriminante ist, so sind alle Tripel mit Diskriminante Δ primitiv. Dies ist genau dann der Fall, wenn $-\Delta$ quadratfrei oder das Vierfache einer quadratfreien Zahl der Form $4n + 2$ oder $4n + 3$ ist. In diesen Fällen ist die Anzahl der reduzierten Tripel modulo Äquivalenz eine wichtige Funktion, die sogenannte *Klassenzahl* von Δ.

Anmerkung 5. Diese Klassenzahl ist genau dann 1, wenn der Ring der sogenannten *algebraischen ganzen Zahlen* im mit $\sqrt{\Delta}$ erweiterten Körper der rationalen Zahlen eine *eindeutige Primfaktorzerlegung* genannte Eigenschaft besitzt. Dies tritt nur für $-\Delta = 3$, 4, 7, 8, 11, 19, 43, 67 und 163 auf. Obwohl dies bereits im 19. Jahrhundert vermutet wurde, tauchte ein vollständiger Beweis erst in den 1980er Jahren auf. Die algebraischen ganzen Zahlen sind, ohne eine rigorose Definition zu geben, für $4 | \Delta$ die Zahlen der Form $m + m' \sqrt{\Delta/4}$ für ganze Zahlen m und m', und für $4 | \Delta - 1$ sind sie die ganzen Zahlen der Form $m + m' \sqrt{\Delta}$, wobei $m - m'$ und $2m'$ ganze Zahlen sind. Wir werden auch die eindeutige Primfaktorzerlegung nicht definieren; man kann sich aber als Faustregel merken, dass sich auf diese Ringe viele Sätze über die ganzen Zahlen verallgemeinern lassen. Klassenzahlen wurden in frühen Versuchen, den großen Satz von Fermat zu beweisen, eingeführt: Man nahm irrtümlich an, dass der Ring der *zyklotomischen* ganzen Zahlen der Ordnung p — ganzzahlige Linearkombinationen p-ter Einheitswurzeln — eindeutige Primfaktorzerlegung besäße, und als sich herausstellte, dass dies im Allgemeinen nicht gilt, zeigte Kummer, dass die Gleichung $x^p + y^p = z^p$ keine Lösung über den von Null verschiedenen ganzen Zahlen besitzt, wenn

$$
\begin{array}{ll}
3\!: & (1,1,1) \\
4\!: & (1,1,2) \\
7\!: & (1,2,2) \\
8\!: & (1,2,3) \\
11\!: & (1,3,3) \\
12\!: & (1,3,4),\ (2,2,2) \\
15\!: & (1,4,4),\ (2,2,3) \\
16\!: & (1,4,5),\ (2,2,4) \\
19\!: & (1,5,5) \\
20\!: & (1,5,6),\ (2,3,3) \\
23\!: & (1,6,6),\ (2,3,4),\ (2,4,3)
\end{array}
$$

3: $(1,1,1)$

4: $(1,1,2)$

7: $(1,2,2)$

8: $(1,2,3)$

11: $(1,3,3)$

12: $(1,3,4),\ (2,2,2)$ — Der erste Fall mit verschiedenen reduzierten Tripeln

15: $(1,4,4),\ (2,2,3)$ — Der erste Fall mit verschiedenen primitiven reduzierten Tripeln

16: $(1,4,5),\ (2,2,4)$

19: $(1,5,5)$

20: $(1,5,6),\ (2,3,3)$

23: $(1,6,6),\ (2,3,4),\ (2,4,3)$ — Der erste Fall mit reduzierten Tripeln, die weder gleichschenklig noch pythagoräisch sind

Tabelle 1. Reduzierte Tripel für die kleinsten Werte von $-\Delta$. Da wir reduzierte Tripel zyklisch permutieren können, zeigen wir nur solche mit $a \le b$ und $a \le c$; im gleichschenkligen und pythagoräischen Fall dürfen wir zusätzlich $b \le c$ fordern.

die Klassenzahl des Rings der zyklotomischen ganzen Zahlen der Ordnung p nicht durch p teilbar ist.

Unabhängig von unserem eigentlichen Thema ist es interessant, dass die Klassenzahl 1 für $\Delta = -163$ auch mit der berühmten Eulerschen Primzahlformel $x^2 + x + 41$ für $-40 \le x \le 39$ sowie mit der Tatsache, dass $e^{\pi\sqrt{163}}$ sehr nahe an einer ganzen Zahl liegt, zusammenhängt. Beides gilt auch für kleinere (negative) Diskriminanten mit Klassenzahl 1. Das erste Ergebnis können wir sogar mit unseren Methoden beweisen: Es gibt bis auf Äquivalenz genau ein reduziertes Tripel für $\Delta = -163$, und dieses ist $(1,41,41)$, da dieses (5$'$) löst und reduziert ist. Man erhält also durch eine Folge der T_i jedes andere (positive) Tripel aus $(1,41,41)$, und wie im Anschluss an Theorem 3 dargelegt wurde, können wir annehmen, dass jede dieser Operationen das Tripel vergrößert. Daher kann keine Zahl zwischen 2 und 40 in einem Tripel auftauchen: Da wir mit $(1,41,41)$ anfangen und danach nur T_i anwenden, die das Tripel größer machen, sind die zweite und dritte Koordinate stets mindestens 41, und wendet man zuerst T_a an, so ändert man die erste Koordinate zu $2b + 2c - 1 \ge 41 + 41 - 1 = 81$. Analog zu Theorem 4 sehen wir nun, dass keine Zahl zwischen 2 und 40 eine Zahl der Form $\frac{d^2+163}{4}$ teilen kann.

Von hier ist der Beweis klar: Angenommen, dass $x^2 + x + 41$ für ein x mit $-40 \le x \le 39$ nicht prim ist. Dann gibt es einen Primfaktor p mit

$$
1 < p \le \sqrt{x^2 + x + 41} < \sqrt{40^2 + 40 + 41} = 41\,,
$$

im Widerspruch zu

$$
x^2 + x + 41 = \frac{(2x+1)^2 + 163}{4}\,.
$$

6 Verschwindende Diskriminante

Wir betrachten nun auch nichtnegative Δ. Natürlich können wir uns nur mit ganzzahligen Lösungen von (5′) oder quadratischen Formen mit Diskriminante Δ beschäftigen, aber ist es auch möglich, die geometrische Interpretation von Problem 3 beizubehalten, ohne endgültig realitätsfremd zu werden? Die Antwort ist ja, aber wir müssen uns in die *Lorentz-Minkowski-Geometrie* begeben, die in vier Dimensionen durch die Punkte (x, y, z, iw) mit $x, y, z, w \in \mathbb{R}$ gegeben ist. Ihre wichtigste Rolle spielt diese Geometrie in Einsteins spezieller Relativitätstheorie. Abstände können reelle oder rein imaginäre Zahlen oder Null sein; diese entsprechen *raumartigen, zeitartigen* bzw. *lichtartigen* Vektoren. In dieser Geometrie können wir zu jeder quadratischen Form mit beliebigen erlaubten Diskriminante sie erzeugende Gitter finden. So haben etwa die von $(0, 1, 0, 0)$ und $(0, 0, 1, i)$ oder $(0, 0, 0, i)$ erzeugten Gitter die Diskriminanten 0 bzw. 4. (Man kann die Lorentz-Minkowski-Geometrie natürlich auch ignorieren und sich nur mit der algebraischen Gleichung (5′) beschäftigen.)

Zunächst betrachten wir den Fall $\Delta = 0$. In diesem lautet (6′) dann $(a+b-c)^2 = 4ab$. Also ist das Produkt von a und b eine Quadratzahl, also $a = km^2$ und $b = kn^2$. Die Gleichung lautet nun $c - a - b = \pm 2kmn$, also $c = k(m \pm n)^2$. Andererseits ist $(km^2, kn^2, k(m \pm n)^2)$ stets eine Lösung von (6′) mit $\Delta = 0$, womit wir in diesem Fall alle Lösungen charakterisiert hätten.

Dies ist auch geometrisch sinnvoll, da — für zunächst positive Tripel mit $k > 0$ — eine der Zahlen x, y und z (die ja bekanntlich die Quadratwurzeln von a, b und c sind) die Summe der anderen beiden sein muss, und die „Fläche" eines Dreiecks, dessen eine Seitenlänge die Summe der beiden anderen ist, ist sicherlich 0. (In der Tat können wir Punkte X, Y und Z, die die entsprechenden Abstände voneinander haben, in einem passenden eindimensionalen Gitter finden.)

Zusammengefasst ergibt sich

Theorem 5. *Für jedes (nichtnegative) Tripel mit $\Delta = 0$ sind die Quadratwurzeln von a, b und c ganzzahlige Vielfache ein und derselben Wurzel einer ganzen Zahl, und eine der Wurzeln ist die Summe der beiden anderen.*   □

Jede Zahl kann als a auftauchen. Wir wissen dies bereits durch das Analogon von Theorem 4, da es sicher stets eine ganze Zahl d mit $4a|d^2$ gibt.

7 Positive Diskriminanten

Wir betrachten nun positive Δ. In diesem Fall müssen wir aus Gründen, die hier den Rahmen sprengen würden, für die richtige Definition der Klassenzahl die Äquivalenzklassen quadratischer Formen nicht nur unter Γ' betrachten, sondern unter der größeren Gruppe Γ'', die man aus Γ' durch Hinzufügen der durch

$$(a, b, c) \quad \mapsto \quad (-a, -c, -b)$$

definierten Transformation U erhält. Da Konjugation mit U, also die Abbildung $X \mapsto U^{-1}XU$, S invertiert und T invariant lässt, bildet sie Γ' auf sich selbst ab, weshalb Γ' in Γ'' eine normale Untergruppe vom Index 2 ist. Aus diesem Grund ist die Klassifikation der Äquivalenzklassen unter den Wirkungen beider Gruppen sehr ähnlich.

Problem 4. *Man klassifiziere die quadratischen Formen mit Diskriminante $\Delta > 0$ unter der Wirkung von Γ''.*

Genau wie im Fall $\Delta < 0$ zeigt man, dass, falls Δ quadratfrei oder das Vierfache einer quadratfreien Zahl der Form $4n + 2$ oder $4n + 3$ ist, alle quadratischen Formen primitiv (also ihre Koeffizienten teilerfremd) sind. In diesem Fall hängt die Klassenzahl — die Anzahl der Äquivalenzklassen quadratischer Formen unter der Wirkung von Γ'' — mit der Eindeutigkeit der Primfaktorzerlegung im Ring der algebraischen ganzen Zahlen im Körper der um $\sqrt{\Delta}$ erweiterten rationalen Zahlen zusammen.

Für $\Delta > 0$ können wir nicht mehr mit reduzierten Tripeln arbeiten, da es passieren kann, dass alle drei Operationen T_a, T_b, T_c das Tripel vergrößern, aber eine Folge solcher Operationen es kleiner macht. Wir arbeiten stattdessen mit der Menge P von Tripeln (a, b, c), die mindestens eine positive und eine negative Zahl enthalten, oder in denen genau zwei Zahlen Null sind. Das nächste Theorem liefert uns einige nützliche Eigenschaften von P.

Theorem 6. *Jedes Tripel ist unter Γ' äquivalent zu einem Tripel in P. Zwei Tripel in P sind genau dann äquivalent unter Γ', wenn sie sich (bis auf Permutation) durch eine Folge der T_i ineinander überführen lassen, wobei jedes Zwischenergebnis auch in P liegt. Schließlich ist P endlich.*

Beweis. Ein Tripel (a, b, c) ist genau dann nicht in P, wenn entweder alle drei Zahlen das gleiche Vorzeichen haben oder zwei das gleiche Vorzeichen haben und die dritte verschwindet. Wir können nun den ersten Teil von Theorem 6 mit dem Prinzip des unendlichen Abstiegs beweisen, falls wir zeigen können, dass in diesem Fall stets eins der T_i das Tripel kleiner macht.

Im Fall, in dem eine der Zahlen — ohne Beschränkung der Allgemeinheit a — verschwindet, ist dies leicht. Wieder ohne Einschränkung der Allgemeinheit nehmen wir $0 < b \leq c$ an. Aus $b = c$ folgt $\Delta = 0$, aber wir sind beim Fall $\Delta > 0$. Also $b < c$. Wenden wir nun T_c an, so erhalten wir $(b, 0, 2b - c)$, und man sieht leicht, dass dieses Tripel einfacher ist.

Im anderen Fall haben a, b und c alle das gleiche Vorzeichen, und wir dürfen annehmen, dass alle drei positiv sind. Wie für negative Δ definieren wir x, y und z als $\sqrt{a}$, $\sqrt{b}$ und $\sqrt{c}$. Erfüllen nun x, y und z die Dreiecksungleichung (jedes ist kleiner als die Summe der beiden anderen), dann können wir ein euklidisches ebenes Dreieck mit Seitenlängen x, y und z finden, das dann Fläche $\frac{\sqrt{-\Delta}}{4}$ hätte, aber wir nehmen $\Delta > 0$ an. Also ist eine der Zahlen x, y und z mindestens die Summe der beiden anderen, etwa $z \geq x + y$. Durch Quadrieren erhalten wir $c \geq a + b + 2xy > a + b$, also $c > a + b$, und daher $|2a + 2b - c| < |c|$.

Offensichtlich vergrößern in beiden Fällen die beiden anderen T_i das Tripel, und ihr Ergebnis liegt nicht in P. Benutzen wir also ein T_i, um ein Tripel aus P in ein nicht in P liegendes zu überführen, so können wir durch weitere T_i nur dann nach P zurückkehren, wenn wir denselben Weg rückwärts nehmen. Jede Folge von T_i, die ein Tripel aus P in ein anderes aus P überführt, kann also durch Eliminierung überflüssiger Unterfolgen auf eine Folge, deren Zwischenergebnisse auch alle in P liegen, überführt werden.

Hiermit wurde der zweite Teil von Theorem 6 bewiesen.

Für den letzten Fall betrachten wir den Fall, dass eine der Zahlen a, b und c verschwindet, sagen wir $a = 0$. Gleichung (5′) lautet dann $(b-c)^2 = \Delta$. Dies hat keine Lösungen, wenn Δ keine Quadratzahl ist. Ist Δ eine Quadratzahl, so gibt es nur endlich viele Paare (b, c) mit $|b - c| = \sqrt{\Delta}$, so dass b und c verschiedene Vorzeichen haben.

Es bleibt der Fall, dass zwei der Zahlen a, b und c — sagen wir b und c — das gleiche Vorzeichen haben und die dritte das andere Vorzeichen hat. Mit (6′) stellen wir dann Δ als Summe einer positiven ganzen Zahl $-4ab$ und einer nichtnegativen ganzen Zahl $(a + b - c)^2$ dar. Hierfür gibt es nur endlich viele Möglichkeiten, und für jede gibt es nur endlich viele Möglichkeiten für a und b, woraufhin der Wert von $(a + b - c)^2$ nur noch zwei Werte von c zulässt. $\qquad\square$

8 Orbits von Tripeln

Ein allgemeines Tripel hat unter der Gruppe $\langle S, U \rangle$ genau 6 Bilder (sich selbst mitgezählt). Diese betrachten wir als grundsätzlich identisch, da sich die drei Zahlen oder ihre additiven Inversen nur in der Reihenfolge unterscheiden. Es stellt sich als nützlich heraus, für jede solche Klasse von 6 Tripeln aus P einen wohldefinierten Repräsentanten zu bestimmen: Wir wählen dazu für (a, b, c) die Vorzeichen $(-, +, +)$, $(-, 0, +)$, $(-, +, 0)$ oder $(0, +, 0)$, wobei im zweiten und dritten Fall $-a \leq c$ bzw. $-a \leq b$ und nennen die Menge solcher Tripel Q. Man sieht leicht, dass jedes Tripel in P genau ein Bild in Q hat.

Enthält $(a, b, c) \in P$ eine Null, so ist nur eins seiner Bilder unter den T_i wieder in P; sonst sind es zwei Bilder. Wir können uns auf Tripel in Q beschränken; für die obigen Fälle funktioniert T_a nie, T_b im ersten, zweiten und vierten Fall, und T_c im ersten und letzten Fall.

Nun definieren wir auf einer Teilmenge von Q eine Operation K. Hat $(a, b, c) \in Q$ die Vorzeichen $(-, +, 0)$, so ist K undefiniert. Sonst wenden wir zunächst die Operation T_b an, die (a, b, c) in $(c, 2a - b + 2c, a)$ überführt. Das Ergebnis hat die Vorzeichen $(+, +, -)$, $(+, 0, -)$, $(+, -, -)$ oder $(0, -, 0)$. Durch Anwenden eines Elements von $\langle S, U \rangle$ überführen wir dies nun nach Q: In den ersten beiden Fällen benutzen wir S^{-1}, im dritten U und im vierten US (also erst U, dann S).

Analog können wir für Tripel mit den ersten oder dritten Vorzeichenmöglichkeiten erst T_c anwenden und das Ergebnis mit einem Element von $\langle S, U \rangle$ nach Q überführen. Es stellt sich aber heraus, dass dies genau das Inverse von K ist (und also auch Tripel mit Vorzeichen $(0, +, 0)$ auf sich selbst abbildet). Ein Tripel ist genau dann Fixpunkt von K, wenn es Fixpunkt von K^{-1} ist.

Zusammengefasst erhält man die Äquivalenzklassen von Tripeln in Q, indem man jedes Tripel mit seinem Bild unter K (also auch unter K^{-1}) verbindet und vom entstandenen Graph die Zusammenhangskomponenten nimmt. Da es nur endlich viele Tripel in Q gibt und jedes mit 1 oder 2 anderen Tripeln oder nur sich selbst verbunden ist, ist jede Zusammenhangskomponente ein Kreis oder eine (lineare) Kette, die mit einem Tripel mit Vorzeichen $(-, 0, +)$ anfängt und mit einem mit Vorzeichen $(-, +, 0)$ aufhört. Wir zeigen nun

Theorem 7. *Ist Δ keine Quadratzahl, so gibt es nur Kreise; ist Δ eine Quadratzahl, so gibt es nur Ketten, bis auf den trivialen Fall $a = c = 0$ (dies ergibt einen Kreis der Länge 1).*

Beweis. Der erste Teil ist offensichtlich, da für das Anfangstripel jeder Kette $b = 0$, also $\Delta = (a - c)^2$ gilt. Für den zweiten Fall reicht es zu zeigen, dass für Quadratzahlen Δ jedes Tripel (a, b, c) unter Γ zu einem Tripel mit $a = 0$ äquivalent ist, da aus Theorem 6 folgt, dass man jede Äquivalenz (bis auf Permutation der Einträge) entlang einer Kette oder eines Kreises erhält.

Wir kehren nun zur geometrischen Interpretation zurück. Da Δ eine Quadratzahl ist, kann man die quadratische Form faktorisieren. Sei $sm + tn$ ein Faktor. Dann ist $t\overrightarrow{XY} - s\overrightarrow{XZ}$ ein Vektor der Länge 0. Falls dieser Vektor nicht primitiv ist, kann man sein kleinstes im Gitter enthaltenes Vielfaches betrachten, das primitiv mit Länge 0 ist. Aber wir haben bereits gezeigt, dass wir jeden primitiven Gittervektor durch Γ in eine Seite unseres Dreiecks überführen können. $\qquad\square$

9 Quadratische Diskriminanten

Wie wir am Ende von Abschnitt 4 bereits gesagt haben, ist die Haupterkenntnis dieses Abschnitts, dass eine vollständige Lösung möglich ist, so dass man ihn durchaus überspringen kann.

Ist Δ eine Quadratzahl, so sind alle Folgen wiederholter Anwendungen von K und K^{-1} Ketten, und man kann diese Ketten auf einfache Weise beschreiben. Hierfür definieren wir eine Funktion $L(m, n)$ zweier nichtnegativer ganzer Zahlen induktiv:

(a) $L(m, 0) = L(0, n) = 0.$
(b)   Für $m \geq n > 0$ ist $L(m, n) = L(m - n, n) + 1.$
(c)   Für $n \geq m > 0$ ist $L(m, n) = L(m, n - m) + 1.$

Anders gesagt ist $L(m, n)$ die Summe der während des euklidischen Algorithmus berechneten Teilquotienten.

Theorem 8. *Sei Δ eine Quadratzahl und $m \geq n$ natürliche Zahlen mit $(m + n)^2 = \Delta$. Dann ist die Länge der durch Anwendung von K auf $(-m, 0, n)$ erzeugten Kette genau $L(m, n)$.*

Sind m und n teilerfremd, so ist das Ende dieser Kette $(-q, r, 0)$, wobei p, q und r die durch $m + n = q + r = p$, $q \leq r$ und $p | mq \pm 1$ eindeutig bestimmten ganzen Zahlen sind.

Ist d der größte gemeinsame Teiler von m und n, so endet die Kette beim d-fachen des Endes der Kette, die man durch wiederholte Anwendung von K auf $(-\frac{m}{d}, 0, \frac{n}{d})$ erhält.

K bildet $(0, n, 0)$ auf sich selbst ab.

Alle Äquivalenzen zwischen Tripeln in P mit Diskriminante Δ ergeben sich aus den obigen Ketten.

Zunächst zeigen wir zwei technische Hilfsergebnisse.

Lemma 1. *Sind e, f, g und h nichtnegative ganze Zahlen mit $eh - gf = 1$, so gilt genau eine der folgenden Bedingungen:*

A: $e = h = 1$, $f = g = 0.$
B: $e \leq g$ und $f \leq h.$
C: $e \geq g$ und $f \geq h.$

Beweis. Übung.   □

Lemma 2. *Sei $\begin{pmatrix} e & f \\ g & h \end{pmatrix} \in 2\Gamma$ eine Matrix mit nichtnegativen Einträgen. Dann lässt sie sich als Produkt einer Folge von $T_0 S_0$'s und $T_0^{-1} S_0^{-1}$'s mit Länge $\max(L(e, g), L(f, h))$ darstellen.*

Beweis. Es gilt $T_0 S_0 = \begin{pmatrix} 1 & 0 \\ 1 & 1 \end{pmatrix}$ und $T_0^{-1} S_0^{-1} = \begin{pmatrix} 1 & 1 \\ 0 & 1 \end{pmatrix}$. Wir benutzen nun vollständige Induktion über die Größe der Einträge. Nach Lemma 1 gilt genau eine der Bedingungen A–C. Im Fall A ist die Matrix die Einheitsmatrix und daher das Produkt einer leeren Folge. Im Fall B ist

$$\begin{pmatrix} e & f \\ g & h \end{pmatrix} = T_0 S_0 \begin{pmatrix} e & f \\ g - e & h - f \end{pmatrix}$$

und die zweite Matrix auf der rechten Seite ist kleiner und erfüllt die Voraussetzungen des Satzes. Per Induktion können wir sie also in der gewünschten Form ausdrücken. Durch Hinzufügen von $T_0 S_0$ auf der linken Seite erhalten wir einen Ausdruck für $\begin{pmatrix} e & f \\ g & h \end{pmatrix}$. Im Fall C gehen wir analog vor und benutzen

$$\begin{pmatrix} e & f \\ g & h \end{pmatrix} = T_0^{-1} S_0^{-1} \begin{pmatrix} e-g & f-h \\ g & h \end{pmatrix}.$$

Im Fall A gilt $L(e,g) = L(f,h) = 0$, also ist ihr Maximum 0 die Länge der Folge. Im Fall B ist $e \neq 0$, da $eh - fg = 1$, also $L(e,g) = L(e,g-e)+1$, und $L(f,h) = L(f,h-f)+1$, falls $f \neq 0$; sonst $L(f,h) = L(f,h-f) = 0$. In beiden Fällen ist $\mathrm{Max}(L(e,g), L(f,h)) = \mathrm{Max}(L(e,g-e), L(f,h-f))+1$, und per Induktion folgt der Rest von Lemma 2. Fall C beweist man analog. $\quad\square$

Beweis (von Theorem 8). Wir betrachten zunächst den Fall, dass m und n teilerfremd sind. Es gibt ein eindeutiges g mit $0 < g < n$ und $n | gm + 1$. Es sei $e = \frac{gm+g}{n}$. Per Induktion über (m,n) sieht man leicht $L(m,n) > L(e,g)$. Betrachte nun die Matrizenfolge der Länge $L(m,n)$ von Matrizen $T_0 S_0$ oder $T_0^{-1} S_0^{-1}$, deren Produkt $\begin{pmatrix} e & m \\ g & n \end{pmatrix}$ ist. In der dreidimensionalen Darstellung ist die entsprechende Matrix

$$\begin{pmatrix} (e-m)(n-g) & -mn & -eg \\ (g-n)(e-m+g-n) & n(m+n) & g(e+g) \\ (e-m)(e-m+g-n) & m(m+n) & e(e+g) \end{pmatrix}.$$

Mit $en - gm = 1$ sieht man, dass diese $(0, m, -n)$ auf $(m-e+n-g, 0, -e-g)$ abbildet. Durch Vor- und Hinterschalten von Elementen von $\langle S, U \rangle$ erhalten wir eine Matrix, die $(-m, 0, n)$ auf das in Q liegende Tripel $(-e-g, m-e+n-g, 0)$ oder $(e-m+g-n, e+g, 0)$ abbildet; ohne Beschränkung der Allgemeinheit sei letzteres $(-q, r, 0)$.

Nun entsprechen $T_0 S_0$ und $T_0^{-1} S_0^{-1}$ Anwendungen von K in einer Kette von $(-m, 0, n)$ bis $(-q, r, 0)$. Diese hat also genau Länge $L(m,n)$. Dann ist $q + r = m + n$ klar, und wir müssen nur noch $(m+n) | mq \pm 1$ zeigen. Für $q = e+g$ ist aber $mq + 1 = m(e+g)+1 = e(m+n)$, und für $q = m-e+n-g$ ist $mq - 1 = m(m+n) - m(e+g) - 1 = (m-e)(m+n)$.

Ist $d > 1$ der größte gemeinsame Teiler von m und n, so betrachten wir $(-\frac{m}{d}, 0, \frac{n}{d})$ und multiplizieren mit d. Der Fall $(0, n, 0)$ ist völlig klar. Zuletzt folgt der letzte Absatz von Theorem 8 sofort aus Theorem 7. $\quad\square$

Es bleibt also nur noch der interessanteste Fall, dass die Diskriminante positiv, aber keine Quadratzahl ist.

10 Positive nichtquadratische Diskriminanten

Wir wollen nun die Anzahl der Kreise im Fall, dass Δ eine positive, aber keine Quadratzahl ist, zählen. In diesem Fall tauchen in Q nur die Vorzeichen $(-, +, +)$ auf.

Vertauscht man b und c in einem Tripel eines Kreises, so erhält man einen Kreis, der in der umgekehrten Reihenfolge durchlaufen wird. Daher nennen wir $(-a, c, b)$ die *Spiegelung* von $(-a, b, c)$. Nun ist Spiegelung das Produkt von U mit dem Umkehren aller Vorzeichen, und wir haben effektiv nur festgestellt, dass Konjugation mit der Spiegelung K invertiert. Einige Tripel verhalten sich unter Spiegelung besonders:

1. Das Tripel $(-a, b, b)$ ist seine eigene Spiegelung. Es steht für ein gleichschenkliges (Lorentz-Minkowski-)Dreieck, weshalb wir dies wie für $\Delta < 0$ den *gleichschenkligen* Fall G nennen. In diesem Fall ist $\Delta = a(a + 4b)$.
2. Das Dreieck $(-a, b, a)$ wird durch K auf seine eigene Spiegelung abgebildet. Da das Quadrat der Länge einer Seitenlänge des entsprechenden Dreiecks das additive Inverse einer anderen quadrierten Seitenlänge ist, nennen wir dies den *antigleichschenkligen Fall* A. In diesem Fall ist $\Delta = 4a^2 + b^2$.
3. Das Tripel $(-a, b - a, b)$ wird auch durch K auf seine eigene Spiegelung abgebildet. Da eine quadrierte Seitenlänge die Summe der Quadrate der beiden anderen ist, nennen wir dies wieder den *pythagoräischen* Fall P. In diesem Fall ist $\Delta = 4ab$.

Es lässt sich zeigen, dass jedes Tripel, das seine eigene Spiegelung ist oder durch K auf diese abgebildet wird, eine der drei Bedingungen erfüllen muss. Ist also ein Kreis der Länge ≥ 2 seine eigene Spiegelung, so muss er genau zwei Tripel von einem solchen Typ enthalten. Hat also jeder Kreis Länge ≥ 2 und wird durch Spiegelung auf sich selbst abgebildet, so ist die Klassenzahl die Hälfte der Tripel der Form G, A und P.

Hier mag man nun (per Hand oder Computer) versuchen, für verschiedene Δ sämtliche Kreise zu klassifizieren, sie zu untersuchen und entstehende Vermutungen zu beweisen. Ich schrieb selbst ein Computerprogramm für $\Delta < 500$ und konnte einige interessante Fakten finden (und auch beweisen). Hier ist eine Auswahl:

- Es gibt nur für $\Delta = 5$ primitive Kreise der Länge 1. Das entsprechende Tripel ist $(-1, 1, 1)$. Da dieses sowohl gleichschenklig als auch antigleichschenklig und sogar das einzige Tripel (für $\Delta > 0$ keine Quadratzahl) ist, das mehr als eine der Bedingungen G, A und P erfüllt, mag man es als „Entartung" der Tatsache, dass jeder durch Spiegelung auf sich selbst abgebildete Kreis zwei Tripel aus G, A oder P enthält, betrachten.
- Es gibt nur für $\Delta = 8$ primitive Kreise der Länge 2, und die auftauchenden Tripel sind $(-1, 1, 2)$ (pythagoräisch) und $(-1, 2, 1)$ (antigleichschenklig).
- Die Anzahl der Tripel der Typen G, A und P ist entweder Null oder eine Zweierpotenz, und die nicht verschwindenden Werte sind gleich. Für

mindestens einen der Fälle G und P ist sie nicht Null, und in mindestens einem anderen Fall verschwindet sie. Also ist die Zahl der durch Spiegelung auf sich selbst abgebildeten Kreise — und falls alle Kreise invariant unter Spiegelung und primitiv sind somit auch die Klassenzahl — stets eine Zweierpotenz.

- Die auftauchenden Typen und die Zweierpotenz lassen sich aus der Anzahl der ungeraden Primteiler von Δ, der Tatsache, ob einer von ihnen die Form $4m - 1$ hat, der größten Δ teilenden Zweierpotenz und (falls diese 4 ist) daraus, ob $\Delta/4$ die Form $4m + 1$ oder $4m - 1$ hat, ableiten.

- Unter Spiegelung invariante Kreise haben eine der sechs Formen AA (enthalten also zwei antigleichschenklige Dreiecke), AG, AP, GG, GP und PP. Jeder der letzten fünf wird aufgrund des letzten Ergebnisses für bestimmte Δ erzwungen (Beispiele sind 13, 8, 21, 12 bzw. 24). Der erste Typ AA wird zwar nicht erzwungen, taucht aber trotzdem auf, wenn auch zuerst für $\Delta = 136$.

- Für kleine Δ sind alle Kreise invariant unter Spiegelung. Das kleinste Gegenbeispiel ist $\Delta = 145$, das zwei unter Spiegelung invariante und zwei aufeinander abgebildete Kreise besitzt, also Klassenzahl 4 hat. Ein Beispiel für ein einen nicht unter Spiegelung invarianten Kreis erzeugendes Tripel mit Diskriminante 145 ist $(-8, 2, 3)$.

- Das nächste solche Beispiel ist $\Delta = 148$, etwa der von $(-7, 3, 4)$ erzeugte Kreis. Da es genau einen invarianten Kreis gibt, sind es insgesamt 3 primitive Kreise, also ist dies der kleinste Fall, in dem diese Zahl keine Zweierpotenz ist.

- Hiernach ist das nächste Beispiel $\Delta = 229$, etwa von $(-9, 3, 5)$ erzeugt. Wieder gibt es genau einen invarianten Kreis, und da 229 quadratfrei ist, ist dies das erste Beispiel für einen quadratischen algebraischen Zahlkörper, dessen Klassenzahl keine Zweierpotenz ist.

- Das kleinste Δ mit mehr als 2 invarianten Kreisen ist 480.

11 Zusammenfassung

Unsere Reise führte uns von einem simplen Problem durch verschiedene Bereiche der Mathematik und zeigt uns somit die Einheit dieses Fachs. Wir haben zwei wichtige Konzepte eingeführt: Die Modulgruppe und die Klassenzahl für den Ring ganzer Zahlen in algebraischen Zahlkörpern. Außerdem beschrieben wir eine Methode, mit der man die Klassenzahl eines quadratischen Zahlenkörpers berechnen kann.

Es gibt allerdings noch einen anderen, klassischeren Ansatz zur Berechnung der Klassenzahl eines quadratischen Zahlenkörpers. Er ist zwar nicht so explizit wie unser Ergebnis, liefert aber eine geschlossene Formel für die Klassenzahl; siehe etwa [1].

Wir hoffen, dass dieser Beitrag den Leser zu eigenen Untersuchungen anregt. In der weiterführenden Literatur haben wir dazu ein paar Vorschläge aufgelistet.

Literaturverzeichnis

[1] Zenon I. Borevich und Igor R. Shafarevich, *Number Theory*. Academic Press, New York, London, 1966.
Ein gut geschriebenes Buch über Zahlentheorie, etwas fortgeschrittener als [4]. Enthält eine klassische, geschlossene Formel für die Klassenzahl (Kapitel 5.4).

[2] Duncan A. Buell, *Binary Quadratic Forms. Classical Theory and Modern Computations*. Springer-Verlag, New York, 1989.
Ein allgemeines Lehrbuch über quadratische Formen, das eine umfangreiche Sammlung von Tabellen enthält, die noch über die im Text herausgeht.

[3] John H. Conway, *The sensual (quadratic) form*. Carus Mathematical Monographs **26**. Mathematical Association of America, Washington/DC, 1997.
Eine sehr lesenswerte „ungewöhnliche" Einführung in die Theorie quadratischer Formen, die nicht viele Vorkenntnisse voraussetzt, aber auch für Experten interessante Überraschungen bereithält.

[4] Godfrey H. Hardy und Edward M. Wright, *An Introduction to the Theory of Numbers. Sixth edition*. Oxford University Press, Oxford, 2008.
Ein „klassisches" Buch über Zahlentheorie; es liefert Hintergründe und Details zu den hier angesprochenen Themen. Besonders relevant sind Kapitel XIV (quadratische Zahlkörper (1)) und XV (quadratische Zahlkörper (2)) sowie Kapitel VI (Satz von Fermat und Konsequenzen, inklusive quadratischem Reziprozitätsgesetz).

Kleine Nenner: Zahlentheorie in dynamischen Systemen

Jean-Christophe Yoccoz

Zusammenfassung Wir untersuchen dynamische Systeme mit zwei oder mehr sich bewegenden Teilchen, wie etwa zwei Planeten, die um die Sonne kreisen. Wenn das Verhältnis α der beiden Rotationsperioden rational ist, befinden sich die Planeten in Resonanz, und die paarweise Wechselwirkung führt zu instabiler Dynamik. Wenn das Periodenverhältnis α irrational ist, kann es beliebig gut durch rationale Zahlen angenähert werden, und die Stabilität hängt davon ab, wie gut diese Näherung abhängig von den Größen ihrer Zähler und Nenner ist. Dies stellen wir in einem vollständig lösbaren Modellfall, der Iteration quadratischer Polynome $z \mapsto e^{2\pi i\alpha}z + z^2$, fest und zeigen, wie dies zur Frage der Diophantischen Approximation in der Zahlentheorie führt. Zuletzt betrachten wir kurz die gleiche Situation mit mehreren Planeten.

1 Planetensysteme

In der Himmelsmechanik beschreibt man die Bewegung von Himmelskörpern unter Zuhilfenahme des Newtonschen Gravitationsgesetzes. Dieses Gesetz besagt, dass die anziehende Kraft zwischen zwei Körpern (wir nehmen an, dass ihre Größe vernachlässigbar ist) proportional zu beiden Massen und indirekt proportional zum Quadrat ihres Abstands ist. Die Beschleunigung eines Körpers ist zur Summe der auf ihn wirkenden Kräfte proportional. Mathematisch formuliert lässt sich die Gravitations-Wechselwirkung von N Körpern somit als Lösung eines Systems von Differentialgleichungen zweiter Ordnung beschreiben.

Jean-Christophe Yoccoz
Collège de France, 3 rue d'Ulm, 75231 Paris Cédex 05, Frankreich.
E-mail: `jean-c.yoccoz@college-de-france.fr`

Wenn es sich nur um zwei Körper handelt, kann das System sogar explizit gelöst werden und führt zu den berühmten Keplerschen Gesetzen, die lange vor dem Newtonschen Gesetz experimentell entdeckt wurden: Die Körper entweichen entweder gegen unendlich (der uninteressante Fall), oder sie bewegen sich periodisch auf elliptischen Bahnen, die durch eine zentrische Streckung am sich nicht bewegenden Schwerpunkt beider Körper ineinander überführt werden können. Sobald wir aber drei oder mehr Körper betrachten, wird das Differentialgleichungssystem ungeheuer kompliziert, und viele Fragen können bis zum heutigen Tag nicht beantwortet werden. Poincaré zeigte Ende des 19. Jahrhunderts, dass man die Lösungen dieses Systems nicht durch „explizite" Formeln ausdrücken kann (dies erinnert an Galois' einige Jahrzehnte ältere Feststellung, dass es keine explizite, nur Wurzeln benutzende Lösungsformel für allgemeine Polynomgleichungen vom Grad fünf oder höher gibt). Poincaré versuchte daraufhin, die Lösungen auf andere Art und Weise zu studieren, und begründete dabei die moderne Theorie dynamischer Systeme [8].

Planetensysteme bilden einen besonders interessanten Spezialfall des allgemeinen N-Körperproblems, bei dem einer der Körper (die Sonne) als sehr viel schwerer als die anderen (die Planeten) angenommen wird. In einer ersten Näherung kann man daher die gravitationelle Wechselwirkung zwischen den Planeten vernachlässigen, womit sich jeder Planet unabhängig von den anderen periodisch auf einer Ellipse bewegt, deren einer Brennpunkt die Sonne ist. Wird nun die Bewegung aller Planeten zusammen betrachtet, so ist diese nicht mehr periodisch, es sei denn, die Perioden aller Planeten sind kommensurabel (d. h. es gibt ein gemeinsames Vielfaches aller Perioden): Eine solche Überlagerung periodischer Bewegungen (deren Perioden nicht notwendigerweise kommensurabel sind) heißt *quasiperiodisch.*

Die Hauptaufgabe ist nun, zu verstehen, inwiefern sich dieses Bild ändert, wenn man die paarweisen Schwerkraftwechselwirkungen der Planeten mit einbezieht. Auf kurze oder mittlere Sicht (einige Drehungen um die Sonne) ist dieser Effekt eher unwichtig, da diese Störung sehr viel kleiner als die anziehende Kraft der Sonne ist. Auf lange Sicht kann er hingegen durchaus signifikant sein, zumindest wenn einige Perioden fast kommensurabel sind.[1] So ist etwa die Periode des Jupiter fast 2/5 der Periode des Saturn, und dies erzeugt in den Umlaufbahnen dieser beiden Planeten Abweichungen von den Keplerschen Lösungen, die schon vor einigen Jahrhunderten von Astronomen beschrieben wurden.

Hundert Jahre lang war die Frage der Stabilität quasiperiodischer Bewegungen unter kleinen Störungen eines der Hauptforschungsgebiete der Theorie dynamischer Systeme. In den ersten Jahrzehnten des 20. Jahrhunderts erschienen erste, negative, Resultate, doch ein wirklicher Durchbruch gelang

---

[1] Natürlich ist jede reelle Zahl „fast" rational, da sie beliebig nah bei bestimmten rationalen Zahlen ist; wir werden im Folgenden aber untersuchen, wie gut eine reelle Zahl (das Verhältnis der beiden Perioden) durch rationale Zahlen in Abhängigkeit von der Größe ihrer Zähler und Nenner approximiert werden kann, und hieraus kann man Aussagen über die Stabilität des Systems ableiten.

erst Siegel im Jahr 1942. Auf sein Ergebnis werden wir später noch genauer eingehen. Speziell für Planetensysteme konnte man ab 1950 weitere Ergebnisse erzielen, die man nach Kolmogorow, Arnol'd und Moser, die Pioniere in dieser Forschungsrichtung waren, KAM-Theorie nennt. Eine sehr gute Übersicht hierzu ist [1].

2 Komplexe quadratische Polynome und Linearisierung

In diesem Abschnitt betrachten wir Folgen $(z_n)_{n\geq 0}$ komplexer Zahlen, die durch ihren Anfangsterm und die Rekursionsgleichung $z_{n+1} = f(z_n)$ gegeben ist. Die Abbildung f soll hierbei fest sein, und wir wollen das Verhalten der Folge $(z_n)_{n\geq 0}$ für $n \to \infty$ (wobei n als Zeit interpretiert werden sollte) verstehen. Im Allgemeinen hängt der hierfür benötigte Ansatz von f ab; wir beschränken uns auf solche Beispiele, die für die Stabilität quasiperiodischer Bewegungen wichtig sind. Zum Thema dieses Abschnitts, und allgemeiner zu komplexer Dynamik, ist [7] eine gute Referenz.

Das Standardbeispiel für eine reine ungestörte quasiperiodische Bewegung ist

$$z_{n+1} = \lambda z_n \, ,$$

d. h. $f(z) = \lambda z$. Hierbei ist λ eine feste komplexe Zahl mit Betrag 1; eine solche Zahl kann auf genau eine Weise als $\lambda = \exp(2\pi i\alpha)$ mit $\alpha \in [0, 1)$ geschrieben werden. Geometrisch ist z_{n+1} das Bild von z_n unter einer Drehung um den Ursprung der komplexen Zahlenebene mit Winkel $2\pi\alpha$. Die Folge der Punkte z_0, z_1, z_2, ..., z_n, ... heißt *Orbit* des Anfangspunktes z_0. (Die Orbitpunkte z_n kann man sich als die Position eines kleinen Planeten, der um den Ursprung kreist, zur Zeit n vorstellen. Die Zeiteinheit wurde dabei beliebig gewählt; weiter unten wird sie genau festgelegt.) Dies ist das ungestörte System. Für dieses sehr einfache Beispiel können wir alle Glieder der Folge explizit berechnen:

$$z_n = \lambda^n z_0 = \exp(2\pi i n\alpha)z_0 \, .$$

Somit müssen wir zwei Fälle unterscheiden:

- α *ist eine rationale Zahl* $\frac{p}{q}$ (mit teilerfremden p und q). In diesem Fall gilt $\lambda^q = 1$, also $z_{n+q} = z_n$ für alle $n \geq 0$, und die Folge (z_n) ist periodisch mit Periode q.
- α *ist irrational.* Sieht man vom trivialen Fall $z_0 = 0$ ab, so sind die z_n alle verschieden und liegen auf dem Kreis um den Ursprung mit Radius $|z_0|$. Es ist nicht schwer zu zeigen, dass die Folge z_n sogar dicht in diesem Kreis ist: für jeden Punkt z auf dem Kreis und alle $\delta > 0$ gibt es ein z_n, dessen Abstand zu z kleiner als δ ist (wir können sogar stets unendlich viele solche z_n finden).

Wir werden nun eine sehr spezielle Störung des letzten Beispiels mit der Rekursionsgleichung

$$z_{n+1} = \lambda z_n + z_n^2\,,$$

betrachten, d. h. f ist hier das komplexe quadratische Polynom $\lambda z + z^2$. Hierbei nehmen wir an, dass der Anfangswert z_0 (im Absolutwert) klein ist; für kleine z ist die Störung (der quadratische Term z^2) sehr viel kleiner als der lineare Term λz, und das aktuelle Beispiel ist in der Tat eine kleine Störung des vorherigen.

Diese quadratische Abbildung ist besonders interessant, da sie die kleinste nichtlineare Störung des ungestörten Systems $z \mapsto \lambda z$ ist. Sie beschreibt die Bewegung zweier schwach miteinander wechselwirkender Planeten. Es sei nämlich α das Verhältnis der Umlaufzeiten von Planet 1 und 2; dann überstreicht Planet 1 während einer Periode von Planet 2 genau den Winkel $2\pi\alpha$. Die Bewegung von Planet 1 wird also durch die Abbildung $z_{n+1} = \lambda z_n$ mit $\lambda = e^{2\pi\alpha}$ beschrieben, wenn wir als Zeiteinheit die Periode von Planet 2 wählen. Der Term z_n^2 beschreibt die Gesamtstörung, die Planet 2 während einer Umrundung auf Planet 1 ausübt. (Man könnte für diese Störung auch $z_{n+1} = \lambda z_n + \varepsilon z_n^2$ wählen, um zu illustrieren, dass sie sehr klein sein soll; wechselt man dann jedoch zu den Koordinaten $w_n = \varepsilon z_n$, so erhält man abermals $w_{n+1} = \lambda w_n + w_n^2$.)

Obwohl rationale Werte von α recht interessant sind [7, Sec. 10], wollen wir diesen Fall hier nur kurz streifen: Angenommen, es ist $\alpha = 0$. Die Rekursionsgleichung ist also $z_{n+1} = z_n + z_n^2$, und wir nehmen an, dass z_0 reell und nahe bei 0 liegt. Die Folge (z_n) konvergiert dann gegen 0, falls $z_0 < 0$, und divergiert gegen $+\infty$ für $z_0 > 0$. Das System verhält sich also vollkommen anders als im ungestörten Fall $z_{n+1} = z_n$.

Wir erhalten nun als offensichtliche Verallgemeinerung die Frage, ob die folgende Eigenschaft für eine beliebige Zahl α gilt:

(Bes)   *Falls $z_0 \in \mathbb{C}$ hinreichend nah am Ursprung ist, ist die Folge (z_n) beschränkt.*

Gerade haben wir gesehen, dass dies für $\alpha = 0$ nicht der Fall ist, und ebenfalls nicht für alle rationalen Zahlen α [7, Lemma 11.1]. Im ungestörten linearen Beispiel gilt diese Eigenschaft hingegen offensichtlich für alle $\alpha \in [0, 1)$, ob rational oder nicht.

Betrachte nun die folgende (auf den ersten Blick) viel stärkere, *Linearisierbarkeit* genannte Eigenschaft:

(Lin)   *In einer Umgebung des Ursprungs gibt es einen Koordinatenwechsel $z = h(y)$, die durch eine bijektive komplex differenzierbare[2] Abbildung $h(y)$ mit $h(0) = 0$ beschrieben wird, so dass mit $y_n = h^{-1}(z_n)$ die Rekursionsgleichung $z_{n+1} = \lambda z_n + z_n^2$ in $y_{n+1} = \lambda y_n$ übergeht.*

Anders gesagt, muss der Koordinatenwechsel h die gestörte lineare Abbildung $f: z \mapsto \lambda z + z^2$ in die ursprüngliche lineare Abbildung $y \mapsto \lambda y$ überführen (sie *linearisiert* f). Hierfür muss h die Funktionalgleichung $h^{-1} \circ f \circ h(y) = \lambda y$, oder äquivalent

$$(\text{FG}) \qquad\qquad \lambda h(y) + h(y)^2 = h(\lambda y) \,,$$

für y hinreichend nahe am Ursprung erfüllen (siehe Abbildung 1).

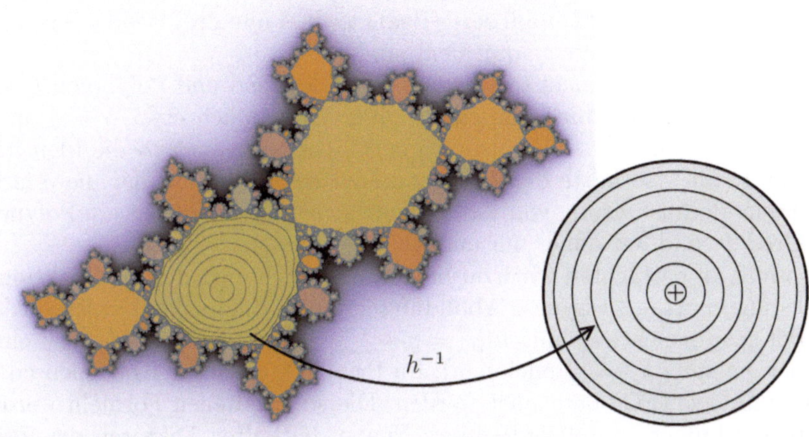

Abb. 1. Links: Die Dynamik eines Polynoms $f(z) = \lambda z + z^2$ mit $|\lambda| = 1$, das Bedingung (Bes) erfüllt. (Hierbei ist $\lambda = e^{2\pi i \alpha}$, wobei $\alpha = (\sqrt{5} - 1)/2$ der „goldene Schnitt" ist.) Die Menge der Punkte $z_0 \in \mathbb{C}$, für die die Folge z_n beschränkt ist, ist orange; ihr Rand heißt *Julia-Menge*. Die Bedingung (Bes) besagt, dass der Ursprung (hier mit '+' gekennzeichnet) eine orange Umgebung hat. Die größte aller solchen offenen Umgebungen heißt *Siegel-Scheibe*. Es gibt einen Koordinatenwechsel h^{-1} von der Siegel-Disk zu einer runden Kreisscheibe D (rechts), die die Dynamik von f in Multiplikation mit λ, d. h. in eine starre Rotation um Winkel $2\pi\alpha$ überführt: Anders gesagt, $h^{-1} \circ f \circ h(y) = \lambda y$ für alle $y \in D$, und Bedingung (Lin) gilt. Für jeden von 0 verschiedenen Punkt $y_0 \in D$ liegen die Punkte $y_n = \lambda^n y_0$ dicht auf dem Kreis; einige solche Kreise sind zusammen mit ihren Bildern in der Siegel-Disk unter h eingezeichnet. (Linkes Bild mit freundlicher Genehmigung von Arnaud Chéritat.)

Die Eigenschaft (Lin) bedeutet, dass sich das Verhalten der Folgen (z_n) beim Einführen des quadratischen Terms z_n^2 nicht qualitativ ändert, sondern nur verzerrt wird: (Lin) impliziert also (Bes).

---

[2] Ein grundlegendes Resultat der komplexen Analysis besagt, dass eine Funktion h in einer Umgebung des Ursprungs genau dann komplex differenzierbar ist, wenn sie als Potenzreihe $h(z) = \sum_{\ell \geq 0} h_\ell z^\ell$ darstellbar ist, wobei $|h_\ell|$ so langsam anwächst, dass dies für ein beliebiges $r > 0$ für alle z in der Kreisscheibe $|z| < r$ konvergiert. Solche Funktionen heißen auch *holomorph*. Eine holomorphe Abbildung h mit $h(0) = 0$ ist genau dann in einer Umgebung des Ursprungs umkehrbar, wenn $h_1 \neq 0$; in diesem Fall ist die Umkehrfunktion auch holomorph.

Gilt andererseits Eigenschaft (Lin) nicht, so kann auch Eigenschaft (Bes) nicht gelten: Es gibt dann beliebig kleine Anfangswerte z_0, so dass die Folge (z_n) unbeschränkt ist. Wir können dies hier nicht zeigen; siehe [7, Lemma 11.1]. Im Ergebnis sind die Eigenschaften (Bes) und (Lin) daher stets äquivalent (für holomorphe Abbildungen f).

Die *Stabilität* des Fixpunkts im Ursprung ist eine verwandte, wichtige Eigenschaft: Dies bedeutet, dass es für alle $\varepsilon > 0$ ein $\delta > 0$ so gibt, dass für jeden Punkt z, der höchstens Abstand δ vom Ursprung hat, der gesamte Orbit höchstens Abstand ε vom Ursprung hat. Offensichtlich impliziert (Lin) Stabilität, und Stabilität impliziert (Bes), so dass alle drei Bedingungen für holomorphe Abbildungen f äquivalent sind.

Man kann übrigens leicht sehen, dass für rationale α und Polynome f vom Grad 2 (oder höher) (Lin) nie gelten kann: Ist nämlich etwa $\alpha = p/q$, so ist die q-fache Hintereinanderausführung der Drehung um $2\pi\alpha$ die Identität. Gälte nun (Lin), so hätte der Ursprung eine Umgebung, in der die q-fache Hintereinanderausführung von f die Identität ist; aber diese ist ein Polynom vom Grad 2^q und hat daher nur endlich viele Fixpunkte.

Von nun an betrachten wir irrationale α. Betrachte wieder die Funktion h aus Bedingung (Lin). Da diese Abbildung komplex differenzierbar ist, hat sie eine Potenzreihenentwicklung $h(y) = y + \sum_{\ell \geq 2} h_\ell y^\ell$ (wir können nach einer Normierung stets $h_1 = 1$ annehmen). Im Prinzip können die Koeffizienten h_ℓ rekursiv mittels (FG) berechnet werden. Die so erhaltenen Formeln werden für große ℓ immer komplizierter; ihre Nenner enthalten Faktoren der Form $\lambda^j - 1$. Diese Faktoren können sehr klein sein (für beliebiges irrationales α gilt $\inf_{n \geq 1} |\lambda^n - 1| = 0$). Je nachdem, wie schnell sie klein werden, können die Koeffizienten h_ℓ sehr schnell wachsen, und somit kann $h(y) = y + \sum_{\ell \geq 2} h_\ell y^\ell$ für beliebig kleine, von Null verschiedene Werte von y divergieren. Da diese Größen also die Stabilität der Bewegung beeinflussen, wurde als Sammelbegriff für dieses und weitere Probleme die Bezeichnung „kleine Nenner" eingeführt.

Am Anfang des 20. Jahrhunderts konstruierte Cremer [3] Beispiele irrationaler Zahlen α, die (Lin) nicht erfüllen. Es gilt zunächst

$$
\begin{aligned}
z_1 &= \lambda z_0 + z_0^2 \,, \\
z_2 &= \lambda^2 z_0 + (\lambda + \lambda^2) z_0^2 + 2\lambda z_0^3 + z_0^4 \,, \\
z_3 &= \lambda^3 z_0 + \cdots + z_0^8 \,,
\end{aligned}
$$

und allgemeiner

$$
z_n = \lambda^n z_0 + \cdots + z_0^{2^n} =: P_{n,\lambda}(z_0) \,.
$$

Ist z_0^* Lösung von $P_{n,\lambda}(z_0) - z_0 = 0$, so ist die Folge (z_n) mit Anfangsglied $z_0 = z_0^*$ periodisch mit Periode n. Das Produkt der $2^n - 1$ von Null verschiedenen Lösungen ist nach dem Satz von Vieta $1 - \lambda^n$. Es gibt daher eine solche Lösung mit

$$
|z_0^*| \leq |\lambda^n - 1|^{\frac{1}{2^n - 1}} \,.
$$

Nun erfülle λ die Bedingung

$$(\text{Cr}) \qquad\qquad \inf_{n \geq 1} |\lambda^n - 1|^{\frac{1}{2^{n-1}}} = 0 \,.$$

Folglich gibt es periodische Folgen (z_n), die beliebig nahe bei 0, aber nicht in 0 anfangen. Aber dann kann (Lin) nicht erfüllt sein, da das ungestörte Standardbeispiel keine solchen periodischen Folgen enthält.

Es muss also nur noch die Existenz von irrationalen α, die (Cr) erfüllen, gezeigt werden. Eine solche Zahl lässt sich durch $b_0 = 2$, $b_{k+1} = b_k^{2^{b_k}}$ für $k \geq 0$, und $\alpha = \sum_{k \geq 0} b_k^{-1}$ definieren. Dies ist offensichtlich eine irrationale Zahl (dies sieht man am einfachsten an ihrer Binärdarstellung). Wertet man $|\lambda^n - 1|$ für $n = b_k$ aus, so erhält man

$$|\lambda^{b_k} - 1| \;=\; \left|\exp\left(2\pi i b_k \sum_{\ell \geq 0} b_\ell^{-1}\right) - 1\right| = \left|\exp\left(2\pi i b_k \sum_{\ell > k} b_\ell^{-1}\right) - 1\right|$$

$$\approx \; 2\pi b_k/b_{k+1} \;=\; 2\pi b_k^{-(2^{b_k}-1)} \,,$$

und daher $|\lambda^{b_k} - 1|^{\frac{1}{2^{b_k}-1}} \approx 1/b_k$.

Hiermit schließen wir die Untersuchung jener α, die (Lin) nicht erfüllen, ab, und untersuchen nun die umgekehrte Frage. Siegel [9] erzielte 1942 das folgende erstaunliche Ergebnis:

Theorem 1 (Siegel). *Erfüllt λ die Diophantische Bedingung*

$$(\text{DB})_{\gamma,\tau} \qquad\qquad |\lambda^n - 1| \geq \frac{\gamma}{n^{1+\tau}}$$

für gewisse Konstanten $\gamma > 0$, $\tau \geq 0$ und für alle $n > 0$, dann gilt (Lin).

Siegels Ergebnis gilt für viel allgemeinere als die von uns betrachteten Störungen. Genauer gesagt gilt es für Rekursionsgleichungen der Form

$$z_{n+1} = \lambda z_n + g(z_n) \,,$$

solange g in einer Umgebung des Ursprungs komplex differenzierbar mit $g(0) = g'(0) = 0$ ist.

Bedingungen wie (Cr) oder $(\text{DB})_{\gamma,\tau}$ hängen mit der Approximation irrationaler durch rationale Zahlen zusammen, womit wir uns im nächsten Abschnitt genauer auseinandersetzen. Vorher definieren wir zunächst ein fundamentales Konzept und zeigen, wie es mit $(\text{DB})_{\gamma,\tau}$ zusammenhängt.

Definition (Diophantische Zahlen). Eine irrationale Zahl α heißt *Diophantisch mit Exponent τ*, falls es $\gamma > 0$ gibt, so dass alle $p, q \in \mathbb{Z}$ mit $q > 0$ die Ungleichung $|\alpha - p/q| > \gamma/q^\tau$ erfüllen.

Offensichtlich ist eine Zahl α genau dann Diophantisch mit Exponent $2 + \tau$, wenn $\lambda = e^{2\pi i \alpha}$ Bedingung $(\text{DB})_{\gamma,\tau}$ für ein bestimmtes $\gamma > 0$ erfüllt.

3 Diophantische Näherung

Zu jeder irrationalen Zahl α und reellen Zahl $\varepsilon > 0$ lässt sich eine rationale Zahl $\frac{p}{q}$ mit $|\alpha - \frac{p}{q}| < \varepsilon$ finden. Wird ε aber klein, so muss q (und $p \approx \alpha q$) groß werden. Wie schnell geschieht dies in Abhängigkeit von ε?

Der *Kettenbruchalgorithmus* erzeugt zu jeder irrationalen Zahl α eine Folge rationaler Zahlen p_k/q_k, die *Konvergenten* von α genannt werden und auf eine weiter unten genauer präzisierte Weise die besten rationalen Näherungen für α sind. Der Algorithmus analysiert auch die Qualität dieser Näherungen. Für grundlegende Fakten und weitere Informationen zu Kettenbrüchen verweisen wir auf [4, Sec. X–XI] sowie [7, Sec. 11].

Für eine reelle Zahl x sei $[x]$ der ganze und $\{x\}$ der gebrochene Teil von x, also $x = [x] + \{x\}, [x] \in \mathbb{Z}, \{x\} \in [0,1)$. Sei α nun eine irrationale Zahl. Wir definieren $a_0 = [\alpha]$, $\alpha_1 = \{\alpha\}$, und $a_k = [\alpha_k^{-1}]$, $\alpha_{k+1} = \{\alpha_k^{-1}\}$ für $k \geq 1$. Rekursiv erhält man also

$$(\text{KB}) \qquad\qquad \alpha = a_0 + \cfrac{1}{a_1 + \cfrac{1}{a_2 + \cfrac{1}{a_3 + \cdots}}} \ .$$

Für $k \geq 0$ sei

$$\frac{p_k}{q_k} = a_0 + \cfrac{1}{a_1 + \cfrac{1}{\ddots + \frac{1}{a_k}}}$$

der k-te *Konvergent* von α (in vollständig gekürzter Form). Die ganzzahligen Folgen (p_k), (q_k) erfüllen die folgende Rekursionsgleichung:

$$p_k = a_k p_{k-1} + p_{k-2} \ , \qquad q_k = a_k q_{k-1} + q_{k-2}$$

mit den Anfangswerten $p_{-2} = q_{-1} = 0$, $p_{-1} = q_{-2} = 1$. Für den *goldenen Schnitt* $\alpha = \frac{\sqrt{5}+1}{2}$ sind etwa alle $a_k = 1$, und $(p_k = q_{k+1})$ ist die Folge der Fibonaccizahlen.

Umgekehrt definiert (KB) für *jede* Folge (a_k) ganzer Zahlen mit $a_k \geq 1$ für $k \geq 1$ eine eindeutige irrationale Zahl α.

Die Konvergenten sind die besten rationalen Näherungen für α, was wie folgt zu verstehen ist: Sei $k \geq 0$ und seien p, q ganze Zahlen mit $0 < q < q_{k+1}$; aus

$$|q\alpha - p| \leq |q_k \alpha - p_k|$$

folgt $q = q_k$ und $p = p_k$ [4, Sec. 10.15].

Für die Qualität der durch die Konvergenten gegebenen Näherungen gibt es für $k \geq 0$ die folgenden Abschätzungen:[3]

---

[3] Wir begründen kurz die inneren Ungleichungen, da sich diese in der einführenden Literatur nicht allzu leicht finden lassen. Hierzu benutzen wir, dass die Konvergenten al-

$$\frac{1}{(a_{k+1}+2)q_k} \le \frac{1}{q_{k+1}+q_k} < |q_k\alpha - p_k| < \frac{1}{q_{k+1}} \le \frac{1}{a_{k+1}q_k}.$$

Große a_{k+1} entsprechen also besonders guten rationalen Näherungen für α. Der goldene Schnitt ist deshalb die irrationale Zahl mit den schlechtesten rationalen Näherungen und daher der beste Kandidat für einen Parameter α, der (Lin) und somit Stabilität erfüllt.

Aus den obigen Ungleichungen folgt zusammen mit der Rekursionsformel $q_{k+1} = a_{k+1}q_k + q_{k-1}$ leicht, dass eine Zahl α genau dann Diophantisch mit Exponent $2 + \tau$ ist, wenn

$$q_{k+1} = O\big(q_k^{1+\tau}\big) \quad \text{oder äquivalent} \quad a_{k+1} = O(q_k^{\tau})$$

(dies bedeutet nur, dass die Folgen $q_{k+1}/q_k^{1+\tau}$ und a_{k+1}/q_k^{τ} beschränkt sind). So ist der goldene Schnitt etwa Diophantisch mit Exponent 2. Dies hängt damit zusammen, dass er Lösung der Gleichung $\alpha^2 = \alpha + 1$ ist. Allgemeiner ist die Folge (a_k) für alle irrationalen Zahlen α, die Lösung einer Polynomgleichung zweiten Gerades mit ganzen Koeffizienten ist, für große k periodisch, also beschränkt, und α ist daher Diophantisch mit Exponent 2 [4, Sec. 10.9].

Viele weitere Diophantische Zahlen liefert trotz eines recht elementaren Beweises (siehe etwa [7, Theorem 11.6] oder [4, Sec. 11.7]) der folgende Satz:

Theorem 2 (Liouville). *Sei α eine irrationale Zahl, die Nullstelle eines Polynoms mit ganzzahligen Koeffizienten vom Grad $d \ge 2$ ist. Dann ist α Diophantisch mit Exponent d.*

In dieser Richtung ist der Satz von Roth ein sehr viel stärkeres und schwierigeres Ergebnis.

Theorem 3 (Roth). *Sei α eine irrationale Zahl, die Nullstelle eines Polynoms mit ganzzahligen Koeffizienten von beliebigem Grad ist. Dann ist α Diophantisch mit Exponent $2 + \tau$ für alle $\tau > 0$.*

---

ternierend gegen α konvergieren, also $p_{2k}/q_{2k} < p_{2k+2}/q_{2k+2} < \cdots < \alpha < \cdots < p_{2k+3}/q_{2k+3} < p_{2k+1}/q_{2k+1}$ für alle k. Außerdem zeigt man mithilfe der Rekursionsgleichungen für p_k und q_k per Induktion leicht $p_{k+1}q_k - q_{k+1}p_k = (-1)^k$. Es folgt
$$\left|\alpha - \frac{p_k}{q_k}\right| < \left|\frac{p_{k+1}}{q_{k+1}} - \frac{p_k}{q_k}\right| = \frac{1}{q_k q_{k+1}}.$$
Für die zweite Ungleichung benutzen wir wiederholt, dass aus $\frac{a}{c} < \frac{b}{d}$ für $a,b,c,d > 0$ auch $\frac{a}{c} < \frac{a+b}{c+d} < \frac{b}{d}$ folgt. Somit erhalten wir (für gerade k; der andere Fall läuft analog)

$$\frac{p_k}{q_k} < \frac{p_k + p_{k+1}}{q_k + q_{k+1}} \le \frac{p_k + a_{k+2}p_{k+1}}{q_k + a_{k+2}q_{k+1}} = \frac{p_{k+2}}{q_{k+2}} < \alpha < \frac{p_{k+1}}{q_{k+1}},$$

also

$$\left|\alpha - \frac{p_k}{q_k}\right| > \left|\frac{p_k + p_{k+1}}{q_k + q_{k+1}} - \frac{p_k}{q_k}\right| = \left|\frac{p_{k+1}q_k - p_k q_{k+1}}{q_k(q_k + q_{k+1})}\right| = \frac{1}{q_k(q_k + q_{k+1})}.$$

Wählt man eine zufällige Zahl $\alpha \in [0, 1)$, indem man nacheinander unabhängig die Ziffern der Dezimaldarstellung mit gleicher Wahrscheinlichkeit wählt, so ist α fast sicher (d. h. mit Wahrscheinlichkeit 1) irrational, und die entsprechenden Folgen $(a_k), (q_k)$ erfüllen fast sicher die folgenden Eigenschaften:

- die Folge $\left(\dfrac{a_k}{k \log k} \right)_{k \geq 2}$ ist unbeschränkt;

- für alle $\varepsilon > 0$ ist die Folge $\left(\dfrac{a_k}{k(\log k)^{1+\varepsilon}} \right)_{k \geq 2}$ beschränkt;

- Die Folge $\left(\dfrac{1}{k} \log q_k \right)$ konvergiert gegen $\dfrac{\pi^2}{12 \log 2}$.

Also ist ein zufällig gewähltes α fast sicher Diophantisch mit Exponent $2 + \tau$ für jedes $\tau > 0$. Die entsprechenden Zahlen $\lambda = e^{2\pi i \alpha}$ erfüllen dann die Voraussetzung des Satzes von Siegel, womit die entsprechende Rekursionsgleichung $z_{n+1} = \lambda z_n + g(z_n)$ die Bedingung (Lin) erfüllt.

Anmerkung. Die ersten beiden Eigenschaften sind Spezialfälle eines allgemeineren Satzes von Chintschin; siehe [6, Sec. II] oder [5, Theorem 30]. Die dritte Eigenschaft ist mehr oder weniger der Satz von Lochs: aus diesem folgt leicht, dass die Anzahl der richtigen Dezimalstellen von α in p_k/q_k geteilt durch k für zufällige Zahlen fast sicher gegen $\pi^2/6 \log 2 \log 10 \approx 1.0306 \ldots$ strebt (mit anderen Worten liefert jeder weitere Term in der Kettenbruchentwicklung von α durchschnittlich ein bisschen mehr als eine Dezimalstelle).

4 Weitere Ergebnisse und offene Fragen

Sei α eine irrationale Zahl und $\lambda = \exp(2\pi i \alpha)$. Wir haben bereits gesehen, dass, falls die Konvergenten (p_k/q_k) von α die Bedingung

$$\text{(DB)} \qquad\qquad q_{k+1} = O\big(q_k^{1+\tau}\big)$$

für irgendein $\tau \geq 0$ erfüllen, λ notwendigerweise $\text{(DB)}_{\gamma,\tau}$ für ein $\gamma > 0$ erfüllt und daher nach dem Satz von Siegel die durch $z_{n+1} = \lambda z_n + z_n^2$ definierten Folgen die äquivalenten Bedingungen (Bes) und (Lin) erfüllen. Nun ist ein „zufälliges" α aber Diophantisch mit Exponent $2 + \tau$ und erfüllt damit fast sicher (DB).

Andererseits sieht man leicht, dass die Cremersche Bedingung (Cr) äquivalent zu

$$\text{(Cr)}' \qquad\qquad \sup_{k \geq 0} \frac{\log q_{k+1}}{2^{q_k}} = +\infty$$

ist. Wir wissen, dass in diesem Fall die äquivalenten Bedingungen (Bes) und (Lin) nicht gelten.

Wie verhält es sich nun mit irrationalen α, die weder (DB) noch (Cr) erfüllen? Zwischen den von beiden Bedingungen geforderten Wachstumsverhalten klafft eine recht große Lücke: Die erste Bedingung besagt $\log q_{k+1} < (1+\tau)\log q_k + C$ für ein $C \in \mathbb{R}$ und alle k, während die zweite $\log q_{k+1} > 2^{q_k}$ für unendlich viele k impliziert.

Brjuno [2] zeigte 1965, dass (Bes) und (Lin) bereits erfüllt sind, wenn

$$\text{(Br)} \qquad \sum_{k \geq 0} \frac{\log q_{k+1}}{q_k} < +\infty .$$

Diese Bedingung schränkt das Wachstum der q_k sehr viel weniger als (DB) ein; so folgt sie etwa aus $\log q_{k+1} = O(\sqrt{q_k})$ (da die q_k mindestens exponentiell wachsen).

Der Satz von Brjuno lässt sich auf die gleichen, allgemeineren Rekursionsgleichungen $z_{n+1} = \lambda z_n + g(z_n)$ wie der Satz von Siegel ausweiten (g in Umgebung des Ursprungs komplex differenzierbar, $g(0) = g'(0) = 0$).

Andererseits bewies ich 1988:

Theorem 4. *Sei die Brjunosche Bedingung (Br) nicht erfüllt:*

$$\sum_{k \geq 0} \frac{\log q_{k+1}}{q_k} = +\infty .$$

Dann erfüllen die durch die quadratische Rekursionsgleichung $z_{n+1} = \lambda z_n + z_n^2$ definierten Folgen nicht (Bes) (also auch nicht (Lin)). Insbesondere gibt es Anfangswerte z_0, die beliebig nahe an 0 liegen, so dass (z_n) gegen ∞ divergiert.

Für die quadratische Rekursionsgleichung $z_{n+1} = \lambda z_n + z_n^2$ wissen wir also genau, welche α die Bedingungen (Bes) und (Lin) erfüllen. Quadratische Polynome sind somit die erste Familie, in der sich explizite hinreichende und notwendige Bedingungen für Stabilität, d. h. (Bes), angeben lassen.

Dies ist noch nicht das Ende der Geschichte. Wir können die quadratische Rekursionsgleichung $z_{n+1} = \lambda z_n + z_n^2$ durch ein Polynom vom Grad $d \geq 3$ der Form

$$z_{n+1} = \lambda z_n + \sum_{2 \leq \ell \leq d} f_\ell \, z_n^\ell$$

mit $f_d \neq 0$ ersetzen. Wie zuvor sei $\lambda = \exp(2\pi i \alpha)$. Der Satz von Brjuno besagt nun, dass (Bes) und (Lin) erfüllt sind, wenn α die Bedingung (Br) erfüllt. Die Umkehrung hiervon ist eine offene Vermutung: Noch gibt es keinen Beweis, dass (Bes) und (Lin) nicht erfüllt sind, wenn α (Br) nicht erfüllt.

Zum Thema dieses Abschnitts befinden sich weitere Informationen in [7, Sec. 11].

5 Mehrere Freiheitsgrade

Zuletzt kehren wir nochmals zu den im ersten Abschnitt eingeführten Planetensystemen aus einem schweren Mittelkörper (der Sonne) und $N - 1$ um diesen kreisenden Planeten zurück. Betrachte eine beschränkte Lösung des ungestörten Systems (d. h. unter Vernachlässigung der Wechselwirkung zwischen den Planeten). Jeder der $N - 1$ Planeten durchläuft nach Kepler einen elliptischen Orbit der Periode T_i ($1 \leq i \leq N - 1$). Seien $\omega_i = T_i^{-1}$ die zugehörigen Frequenzen. Wir befinden uns im *vollständig irrationalen* (oder *nicht resonanten*) Fall, wenn es keine Gleichung

$$(\text{Res}) \qquad \sum_{i=1}^{N-1} k_i \, \omega_i = 0$$

mit $k_i \in \mathbb{Z}$ gibt, bei der nicht alle k_i verschwinden.

Der Frequenzenvektor $\omega = (\omega_i)$ heißt *Diophantisch*, falls es Konstanten $\gamma > 0$, $\tau \geq 0$ derart gibt, dass

$$(\text{HDB})_{\gamma,\tau} \qquad \left| \sum_{i=1}^{N-1} k_i \, \omega_i \right| \geq \gamma \left(\sum_{i=1}^{N-1} |k_i| \right)^{2-N-\tau}$$

für jeden von Null verschiedenen Vektor $k = (k_i) \in \mathbb{Z}^{N-1}$ gilt. Die KAM-Theorie erlaubt uns, unter dieser Annahme Aussagen über die Stabilität des Systems herzuleiten, die jedoch den Rahmen dieses Beitrags sprengen würden. Moralisch gesprochen überleben solche Lösungen des ungestörten Systems als leicht deformierte quasiperiodische Lösungen des gestörten Systems mit gleichem Frequenzenvektor, für die dieser Vektor diophantisch (mit festem τ und nicht allzu kleinem γ abhängig von der Größe der Störung) ist. Da ein zufälliger Frequenzenvektor die notwendige Bedingung $(\text{HDB})_{\gamma,\tau}$ mit echt positiver Wahrscheinlichkeit erfüllt (die Wahrscheinlichkeit ist kleiner als 1, da γ nicht zu klein sein darf), führen zufällige Anfangsbedingungen für die Differentialgleichungen mit echt positiver Wahrscheinlichkeit zu einer quasiperiodischen Lösung mit diophantischem Frequenzenvektor.

Wir erwarten allerdings, dass es auch andere mit echt positiver Wahrscheinlichkeit auftretende Anfangsbedingungen gibt, die zu *nicht* quasiperiodischen Lösungen führen. Der Beweis dieser Aussage und das Verständnis dieser Lösungen ist ein bedeutendes offenes Problem.

Literaturverzeichnis

[1] Jean-Benoît Bost, *Tores invariants des systèmes dynamiques hamiltoniens (d' après Kolmogorov, Arnol'd, Moser, Rüssmann, Zehnder, Herman, Pöschel, ...)* (Französisch). Seminar Bourbaki 1984/85. Astérisque **133–134** (1986), 113–157.

[2] Alexander D. Brjuno, *Analytical form of differential equations*. Transactions of the Moscow Mathematical Society **25** (1971), 131–288; **26** (1972), 199–239.

[3] Hubert Cremer, *Über die Häufigkeit der Nichtzentren.* Mathematische Annalen **115** (1938), 573–580.

[4] Godfrey H. Hardy und Edward M. Wright, *An Introduction to the Theory of Numbers. Sixth edition.* Oxford university press, Oxford, 2008.

[5] Alexander Khinchin, *Continued Fractions.* Übersetzt aus der dritten russischen Auflage (1961). Dover Publications, Inc., Mineola/NY, 1997.

[6] Serge Lang, *Introduction to Diophantine Approximations. Second edition.* Springer-Verlag, New York, 1995.

[7] John Milnor, *Dynamics in One Complex Variable. Third edition.* Princeton University Press, Princeton/NJ, 2006.

[8] Henri Poincaré, *Les méthodes nouvelles de la mécanique céleste. Tome I. Solutions périodiques. Non-existence des intégrales uniformes. Solutions asymptotiques. Tome II. Méthodes de MM. Newcomb, Gyldén, Lindstedt et Bohlin. Tome III. Invariants intégraux. Solutions périodiques du deuxième genre. Solutions doublement asymptotiques* (Französisch). Zuerst 1892–1899 veröffentlicht; Dover Publications, Inc., New York, 1957.

[9] Carl L. Siegel, *Iteration of analytic functions.* Annals of Mathematics (2) **43** (1942), 607–612.

[10] Jean-Christophe Yoccoz, *Théorème de Siegel, nombres de Bruno et polynômes quadratiques. Petits diviseurs en dimension 1* (Französisch). Astérisque **231** (1995), 3–88.

Sind IMO-Aufgaben
wie Forschungsprobleme?

Ramseytheorie als Fallstudie

W. Timothy Gowers

Zusammenfassung Obwohl man in Mathematikwettbewerben für Schüler wie in der Universitätsmathematik schwere Aufgaben stellen kann, gibt es zwischen beiden wichtige Unterschiede. Ein Grund hierfür ist, dass Fragen aus der Forschung mathematische Konzepte auf Universitätsniveau verlangen, die in der Schule fehlen. Doch es gibt auch über das Fachliche hinaus tiefgehende Unterschiede. Wir zeigen dies anhand einiger Ergebnisse und Fragen der Ramseytheorie, eines Gebiets, das sowohl mit Schulmitteln lösbare als auch für die mathematische Forschung interessante Probleme liefert.

1 Einleitung

Viele fragen sich, ob mathematischer Erfolg in der Schule ein Indikator für eine spätere erfolgreiche Karriere als Mathematiker ist. Dies ist nicht so einfach zu beantworten: Grundsätzlich geht es in der mathematischen Forschung um das Beweisen von Sätzen und das Lösen von offenen Fragestellungen, und beides lässt sich auch in der Schulmathematik wiederfinden, etwa bei den zahlreichen Mathematikwettbewerben. Unter den besten Teilnehmern dieser Wettbewerbe gibt es einige, die ihre Erfolge in der Forschung fortsetzten, während andere die Mathematik vollständig verließen (und oft in anderen Feldern viel erreichten). Die beste Antwort ist vielleicht, dass Erfolg bei Mathematikwettbewerben und das Potential als Forscher zwar gut, aber nicht perfekt korrelieren. Dies ist kaum überraschend, da beide Beschäftigungen wichtige Gemeinsamkeiten und Unterschiede haben.

Die Hauptgemeinsamkeit springt sofort ins Auge: Beides Mal geht es um das Lösen einer mathematischen Aufgabe. Daher will ich mich in diesem

W. Timothy Gowers
Department of Pure Mathematics and Mathematical Statistics, University of Cambridge, Cambridge CB3 0WB, UK. E-mail: `W.T.Gowers@dpmms.cam.ac.uk`

Beitrag eher auf die Unterschiede konzentrieren. Hierfür betrachte ich die Ramseytheorie, einen Bereich der Mathematik, aus dem sowohl Mathematikolympiadenaufgaben als auch Forschungsimpulse stammen. Ich will damit zeigen, dass beide Beschäftigungen durch einen stetigen Weg verbunden sind, dessen beide Enden aber recht verschieden sind.

Mit dem folgenden Problem fängt fast jeder in die Ramseytheorie einführende Text an.

Problem 1.1. *In einem Raum sind sechs Leute, die jeweils entweder Todfeinde oder gute Freunde sind. Man zeige, dass man unter ihnen stets eine Dreiergruppe findet, in der entweder alle Freunde oder alle Feinde sind.*

Vor dem Weiterlesen sollte man versuchen, dieses Problem zu lösen (manch einer hat es wahrscheinlich sogar bereits gesehen). Es ist nicht schwer, aber das Finden der Lösung verrät schon viel über Ramseytheorie.

Zunächst formulieren wir das Problem so um, dass sein abstrakter Kern nicht mehr durch den irrelevanten nichtmathematischen Teil (Menschen, Freundschaft und Feindschaft) verdeckt wird. Hierfür ersetzen wir die Leute etwa durch *Punkte* in einem Diagramm, wobei wir jedes Punktepaar durch eine (nicht notwendigerweise gerade) Linie ersetzen. Das entstehende Objekt nennt man den *kompletten Graph der Ordnung* 6. Freund- und Feindschaft stellen wir durch rote Linien zwischen Freunden und blaue zwischen Feinden dar. Wir erhalten also sechs Punkte, die paarweise durch eine rote oder blaue Linie verbunden sind. In der Graphentheorie nennt man die Punkte normalerweise *Knoten* oder *Ecken* und die Linien *Kanten*. (Diese Begriffe haben ihren Ursprung in einer wichtigen Klasse von Graphen, die man aus den Ecken und Kanten eines Polyeders erhält. Ist das Polyeder kein Tetraeder, so gibt es nicht verbundene Knoten: Diese Graphen sind *unvollständig*.) Wir sollen nun zeigen, dass es ein rotes oder blaues Dreieck gibt, wobei ein *Dreieck* die drei Kanten seien, die drei bestimmte Knoten verbinden.

Zum Beweis wählen wir zunächst einen beliebigen Knoten. Von den fünf von diesem Knoten ausgehenden Kanten müssen nach dem Schubfachprinzip mindestens drei die gleiche Farbe haben. Diese sei ohne Beschränkung der Allgemeinheit rot. Es gibt also drei durch rote Kanten mit dem ersten Knoten verbundene Knoten. Ist die Kante zwischen zwei von ihnen auch rot, ergibt dies ein rotes Dreieck. Sonst sind alle drei Kanten blau und ergeben ein blaues Dreieck. QED

Sei $R(k,l)$ die kleinste Zahl n, so dass man für jede Färbung der Kanten des vollständigen Graphen der Ordnung n mit Rot oder Blau entweder k rote Knoten findet, so dass alle Kanten zwischen ihnen rot sind, oder l Knoten, so dass alle Kanten zwischen ihnen blau sind. Unser Beweis liefert $R(3,3) \leq 6$. (Man kann auch eine Färbung des vollständigen Graphen der Ordnung 5 angeben, die *keine* roten oder blauen Dreiecke enthält.)

Zunächst ist nicht klar, ob die obige Größe wohldefiniert ist: Der *Satz von Ramsey* besagt jedoch genau das, also dass $R(k,l)$ für alle k und l existiert und endlich ist. Unserem Argument für $R(3,3) \leq 6$ folgend, kann man auch den folgenden Satz von Erdős und Szekeres zeigen, der stärker als der Satz von Ramsey ist und uns erlaubt, $R(k,l)$ abzuschätzen.

Theorem 1.2. *Für alle k und l gilt die Ungleichung*

$$R(k,l) \leq R(k-1,l) + R(k,l-1) \,.$$

Auch dies sollte man selbst beweisen, wenn man es noch nicht kennt. Durch Induktion erhält man hieraus $R(k,l) \leq \binom{k+l-2}{k-1}$. (Wir benötigen nur noch den Induktionsanfang $R(k,1) = 1$ oder das etwas sinnvollere $R(k,2) = k$.)

Wir erhalten hieraus $R(3,4) \leq 10$. Die richtige Antwort ist in der Tat 9. Dieser Beweis ist schon interessanter — zwar nicht allzu schwer, doch er benötigt eine weitere Idee. Hieraus erhält man mit der Erdős-Szekeres-Ungleichung $R(3,4) \leq R(4,3) + R(3,4) = 18$, und dies ist auch die richtige Antwort; man muss zum Beweis noch eine Färbung des vollständigen Graphen der Ordnung 17 mit rot und blau derart angeben, dass keine vier Knoten nur durch einfarbige Kanten verbunden werden.

Man kann in der Tat einen recht schönen solchen Graphen angeben: Ich will dem Leser nicht den Spaß verderben, ihn selber zu finden.

Aber schon kurze Zeit später stoßen wir in unbekanntes Territorium vor. Mit der Erdős–Szekeres–Ungleichung sehen wir $R(3,5) \leq R(2,5) + R(3,4) = 5 + 9 = 14$, was auch der richtige Wert ist, und damit $R(4,5) \leq R(4,4) + R(3,5) = 32$. McKay und Radziszowski zeigten 1995 mit massivem Computereinsatz, dass in Wahrheit $R(4,5) = 25$ ist. Über $R(5,5)$ wissen wir bis jetzt nur, dass es zwischen 43 und 49 liegt.

Vielleicht werden wir den exakten Wert von $R(5,5)$ nie erfahren. Auch Computer helfen uns nicht weiter: Schon für den vollständigen Graphen der Ordnung 43 gibt es $2^{\binom{43}{2}}$ verschiedene zweifarbige Färbungen, und naives Durchprobieren würde quasi für immer dauern. Natürlich können wir die Suche einschränken, aber bis jetzt bringt uns das noch nicht in den Rahmen des Machbaren. Und selbst wenn wir irgendwann $R(5,5)$ kennen, werden wir wohl nie $R(6,6)$ exakt berechnen. (Wir wissen bis jetzt $102 \leq R(6,6) \leq 165$).

Wieso sollten wir uns aber auf plumpe Computersuchen in riesigen Mengen von Graphen einschränken? Könnte uns nicht ein *theoretisches* Argument weiterhelfen? Auch dies ist eher aussichtslos, da die größten gefärbten Graphen, in denen keine k Knoten nur durch rote und keine l Knoten nur durch blaue Kanten verbunden sind, wenig Struktur aufweisen. Insofern sind die strukturreichen Beispiele für $R(3,3) > 5$, $R(3,4) > 8$ und $R(4,4) > 17$ eher untypisch. Dies scheint eine Ausprägung des sogenannten „Gesetzes der kleinen Zahlen" zu sein. (Ein weiteres Beispiel für dieses ist die Tatsache, dass die kleinsten drei Primzahlen 2, 3 und 5 aufeinanderfolgende Fibonaccizahlen sind. Dies hat keinerlei mathematischen Hintergrund; es gibt einfach so wenige kleine Zahlen, dass manche Eigenschaften zufällig gemeinsam auftauchen.)

Wir befinden uns also in der alles andere als zufriedenstellenden Situation, dass wir wahrscheinlich keine explizite Formel für $R(k,l)$ herleiten können, und so sind wir auf ausgefeilte Suchen am Computer für kleine k und l beschränkt. Dies mag klingen, als ob wir bei den ersten Problemen aufgeben; doch seit Gödel wissen wir, dass nicht jede mathematische Aussage einen Beweis hat. Auf kleine Ramseyzahlen lässt sich der Gödelsche Unvollständigkeitssatz nicht direkt anwenden, da man sie ja im Prinzip, wenn auch nicht in der Praxis, durch eine endliche Suche bestimmen kann. Doch der allgemeine Grundsatz, dass schöne Sätze keine schönen Beweise haben müssen, greift auch hier, und dies ergibt für forschende Mathematiker die folgende Strategie zum Lösen eines Problems, die ich keinem Mathematikolympioniken empfehlen würde.

Strategie 1.3. *Wenn man bei einem Problem nicht mehr weiter weiß, sollte man manchmal einfach aufgeben.*

Um genau zu sein, würde ich dies auch Berufsmathematikern nicht empfehlen, es sei denn, sie handeln gleichzeitig nach der folgenden Strategie, die in der Mathematikolympiade auch wenig hilfreich ist.

Strategie 1.4. *Wenn man eine Frage nicht beantworten kann, sollte man sie ändern.*

2 Asymptotisches Verhalten der Ramseyzahlen

In unserer Situation, konfrontiert mit einer Größe, die wir nicht genau berechnen können, ist die einfachste Änderung der Frage, nach guten Näherungen zu suchen. Dazu müssen wir zeigen, dass die Größe zwischen L und U liegt, wobei wir den Unterschied zwischen L (eine *untere Schranke* — englisch *lower bound*) und U (eine *obere Schranke* — englisch *upper bound*) möglichst klein halten wollen. Für $R(k,l)$ kennen wir bereits eine obere Schranke, nämlich $\binom{k+l-2}{k-1}$. Der Einfachheit halber beschränken wir uns nun auf $k = l$. Die obere Schranke ist dann $\binom{2(k-1)}{k-1}$. Gibt es eine vergleichbare untere Schranke?

Vor der Antwort werden wir uns zunächst eine Vorstellung von der Größe von $\binom{2(k-1)}{k-1}$ machen. Hierfür benutzen wir die recht gute (wenn auch nicht beste bekannte) Näherung $\binom{2(k-1)}{k-1} \approx (k\pi)^{-1/2} 4^{k-1}$, die ungefähr wie 4^k wächst (der Quotient aufeinanderfolgender Werte dieser Funktion geht gegen 4).

Diese Funktion wächst recht schnell mit k. Können wir in dieser Größenordnung überhaupt noch untere Schranken finden?

Eine untere Schranke durch explizites Angeben eines Graphen und einer Färbung zu finden, bleibt ein unheimlich schweres offenes Problem (auch wenn es in diese Richtung bereits faszinierende Ergebnisse gibt). Erdős konnte jedoch 1947 mit einer so einfachen wie revolutionären Methode eine exponentiell wachsende untere Schranke finden, ohne eine Färbung explizit anzugeben. Ich will nur Erdős' Beweisidee beschreiben. Für diese benötigen wir noch die folgenden nützlichen Begriffe. Für eine Färbung des vollständigen Graphen der Ordnung n mit Rot und Blau sei eine Menge von Knoten *einfarbig*, wenn alle Kanten zwischen Knoten dieser Menge die gleiche Farbe haben.

Beweisidee. *Suche nicht eine explizite Färbung, sondern wähle die Farben zufällig und zeige, dass die durchschnittliche Anzahl der einfarbigen Mengen der Größe k kleiner als 1 ist.*

Dann gibt es einen Graphen ohne monochromatische Mengen der Größe k, da der Durchschnitt sonst mindestens 1 wäre. Die nun noch nötigen Rechnungen sind überraschenderweise recht leicht, und wir erhalten $R(k,k) \geq \sqrt{2}^{\,k}$. (Die tatsächliche Schranke ist noch etwas größer, aber dies macht auf der von uns benutzten Skala keinen Unterschied.)

Die gute Nachricht ist, dass diese untere Schranke exponentiell wächst. Die schlechte Nachricht ist, dass $\sqrt{2}^{\,k}$ *viel* kleiner als 4^k ist. Die Verbesserung dieser Schranken bleibt eines der großen offenen Probleme der Kombinatorik.

Problem 2.1. *Gibt es Konstanten $\alpha > \sqrt{2}$ oder $\beta < 4$, so dass für hinreichend große k eine der Schranken $R(k,k) \geq \alpha^k$ oder $R(k,k) \leq \beta^k$ gilt?*

Die folgende Frage ist sehr viel anspruchsvoller.

Problem 2.2. *Konvergiert $R(k,k)^{1/k}$, und wenn ja, was ist der Grenzwert?*

Wahrscheinlich hat $R(k,k)^{1/k}$ einen Grenzwert. Die sinnvollen Werte für diesen wären $\sqrt{2}$, 2 und 4. Bis jetzt gibt es keine Argumente, die für nur einen dieser Werte sprechen.

In den letzten Jahrzehnten kamen wir der Lösung dieser Probleme kaum näher. Sollten wir also auch hier aufgeben? Auf keinen Fall. Zwischen diesen unheimlich schweren Problemen und dem unheimlich schweren Problem, $R(6,6)$ auszuwerten, gibt es nämlich einen grundlegenden Unterschied: Wir *erwarten* einen schönen theoretischen Beweis, der nur sehr schwer zu finden ist. Diese Suche nur wegen ihrer Schwierigkeit aufzugeben, widerspräche dem Mantra der mathematischen Forschung. (Für einen einzelnen Mathematiker kann es durchaus sinnvoll sein, sich nach langer Zeit und wenigen Ergebnissen von einem Problem abzuwenden. Mir geht es aber um die gemeinschaftliche Arbeit: Nahezu alle Kombinatoriker versuchen früher oder später, die Schranken für $R(k,k)$ zu verbessern, und dies sollte fortgesetzt werden, bis es jemandem gelingt.)

3 Was ist Ramseytheorie?

Die Forschungsobjekte in der Ramseytheorie sind Strukturen, die viele zum Ganzen ähnliche Teilstrukturen enthalten. Man färbt die Elemente der Hauptstruktur mit zwei (oder allgemeiner $r > 0$) Farben, und ein typischer Satz der Ramseytheorie besagt dann, dass es stets eine einfarbige Teilstruktur gibt. So ist die Struktur im Satz von Ramsey für $k = l$ selbst der vollständige Graph der Ordnung $R(k, k)$ (bzw. die Kanten dieses Graphen), und die Teilstrukturen sind alle vollständigen Teilgraphen der Ordnung k. Einige Sätze erlauben zusätzlich die Abschätzung der Größe der Teilstruktur durch die Größe der ganzen Struktur und die Anzahl der Farben.

Der berühmte Satz von Van der Waerden ist ein gutes Beispiel:

Theorem 3.1. *Seien r und k natürliche Zahlen. Dann gibt es eine natürliche Zahl n derart, dass jede Färbung einer arithmetischen Folge X der Länge n mit r Farben eine einfarbige arithmetische Teilfolge Y von X der Länge k gibt, deren Elemente alle die gleiche Farbe haben.*

Ich könnte nun viel über den Satz von van der Waerden und seine Verzweigungen reden, aber letztendlich wollte ich meine Meinung zu Wettbewerbsaufgaben und der mathematischen Forschung darlegen. Daher werde ich nun eine andere Richtung einschlagen.

4 Ein Ramseysatz über eine unendliche Struktur

Bis jetzt waren alle von uns gefärbten Strukturen — vollständige Graphen und arithmetische Folgen — endlich. Der Satz von Ramsey lässt sich auf eine bestimmte Weise auf unendliche Graphen verallgemeinern (die konkrete Formulierung und der Beweis sind eine weitere interessante Übung), aber ich will mich lieber einer komplizierteren Struktur zuwenden: dem Raum aller unendlichen 01-Folgen, die „schließlich null" sind. Eine solche Beispielfolge ist

001001110110000000000000000000000000000000000000000000000000........

Sind s und t zwei solche Folgen derart, dass die letzte 1 in s vor der ersten 1 in t kommt, schreiben wir $s < t$. (Dies besagt ungefähr, dass alles Interessante in s aufgehört hat, wenn es in t anfängt.) In diesem Fall ist $s + t$ eine weitere 01-Folge, die schließlich Null ist. Man kann etwa

001001110110000000000000000000000000000000000000000000000000........

und

000000000000000110001100011000000000000000000000000000000000........

addieren; das Ergebnis ist

001001110110000110001100011000000000000000000000000000000000........

Betrachte nun Folgen $s_1 < s_2 < s_3 < s_4 < \ldots$. Jedes s_i ist also eine Folge von Nullen und Einsen, und jede Eins in s_{i+1} kommt nach allen Einsen in s_i. (Also ist $(s_1, s_2, s_3, \ldots)$ eine Folge von Folgen.) Also ist die Summe endlich vieler verschiedener Folgen s_i wieder eine Folge in unserem Raum. Wir können etwa die Summen $s_1 + s_2$ oder $s_3 + s_5 + s_6 + s_{201}$ bilden. Die Menge aller solchen Summen heißt der *von* $s_1, s_2, s_3, \ldots$ *erzeugte Unterraum*.

Der gesamte Folgenraum ist der von den Folgen $1000000\ldots$, $0100000\ldots$, $0010000\ldots$, $0001000\ldots$ usw. erzeugte Unterraum. Also ist die Struktur des gesamten Raums mehr oder weniger identisch zu der jedes Teilraums. Dies sind ideale Voraussetzungen für einen Ramseyartigen Satz. Wir können dessen Aussage bereits jetzt raten.

Theorem 4.1. *Färbe die* 01-*Folgen, die schließlich Null sind, mit zwei Farben. Dann gibt es eine unendliche Familie* $s_1 < s_2 < s_3 < \ldots$ *von Folgen, so dass alle Folgen im von den* s_i *erzeugten Unterraum die gleiche Farbe haben.*

Wir finden also für jede Färbung der Folgen eine Folge von Folgen s_i derart, dass s_1, s_2, $s_1 + s_2$, s_3, $s_1 + s_3$, $s_2 + s_3$, $s_1 + s_2 + s_3$, s_4 usw. alle die gleiche Farbe haben.

Dieser Satz stammt von Hindman und ist zu schwer, um als Übung gelassen zu werden. Der Leser kann jedoch zeigen, dass man aus dem Satz von Hindman für zwei Farben die gleiche Aussage für eine beliebige (endliche) Anzahl von Farben ableiten kann.

Der Satz von Hindman wird normalerweise auf die folgende äquivalente Weise angegeben, die zwar weniger Theorie erfordert, aber schlechter zum Rest meines Beitrags passt. Der Beweis der Äquivalenz ist eine weitere schöne Übungsaufgabe.

Theorem 4.2. *Man färbe die natürlichen Zahlen mit zwei Farben. Dann lassen sich stets natürliche Zahlen* $n_1 < n_2 < n_3 < \ldots$ *derart finden, dass die Summe endlich vieler* n_i *stets die gleiche Farbe hat.*

In dieser Formulierung des Satzes benutzen wir Addition. Können wir auch Multiplikation mit einführen? Wir sind sofort wieder im Reich des Ungelösten, da bereits die so unschuldig aussehende nächste Frage ein offenes Problem ist.

Problem 4.3. *Man färbe die positiven ganzen Zahlen mit endlich vielen Farben. Findet man stets positive ganze Zahlen* n *und* m *derart, dass* n, m, $n + m$ *und* nm *alle die gleiche Farbe haben? Ist dies möglich, wenn wir nur fordern, dass* $m + n$ *und* mn *die gleiche Farbe haben (der triviale Fall* $m = n = 2$ *sei ausgeschlossen)?*

Dieses Problem könnte man auf den ersten Blick auch bei einem Schülerwettbewerb stellen. Es ist jedoch sehr viel schwerer (und man hat nicht den Tipp, dass jemand es gelöst und als für den Wettbewerb passend eingestuft hat).

5 Von Kombinatorik zu unendlichdimensionaler Geometrie

Zur mathematischen Beschreibung des dreidimensionalen Raumes benutzen wir Koordinaten. Auf diese Weise lässt sich leicht für jede natürliche Zahl d der d-dimensionale Raum definieren. Wir müssen nur alle Konzepte durch Koordinaten ausdrücken und dann die Anzahl der Koordinaten erhöhen. So könnten wir etwa den vierdimensionalen Würfel als Menge aller Punkte (x, y, z, w) mit $0 \leq x, y, z, w \leq 1$ definieren.

Wenn wir wollen (und in der Mathematik auf Universitätsniveau tun wir das oft), können wir diese Konzepte sogar auf den *unendlich*-dimensionalen Raum verallgemeinern. Die unendliche Sphäre könnte man dann etwa als Menge der Folgen $(a_1, a_2, a_3, \dots)$ reeller Zahlen mit $a_1^2 + a_2^2 + a_3^2 + \cdots = 1$ definieren. (Unter „Sphäre" versteht man die Oberfläche einer Kugel, deren Dimension nicht zwingend drei sein muss.)

Auch in dieser unendlichdimensionalen Welt interessieren wir uns für Geraden, Ebenen und höherdimensionale „Hyperebenen", insbesondere solche, die selbst unendlichdimensional sind. Wie können wir diese definieren? Wir gehen von der Definition einer Ebene durch den Ursprung im dreidimensionalen Raum aus, dass es zwei Punkte $\mathbf{x} = (x_1, x_2, x_3)$ und $\mathbf{y} = (y_1, y_2, y_3)$ derart gibt, dass die Ebene genau aus allen Linearkombinationen $\lambda\mathbf{x} + \mu\mathbf{y}$ dieser beiden Punkte besteht. (In Koordinatenform ausgeschrieben ist $\lambda\mathbf{x} + \mu\mathbf{y}$ gerade $(\lambda x_1 + \mu y_1, \lambda x_2 + \mu y_2, \lambda x_3 + \mu y_3)$.) Im unendlichdimensionalen Raum gehen wir ähnlich vor. Wir wählen eine Folge von Punkten $\mathbf{p}_1, \mathbf{p}_2, \mathbf{p}_3, \dots$ (wobei jedes $\mathbf{p}_i$ selbst eine unendliche Folge reeller Zahlen ist) und betrachten (bis auf gewisse technische Bedingungen) alle Linearkombinationen der Form $\lambda_1\mathbf{p}_1 + \lambda_2\mathbf{p}_2 + \lambda_3\mathbf{p}_3 + \dots$.

Es stellt sich nun heraus, dass der Schnitt einer unendlichdimensionalen Sphäre mit einer unendlichdimensionalen Hyperebene stets eine weitere unendlichdimensionale Sphäre ist. (Dies ist quasi die unendlichdimensionale Version davon, dass der Schnitt einer Sphäre mit einer Ebene eine Kreislinie ist.) Diese sei eine *Teilsphäre* der ursprünglichen Sphäre. Wir finden uns in den idealen Voraussetzungen eines Ramseyartigen Satzes wieder: Es gibt eine Struktur (eine Sphäre), die viele wie sie selbst aussehende Teilstrukturen (Teilsphären) hat. Wir färben nun eine unendlichdimensionale Sphäre mit zwei Farben. Finden wir stets eine einfarbige Teilsphäre?

Man kann mit gutem Recht erwarten, dass dieser oder ein ähnlicher Satz gilt. Schließlich erinnert er an den Satz von Hindman, da wir beide Male ein unendlichdimensionales, durch Koordinaten definiertes Objekt färben und danach ein einfarbiges unendlichdimensionales Teilobjekt suchen. Im Satz von Hindman sind nur alle Koordinaten 1 oder 0.

Leider ist unser Satz jedoch falsch. Mit $\mathbf{p}$ gehört stets auch $\mathbf{-p}$ zu einer Teilsphäre. Wir färben nun $\mathbf{p}$ genau dann rot, wenn seine erste von Null verschiedene Koordinate positiv ist, und blau, wenn diese negativ sind. Dann erhalten $\mathbf{p}$ und $-\mathbf{p}$ stets verschiedene Farben. (Da die Summe der Quadrate aller Koordinaten 1 ist, können nicht alle Null sein.)

Diese etwas demoralisierende Beobachtung zeigt uns einen weiteren Unterschied zwischen Schulaufgaben und den Fragen, die in mathematischer Forschung auftauchen.

Prinzip 5.1. *Ein Großteil der sich aus der eigenen Forschung natürlich ergebenden Vermutungen ist entweder leicht oder schlecht formuliert. Auf interessante Probleme stößt man nur mit Glück.*

Unter diesen Bedingungen lässt sich jedoch eine Abwandlung einer der bereits erwähnten Strategien anwenden.

Strategie 5.2. *Wenn sich herausstellt, dass die Frage, über die du nachdenkst, uninteressant ist, dann ändere sie.*

Hier ist eine kleine Abänderung des Problems über Sphärenfärbung, die aus diesem schlecht gestellten Problem ein exzellentes macht. Eine Teilsphäre heiße *c-einfarbig*, wenn es eine Farbe derart gibt, dass jeder Punkt der Teilsphäre zu einem Punkt dieser Farbe höchstens Abstand c hat. Dabei soll c klein sein; wir fordern also nicht, dass alle Punkte der Teilsphäre (zum Beispiel) rot sind, sondern nur, dass jeder Punkt der Teilsphäre *nah* zu einem roten Punkt ist.

Problem 5.3. *Findet man für jede Färbung der unendlichdimensionalen Sphäre mit zwei Farben und jede positive reelle Zahl c eine c-einfarbige unendlichdimensionale Teilsphäre?*

Lange Zeit verging, bevor dieses Problem gelöst wurde, und es wurde eine Grundfrage der Banachraumtheorie, die sich mit auf bestimmte Weise formalisierten unendlichdimensionalen Räumen beschäftigt und mittlerweile einen zentralen Platz in der Forschungsmathematik einnimmt. Leider ist auch hier die Antwort Nein, doch das Gegenbeispiel hierfür ist *sehr* viel interessanter und *sehr* viel weniger offensichtlich als für die schlechte Version. Es wurde von Odell und Schlumprecht entdeckt.

Alle Hoffnungen auf einen Satz wie den von Hindman für Banachräume wurden durch das Beispiel von Odell und Schlumprecht zerstört (bis auf einen speziellen Raum, der ähnlicher zum Raum der 01-Folgen ist und für den ich einen solchen Satz zeigen konnte). Im nächsten Abschnitt werden wir aber sehen, dass damit nicht alle Zusammenhänge zwischen Ramseytheorie und Banachräumen zusammenbrachen.

Zum Abschluss dieses Abschnitts will ich einen weiteren Unterschied zwischen Schulaufgaben und Forschungsproblemen erwähnen.

Prinzip 5.4. *Mit der Zeit kann ein unlösbares Problem ein realistisches Ziel werden.*

Kennt man nur Aufgaben aus der Schule oder Schülerwettbewerben, so mag das seltsam erscheinen: Wie kann sich der Schwierigkeitsgrad eines Problems mit der Zeit ändern? Doch jeder wird in seiner mathematischen Erfahrung viele Beispiele für Probleme finden, die mit der Zeit „leichter wurden". Betrachte etwa das Problem, die positive reelle Zahl x zu finden, für die $x^{1/x}$ so groß wie möglich ist. Mit den richtigen Mitteln löst man dies leicht: Da der Logarithmus streng monoton wächst, kann man äquivalent den Logarithmus $\log x / x$ von $x^{1/x}$ maximieren. Differenzieren ergibt $(1 - \log x)/x^2$, und dies ist nur für $x = e$ Null und nimmt dort ab. Das Maximum wird also bei $x = e$ angenommen.

Man muss kein Genie sein, um diese Lösung zu verstehen oder zu finden, sondern ein wenig Differentialrechnung kennen. Das Problem ist also für die, die diese nicht beherrschen, unlösbar, und für den Rest ein realistisches Ziel. Auch in der mathematischen Forschung verschieben sich die Schwierigkeitsgrade, doch das Wichtige ist, dass dies *kollektiv* und nicht für jeden alleine passiert. Manche Probleme konnten bis jetzt also nur noch nicht gelöst werden, weil die richtige Technik noch nicht erfunden wurde.

Man mag nun einwerfen, dass das Problem in diesem Fall nicht wirklich unlösbar ist, sondern zu einem Teil aus der Entdeckung der richtigen Technik besteht. Obwohl dies wahr ist, muss man zusätzlich berücksichtigen, dass mathematische Techniken oft zur Lösung von Problemen benutzt werden, die mit dem ursprünglichen Problem nichts zu tun hatten. (So haben Newton und Leibniz die Integral- und Differenzialrechnung nicht entwickelt, um $x^{1/x}$ zu maximieren.) Auf diese Weise könnte Problem B in den Rahmen des Machbaren rücken, weil jemand für Problem A die richtige Technik entwickelt hat.

Wir haben dieses Phänomen bereits beobachten können: Odell und Schlumprecht erhielten ihr Gegenbeispiel durch (sehr raffinierte) Abänderung eines Beispiels, das Schlumprecht einige Jahre zuvor zu einem völlig anderen Zweck konstruiert hatte.

6 Ein wenig mehr über Banachräume

Ich bin mir im Klaren, dass ich nicht wirklich gesagt habe, was ein Banachraum ist, und man mag jetzt denken, dass die einzige sinnvolle Verallgemeinerung des Abstands auf unendlichdimensionale Räume sich durch den Satz des Pythagoras ergibt, dass also der Abstand eines Punkts $(a_1, a_2, a_3, \ldots)$ zum Ursprung $\sqrt{a_1^2 + a_2^2 + a_3^2 + \ldots}$ sein muss.

Es gibt aber vielfältige andere, nützliche Abstandsbegriffe. So können wir für jedes $p \geq 1$ den Abstand von $(a_1, a_2, a_3, \ldots)$ zum Ursprung als p-te Wurzel von $|a_1|^p + |a_2|^p + |a_3|^p + \ldots$ definieren. Natürlich gibt es Folgen, für die diese Größe unendlich ist. Diese sollen nicht zu unserem Raum gehören.

Es ist nicht auf den ersten Blick klar, dass dieser Abstandsbegriff sinnvoll ist, doch es stellt sich heraus, dass er bestimmte gute Eigenschaften hat. Diese lauten wie folgt, wobei wir $\mathbf{a}$ und $\mathbf{b}$ für die Folgen $(a_1, a_2, a_3, \dots)$ und $(b_1, b_2, b_3, \dots)$ sowie $\|\mathbf{a}\|$ und $\|\mathbf{b}\|$ für die Abstände von $\mathbf{a}$ und $\mathbf{b}$ vom Ursprung schreiben; diese Größen nennt man die *Norm* von $\mathbf{a}$ bzw. $\mathbf{b}$.

(i) $\|\mathbf{a}\| = 0$ genau dann, wenn $\mathbf{a} = (0, 0, 0, \dots)$.

(ii) $\|\lambda\mathbf{a}\| = |\lambda| \cdot \|\mathbf{a}\|$ für alle $\mathbf{a}$.

(iii) $\|\mathbf{a} + \mathbf{b}\| \le \|\mathbf{a}\| + \|\mathbf{b}\|$ für alle $\mathbf{a}$ und $\mathbf{b}$.

Diese Eigenschaften kennen wir bereits vom normalen räumlichen Abstandsbegriff. (Der Abstand von $\mathbf{a}$ und $\mathbf{b}$ wird dabei als $\|\mathbf{a} - \mathbf{b}\|$ definiert.) Allgemein ist ein *Folgenbanachraum* eine Menge von Folgen mit einer Eigenschaften (i)–(iii) erfüllenden Norm, der zusätzlich *vollständig* ist (eine technische Bedingung, auf die nicht weiter eingegangen werden soll).

Setzen wir $\|\mathbf{a}\| = \left(\sum_{n=1}^{\infty} a_n^2\right)^{1/2}$, so erhalten wir eine besondere Art von Banachraum, einen sogenannten *Hilbertraum*. Ohne Hilberträume genau zu definieren, sei gesagt, dass sie besonders gute Symmetrieeigenschaften haben. So ist etwa jeder Unterraum eines Hilbertraums grundsätzlich wie der gesamte Raum. Dies kennen wir bereits: jeder Schnitt einer unendlichdimensionalen Sphäre mit einer unendlichdimensionalen Hyperebene ist eine weitere unendlichdimensionale Sphäre. Man konnte keinen weiteren Raum finden, so dass jeder Teilraum zum gesamten Raum „isomorph" ist, wodurch Banach in den 1930er Jahren zu der folgenden Frage geleitet wurde.

Problem 6.1. *Ist jeder Banachraum, der zu all seinen (unendlichdimensionalen) Unterräumen isomorph ist, ein Hilbertraum?*

Ist ein Hilbertraum anders gesagt der einzige Raum, der diese starke Symmetriebedingung erfüllt? Die Frage ist nicht leicht, da zwei unendlichdimensionale Räume auf viele verschiedene Arten isomorph sein können, wodurch es schwer wird, alle für einen nicht Hilbertschen Raum und einen bestimmten seiner Unterräume auszuschließen.

Auch dieses Beispiel wurde durch mathematische Entwicklungen während der Arbeit an anderen Problemen in den Rahmen des Lösbaren gebracht, und ich befand mich sozusagen zur richtigen Zeit am richtigen mathematischen Ort. Aus Arbeiten von Komorowski und Tomczak–Jaegermann (einige der von mir erwähnten Mathematiker werden dem Leser kaum etwas sagen, doch ich will nicht vor jeden ihrer Namen „ein Mathematiker/eine Mathematikerin namens" schreiben) folgte, dass ein Gegenbeispiel für dieses Problem auf eine bestimmte Art recht bösartig sein muss.

Es war jedoch immer noch nicht klar, ob es wirklich einen derart bösartigen Raum gäbe. Einige Jahre zuvor hatten Maurey und ich jedoch gerade solch einen bösartigen Raum konstruiert, und dieser war *so* bösartig, dass er aus ganz anderen Gründen kein Gegenbeispiel sein konnte. Da also weder gut- noch bösartige Beispiele funktionierten, konnte man durchaus vermuten, dass

Banachs Frage mit ja zu beantworten sei. Zur Formalisierung dieser Intuition musste ich ungefähr die folgende Aussage beweisen.

Aussage 6.2. *Jeder unendlichdimensionale Banachraum hat einen unendlichdimensionalen Unterraum, so dass entweder all seine Unterräume nett oder alle unschön sind.*

Dies klingt wiederum stark nach Ramseytheorie: Die gutartigen Unterräume sind „rot" und die bösartigen „blau".

7 Ein schwacher Ramsey-artiger Satz für Unterräume

Zwischen Aussage 6.2 und unseren bisherigen Ergebnissen aus der Ramsey-theorie besteht jedoch ein wichtiger Unterschied: Wir färben keine *Punkte*, sondern (unendlichdimensionale) *Unterräume*. (Im Satz von Ramsey selbst haben wir aber auch Kanten statt Knoten gefärbt, weshalb es nicht allzu revolutionär ist, etwas anderes als Punkte zu färben.) Wie passt dies in den Rahmen unser Theorie?

Das ist nicht allzu schwer. Die von uns gefärbte Struktur kann man sich als „Struktur aller Unterräume eines bestimmten Raums" vorstellen. Für irgendeinen Teilraum bilden alle *seine* Unterräume wiederum eine zu unserem Ausgangspunkt ähnliche Struktur, und so befinden wir uns in der Lage, einen Satz à la Ramsey zu postulieren.

Die stärkste mögliche Version wäre ungefähr: Färbt man alle Unterräume eines Raums rot oder blau, so gibt es stets einen Teilraum, *dessen* Unterräume alle die gleiche Farbe haben. Es überrascht jedoch nicht, dass dies eine viel zu starke Forderung ist, und die Gründe hierfür sind sowohl langweilig als auch interessant. Einerseits greifen auch hier die eher langweiligen Argumente, wegen denen wir nicht in jeder Färbung einer unendlichdimensionalen Sphäre eine einfarbige Teilsphäre finden konnten. Lassen wir jedoch auch Unterräume zu, die *nahe* zu einem Unterraum einer bestimmten Farbe sind (für eine sinnvolle Definition von „nahe"), so liefern die Ergebnisse von Odell und Schlumprecht, die gefärbte Punkte betreffen, interessanterweise auch hier ein Gegenbeispiel.

Damit scheinen wir uns in einer Sackgasse zu befinden, doch dieser Eindruck trügt, da ich für mein Problem nicht die gesamte Kraft eines Ramsey-satzes brauchte. Es reichte nämlich auch ein „schwacher Ramseysatz", den ich nun kurz beschreiben will.

Hierfür muss ich ein recht seltsames Spiel einführen. Gegeben sei eine Familie Σ von Folgen der Form $(\mathbf{a}_1, \mathbf{a}_2, \mathbf{a}_3, \dots)$, wobei alle $\mathbf{a}_i$ Punkte eines Banachraums seien. (Man muss, wie schon oft zuvor, sich hier stets im Klaren sein, was die einzelnen Symbole darstellen. Dies wird schnell kompliziert: Σ ist wie gesagt eine Familie von Folgen; aber jedes Glied der Folge liegt selbst in einem Banachraum, ist also eine Folge reeller Zahlen, weshalb es hier fett gedruckt wird. Also ist Σ eine Folge von Folgen reeller Zahlen. Man kann sogar weiter gehen: Jede reelle Zahl ist eine unendliche Dezimalzahl, also ist Σ eine Menge von Folgen von Folgen von Folgen von Zahlen zwischen 0 und 9. Aber wahrscheinlich ist es einfacher, sich die $\mathbf{a}_n$ als Punkte in einem unendlichdimensionalen Raum vorzustellen und zu vergessen, dass sie auch Koordinaten haben.) Mit der Familie Σ spielen zwei Spieler A und B wie folgt. Spieler A wählt einen Unterraum S_1. Spieler B wählt dann einen Punkt $\mathbf{a}_1$ aus S_1. Nun wählt Spieler A einen Unterraum S_2 (der nicht in S_1 enthalten sein muss), und Spieler B wählt einen Punkt $\mathbf{a}_2$ aus S_2. Dies setzen sie unendlich oft fort. Am Ende dieses Vorgangs hat Spieler B eine Folge $(\mathbf{a}_1, \mathbf{a}_2, \mathbf{a}_3, \ldots)$ gewählt. Er gewinnt genau dann, wenn diese Folge in Σ ist; sonst gewinnt A.

Nun hängt der Sieger dieses Spiels natürlich stark von Σ ab. So kann es etwa einen Unterraum S derart geben, dass man keine Folge $(\mathbf{a}_1, \mathbf{a}_2, \mathbf{a}_3, \ldots)$ von Punkten $\mathbf{a}_n$ in S finden kann, die in Σ liegt.

Hier ist nun der schwache Ramseysatz, mit dem man eine passend formalisierte Version von Aussage 6.2 und somit die Banachsche Vermutung (Problem 6.1) zeigen konnte. Die eigentliche Aussage ist etwas komplizierter. Für sie benötigen wir zunächst noch eine Definition. Sei S ein Unterraum. Dann ist die *Einschränkung des Spiels auf S* das Spiel, das sich ergibt, wenn alle von A gewählten Unterräume $S_1, S_2, \ldots$ in S enthalten sein müssen (also alle von B gewählten Punkte in S liegen).

Theorem 7.1. *Für jede Familie Σ von Folgen in einem Banachraum gibt es einen Unterraum S, so dass entweder B eine Gewinnstrategie für die Einschränkung des Spiels auf S hat oder keine Folge von Punkten aus S in Σ liegt.*

Die Bezeichnung „schwacher Ramseysatz" kommt daher, dass es, wenn wir genau die Folgen in Σ rot und alle anderen blau färben, besagt, dass es einen Unterraum S derart gibt, dass entweder alle Folgen von Punkten aus S blau sind oder es so viele rote Folgen unter ihnen gibt, dass B bei der Einschränkung auf S eine Gewinnstrategie hat.

Wir haben anders gesagt die Forderung „alle Folgen in S sind rot" durch „es gibt so viele rote Folgen in S, dass B unabhängig vom Verhalten von A stets eine von ihnen konstruieren kann" ersetzt.

Nun konnten wir zwar eine Aussage formulieren, die für unser Problem ausreicht, aber der Löwenanteil der Arbeit ist immer noch der Beweis dieser Aussage. Dies bringt mich zu einem weiteren Unterschied zwischen Aufgaben aus der Schule und der Forschung, nämlich dass die folgende Strategie in der Forschung sehr viel wichtiger als in Wettbewerben ist.

Strategie 7.2. *Versucht man, eine mathematische Aussage zu beweisen, so sollte man eine ähnliche, bekannte Aussage finden und ihren Beweis anpassen.*

Nun funktioniert diese Strategie nicht immer in der Forschung und auch manchmal in einem Wettbewerb, man muss jedoch bei diesen sehr viel öfter bei Null anfangen.

Der schwache Ramseysatz erinnerte mich nun an einen anderen unendlichen Ramseysatz von Galvin und Prikry. Die Ähnlichkeit war so stark, dass ich mit einer Abänderung ihres Beweises ans Ziel gelangte. Und glücklicherweise hatte ich einige Jahre zuvor in einem Kurs von Béla Bollobás in Cambridge den Satz von Galvin und Prikry kennengelernt.

8 Zusammenfassung

Einen Großteil meiner Zusammenfassung findet man bereits über den Text verstreut. Ich will nur noch auf eine weitere Sache eingehen. Man mag den Eindruck haben, dass sich die eigenen Fähigkeiten im Lösen von Schul- und Olympiadeaufgaben ohne eigenes Zutun entwickelt haben; manche Leute waren in Mathe immer gut. Doch um in der Forschung Erfolg zu haben, muss man früher oder später die beiden folgenden Prinzipien berücksichtigen.

Prinzip 8.1. *Kann man ein mathematisches Forschungsproblem in wenigen Stunden lösen, war es wahrscheinlich nicht sehr interessant.*

Prinzip 8.2. *Erfolg in der Forschung muss man sich hart erarbeiten.*

Schon an den obigen Beispielen sieht man warum. Am Anfang der Arbeit an einem wirklich interessanten Problem hat man oft nur ein Bauchgefühl, wo man anfangen sollte. Man braucht Zeit, um aus diesem einen konkreten Ansatz zu formen, insbesondere, wenn die kanonischen Ansätze ausgeschlossen wurden — einfach, weil sie nicht funktionieren. Gleichzeitig muss man auch Zusammenhänge und ähnliche Probleme erkennen und aus diesen seinen eigenen „Werkzeugkasten" an Techniken, Intuitionen usw. entwickeln. Hinter jedem erfolgreichen Universitätsmathematiker liegen Tausende von Stunden, die er über Mathematik nachgedacht hat, und nur wenige von ihnen enthalten einen bahnbrechenden Geistesblitz. Es ist schon seltsam, dass überhaupt irgendjemand all diese Stunden investieren will. Vielleicht steckt hierhinter ein weiterreichendes Prinzip:

Prinzip 8.3. *Interessierst du dich wirklich für Mathematik, so kommt dir die notwendige harte Arbeit nicht lästig vor: Sie ist deine Wunschbeschäftigung.*

Weiterführende Literatur

[1] Ron Graham, Bruce Rothschild und Joel Spencer, *Ramsey Theory*. Wiley-Interscience Series in Discrete Mathematics and Optimization, John Wiley & Sons, Inc., New York, 1990.
In diesem Buch findet man reichhaltiges Material über die Sätze von Ramsey, van der Waerden und Hindman sowie viele weitere Ergebnisse. Es ist ein idealer Einstiegspunkt in das Thema.

[2] Béla Bollobás, *Linear Analysis: An Introductory Course. Second edition.* Cambridge University Press, Cambridge, 1999, xii+240 Seiten.
Banachräume gehören zur Linearen Analysis, einem Zweig der Mathematik. Diese Einführung sollte gerade IMO-Teilnehmern gut gefallen. (Suche nach der Übung mit zwei Sternen...)

[3] Edward Odell und Thomas Schlumprecht, *The distortion problem.* Acta Mathematica **173** (1994), 259–281.
Diese Veröffentlichung enthält das in Abschnitt 5 erwähnte Beispiel von Odell und Schlumprecht.

[4] W. Timothy Gowers, *An infinite Ramsey theorem and some Banach-space dichotomies.* Annals of Mathematics (2) **156** (2002), 797–833.
Diese Veröffentlichung enthält mein Ergebnis über das unendliche Spiel und seine Konsequenzen.

In den beiden obigen Veröffentlichungen werden Teile der Banachraumtheorie vorausgesetzt, weshalb sie ohne Universitätswissen wohl kaum verständlich sind. Der Leser, der dieses noch nicht besitzt, mag meine folgende Übersichtsarbeit über die Verbindungen zwischen Ramseytheorie und Banachräume bevorzugen.

[5] W. Timothy Gowers, *Ramsey methods in Banach spaces.* In: *Handbook of the Geometry of Banach Spaces, Volume 2,* William B. Johnson und Joram Lindenstrauss (Herausgeber), North-Holland, Amsterdam, 2003, 1071–1097.

Zusätzlich werden im ersten Buch dieser Reihe im ersten Kapitel die Grundkonzepte dieser Theorie entwickelt. Es ist das folgende:

[6] William B. Johnson und Joram Lindenstrauss, *Basic concepts in the geometry of Banach spaces.* In: *Handbook of the Geometry of Banach Spaces, Volume 1,* William B. Johnson und Joram Lindenstrauss (Herausgeber), North-Holland, Amsterdam, 2001, 1–84.

Sind Forschungsprobleme wie IMO-Aufgaben?
Eine Wanderung durch die Welt der Spiele

Stanislav Smirnov

Zusammenfassung Sind die Aufgaben, mit denen Schüler es bei Mathematikwettbewerben zu tun haben, ähnlich wie die, mit denen forschende Mathematiker zu tun haben? Wir werden an ein paar Beispielen sowohl Gemeinsamkeiten als auch Unterschiede aufzeigen. Die Probleme stammen zwar aus verschiedenen Bereichen, aber letztendlich geht es stets um die Anordnung von Zahlen oder Farben auf einem Graphen und um Spiele, die sich mit diesen Strukturen durchführen lassen.

1 Lösen Mathematiker Probleme?

Fragt man einen Mathematiker, worum es in der Forschung geht, so wird er meistens antworten: *Wir beweisen Sätze.* Dies beschreibt den Kern der mathematischen Arbeit und zeigt auch, dass sich diese etwa von biologischer oder linguistischer Forschung unterscheidet. Und obwohl man in der Schule denken mag, dass alle Sätze schon vor Urzeiten von Euklid oder Pythagoras bewiesen wurden, gibt es immer noch viele wichtige unbeantwortete Fragen.

In der Tat müssen forschende Mathematiker auch Probleme lösen. Es gibt natürlich auch andere wichtige Beschäftigungen für einen Forscher, wie neue Themen zu lernen, Brücken zwischen verschiedenen Feldern zu schlagen, neue Strukturen einzuführen oder neue Fragen zu stellen. Manche gehen sogar so weit zu sagen, dass das Stellen einer Frage wichtiger als ihre Lösung ist. Wie dem auch sei: Ohne Probleme gäbe es keine Mathematik, und ihre Lösung spielt in der alltäglichen Arbeit eine große Rolle. Wie schon Paul Halmos, der Autor verschiedener Bücher über Forschungsprobleme, sagte: *Probleme sind das Herz der Mathematik.*

Stanislav Smirnov
Section de Mathématiques, Université de Genève, 2–4 rue du Lièvre, CP 64,
1211 Genève 4, Suisse. E-mail: `Stanislav.Smirnov@unige.ch`

Oft fragen mich Studenten: *Inwiefern unterscheidet sich Forschung von Mathematikwettbewerben?* Beide sind natürlich ähnlich, und gute Problemlöser haben es in der Forschung leichter, weshalb auch viele gute Wettbewerbsteilnehmer später Mathematiker werden. Es gibt aber durchaus auch Unterschiede. Zu welchem Grad sind also Olympiadeaufgaben wie Fragen aus der Forschung?

Der größte Unterschied zeigt sich wohl in den Lösungen. Eine normale Wettbewerbsaufgabe hat eine hübsche Lösung, die man mit einem sehr begrenzten „Werkzeugkasten" finden kann (hoffentlich sogar innerhalb der gegebenen viereinhalb Stunden). In der Forschung trifft man hingegen Probleme, die Methoden aus ganz verschiedenen Bereichen der Mathematik benötigen und für die Scharfsinn allein somit nicht ausreicht. Außerdem hat man für viele leicht zu formulierende Aufgaben bis jetzt nur lange und technische Lösungen gefunden; manche sind bis heute ungelöst. Fängt man an, an so einer Frage zu arbeiten, weiß man nicht einmal, ob es überhaupt eine Lösung gibt. Also muss man zwar nicht so schnell wie bei einer Mathematikolympiade sein, aber man benötigt sehr viel mehr Verbissenheit — ein Satz lässt sich kaum in vier Stunden beweisen, und für eine wichtige Frage kann der kleinste Fortschritt schon Jahre dauern. Auf der anderen Seite betreibt man Mathematik heutzutage eher gemeinsam, und die Arbeit mit anderen kann eine sehr lohnende Erfahrung sein.

Nicht nur die Lösungen, auch die Aufgaben selber unterscheiden sich ein wenig. So passen die drei bei der Internationalen Mathematikolympiade (IMO) gestellten Aufgaben immer auf ein Blatt Papier, was sich über die meisten offenen Probleme der Mathematik nicht sagen lässt. Glücklicherweise gibt es auch genau so prägnant formulierte Ausnahmen, und an diesen beißen sich Mathematiker am liebsten die Zähne aus — oft bilden sie eine Art Katalysator und lenken unsere Aufmerksamkeit auf ein bestimmtes Gebiet. Die Motivation hinter den Aufgaben ist auch unterschiedlich. Zwar werden viele Forschungsprobleme (wie auch die meisten IMO-Aufgaben) nur für die innere Schönheit der Mathematik gestellt, es gibt jedoch auch viele, die aus der Physik oder praktischen Anwendungen stammen, und in diesen Fällen sind die Ziele, die man sich setzt, meist anders.

Sind Fragen aus der Forschung also wirklich so anders als IMO-Aufgaben? Ich würde sagen, dass es mehr Gemeinsamkeiten als Unterschiede gibt, und dass Mathematiker sich wie Wettbewerbsteilnehmer an schönen Aufgaben, eleganten Lösungen und der Arbeit an einem Problem erfreuen.

Um die Gemeinsamkeiten wie auch die Unterschiede aufzuzeigen, beschreibe ich nun Probleme, die ich über die Jahre kennengelernt habe und die man sowohl als IMO-Aufgaben als auch als Forschungsprobleme ansehen kann (wobei jedoch jeweils andere Aspekte in den Vordergrund treten würden). Obwohl sie aus verschiedenen Bereichen der Mathematik kommen, dreht es sich stets um auf einem Graphen verteilte Zahlen (oder Farben).

2 Das Fünfeckspiel

Das Fünfeckspiel ist eine der einprägsamsten Aufgaben, die ich in meiner Olympiadezeit löste. Es wurde vom Deutschen Elias Wegert vorgeschlagen:

---

27. Internationale Mathematikolympiade
Warschau, Polen
Tag I
9. Juli 1986

Aufgabe 3. Den Eckpunkten eines regelmäßigen Fünfecks ist je eine ganze Zahl so zugeordnet, dass die Summe dieser fünf Zahlen positiv ist. Sind X, Y bzw. Z drei aufeinander folgende der fünf Punkte und x, y bzw. z die ihnen zugeordneten Zahlen, wobei $y < 0$ ist, so ist folgende Operation erlaubt: Die Zahlen x, y bzw. z werden in dieser Reihenfolge durch $x+y$, $-y$ bzw. $z+y$ ersetzt. Diese Operation wird so oft wiederholt, wie sich ein $y < 0$ findet. Man entscheide, ob man dabei stets nach endlich vielen Schritten abbrechen muss.

Ich war einer der anwesenden Schüler, und diese Aufgabe war sehr schön zu knacken — vielleicht die schwerste bei dieser IMO. Der offensichtliche Ansatz für solch ein Problem ist es, eine Funktion von der Menge der Konfigurationen in die natürlichen Zahlen zu finden, deren Wert bei jeder Ersetzung abnimmt. In der Tat fanden die Teilnehmer zwei solche Halbinvarianten, und da man eine natürliche Zahl nicht beliebig oft verkleinern kann, muss der Vorgang notwendigerweise irgendwann zu Ende sein.

Dies ist ein klassisches *kombinatorisches* Problem, und ein Olympionike wird sicher schon ein paar ähnliche gesehen haben. Interessant ist hierbei, dass seine Entstehungsgeschichte eher an ein Problem der Forschung erinnert. Es entstand aus einer Frage, die in der Untersuchung partieller Spiegelungen von Polygonen auftauchte. Also war das ursprüngliche Feld, *Geometrie*, auf den ersten Blick ein vollkommen anderes.

Die kombinatorische Struktur dieses Spiels ist für sich selbst interessant, und aus ihrer Untersuchung auf anderen Graphen hätte man noch einige IMO-Aufgaben und vielleicht eine Forschungsarbeit stricken können. Aber es stellte sich heraus, dass das Problem auch in Verbindung mit algebraischen Fragestellungen auftaucht, wodurch es sehr viel interessanter für die mathematische Forschung wurde. Zu meinem Erstaunen saß ich zwanzig Jahre nach dieser IMO in einem Vortrag, der vom Fünfeckspiel ausging. Der Vortragende war Qëndrim Gashi, der eine Version des Spiels von Shahar Mozes für den Beweis der *algebraischen* Kottwitz-Rapoport-Vermutung benutzte. Varianten des Fünfeckspiels haben bis jetzt zu mehr als einem Dutzend Forschungsarbeiten geführt — nicht schlecht für eine IMO-Aufgabe!

Diese unerwarteten Verbindungen zwischen verschiedenen Feldern und einfachen und komplizierten Themen machen das Leben als forschender Mathematiker so schön. Leider werden sie in der IMO selbst oft nicht bemerkt.

3 Das Spiel des Lebens

Viele ähnliche Spiele mit Zahlen ergeben noch weiter reichende Verbindungen, die sogar aus der Mathematik heraus reichen können.

Wahrscheinlich ist das beste Beispiel John Conways *Spiel des Lebens*. Dieses ist eins von sehr vielen Spielen, die „zelluläre Automaten" genannt werden und zuerst von John von Neumann und Stanisław Ulam eingeführt wurden. In solchen Spielen ist der Graph ein regelmäßiges Gitter, es gibt nur endlich viele Zahlen (oder Zustände), und in einer Operation ersetzt man *gleichzeitig* alle Zahlen nach einer bestimmten Regel in Abhängigkeit von ihren Nachbarn.

Für das Spiel des Lebens benutzt man ein quadratisches Gitter, und die Zellen (Quadrate) können zwei Zustände haben: 1 oder 0. In einer Operation ändert man den Zustand aller Zellen nach einer einfachen Regel, die vom Zustand der acht Nachbarn abhängt (Nachbarn sind Quadrate, die sich an einer Kante oder einer Ecke berühren). Die Regel wird normalerweise für lebende (Zustand 1) und tote Zellen (Zustand 0) formuliert:

- Eine lebende Zelle mit 2 oder 3 lebenden Nachbarn bleibt am Leben,
- eine lebende Zelle mit < 2 lebenden Nachbarn stirbt an Einsamkeit,
- eine lebende Zelle mit > 3 lebenden Nachbarn stirbt an Überbevölkerung,
- eine tote Zelle mit 3 lebenden Nachbarn wird zum Leben erweckt,
- eine tote Zelle mit $\neq 3$ lebenden Nachbarn bleibt tot.

Obwohl diese Regel sehr einfach ist, erzeugt sie recht komplizierte Strukturen. Neben invarianten Konfigurationen (z. B. ein 2×2-Quadrat lebender Zellen) und solchen, die periodisch oszillieren (z. B. ein 1×3-Rechteck lebender Zellen) gibt es auch Konfigurationen, die sich nichttrivial verhalten. So bewegt sich der „Gleiter" etwa in vier Operationen einen Schritt nach Südosten, und „Bill Gospers Kanone" schießt alle dreißig Operationen einen neuen Gleiter ab. Mit solchen Mustern kann das Spiel des Lebens sogar einen Computer simulieren, auch wenn die benötigten Konfigurationen schnell unhandlich und kompliziert werden. Außerdem werden chaotische Ausgangskonfigurationen oft in komplexe Muster mit einer gewissen Struktur überführt, was das Spiel für Wissenschaftler in anderen Disziplinen von Philosophie bis Ökonomie interessant macht.

Das Spiel des Lebens wurde von Martin Gardner weit über die Grenzen der Mathematik hinaus bekannt gemacht, und man kann heutzutage leicht Informationen und sogar interaktive Modelle dazu im Internet finden (so kann man sich etwa auf `http://www.bitstorm.org/gameoflife` das Spiel des Lebens in „Echtzeit" anschauen, ein lehrreicher wie amüsanter Zeitvertreib). Auch

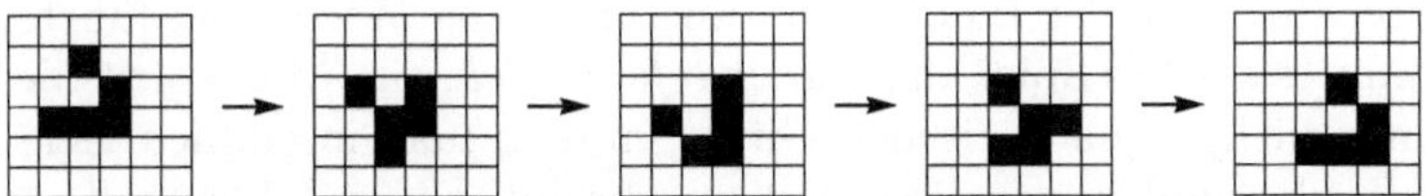

Abb. 1. Ein Gleiter: Alle vier Schritte bewegt er sich einen Schritt nach Südosten. Lebende Zellen sind schwarz, tote weiß.

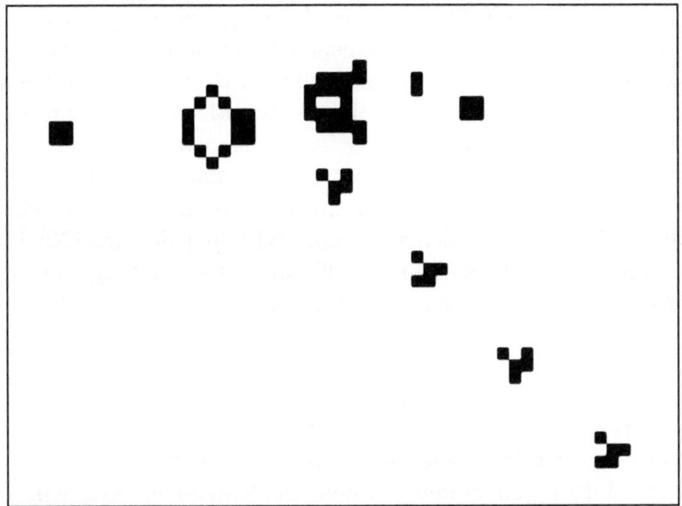

Abb. 2. Gospers Gleiterkanone: sie schießt alle dreißig Operationen einen Gleiter ab. Es gibt auch Konfigurationen, die Gleiter spiegeln, drehen oder zerstören. Zusammen kann man aus ihnen sehr komplizierte Strukturen und sogar einen Computer bauen.

aus diesem Spiel könnte man viele IMO-Aufgaben und Forschungsprobleme ableiten, und es gibt noch viele weitere interessante zelluläre Automaten.

4 Das Sandhaufenmodell

Man mag annehmen, dass man zur Modellierung weiterer Phänomenen eine gewisse Zufälligkeit erlauben muss, so dass die Entwicklung nicht mehr eindeutig durch den Ausgangszustand bestimmt ist. Man weiß in der Tat schon lange, dass man selbst für einfache Spiele durch die Einführung einer Zufallskomponente (grob gesagt nehmen wir zwei oder mehr Regeln und entscheiden an jedem Knoten durch Münzwurf, welche wir anwenden) genaue Modelle für Phasenübergänge erhält — von ferromagnetischen Werkstoffen bis zur Verbreitung von Epidemien. Überraschenderweise konnte man solche Vorgänge jedoch auch in normalen deterministischen Spielen entdecken.

Die drei Physiker Per Bak, Chao Tang und Kurt Wiesenfeld führten 1987 ein berühmtes solches Spiel, das *Sandhaufenmodell*, ein. Man spielt dieses auf einem unendlichen quadratischen Gitter, in dem man in endlich viele Zellen positive Zahlen und in den Rest Nullen schreibt. Diese Zahlen soll man sich als die Höhe des Sandhaufens in einer Zelle vorstellen. (Man kann auch auf einem endlichen Gebiet spielen, braucht dann aber eine "Grube": Alle dort hineinfallenden Sandkörner verschwinden.)

Im Originalmodell änderte man alle Zellen gleichzeitig. In der von uns angegebenen Modifikation, die von Deepak Dhar stammt, wendet man wie im Fünfeckspiel die gleiche Regel immer nur auf eine Zelle auf einmal an. Die Operation ist jedoch leicht anders: Während wir im Fünfeckspiel von einem Knoten mit Wert y den Betrag $2y$ abzogen und ihn gleichmäßig auf die Nachbarn aufteilten, ziehen wir hier 4 ab. Genauer gesagt gehen wir wie folgt vor: Ist eine Zelle mit h Körnern zu hoch (d. h. $h \geq 4$), so fällt sie um und verteilt vier ihrer Sandkörner. Je eins fällt in jede ihrer Nachbarzellen (also in die Zellen, die eine gemeinsame Kante mit ihr haben), die h_1, h_2, h_3, und h_4 Körner enthalten mögen. Die Operation schreibt sich also als

$$h \;\rightarrow\; h - 4 \,,$$
$$h_j \;\rightarrow\; h_j + 1 \,.$$

Wie im Fünfeckspiel führen wir diese Operation so lange aus, wie wir eine Zelle mit $h \geq 4$ Körnern finden können. Schließlich müssen wir auch hier aufhören, wenn wir eine stabile Konfiguration erreichen, in der alle Haufen $h \leq 3$ erfüllen. Es lässt sich zeigen, dass dies stets nach endlicher Zeit der Fall ist. Die Folge von Operationen, die auf diese Weise zu einem stabilen Zustand führt, heißt *Lawine*.

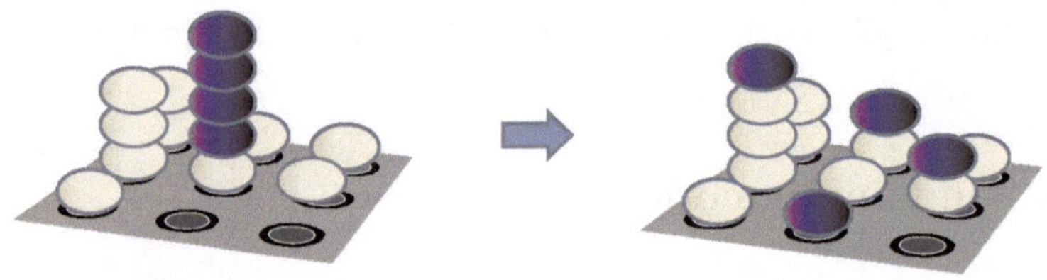

Abb. 3. Ein Haufen von fünf Körnern fällt um, und je ein Sandkorn fällt auf jeden Nachbarn. Hierdurch entsteht ein neuer Haufen mit vier Körnern, den wir nun umwerfen können. (Im Bild zeigen wir einen 3×3-Ausschnitt des unendlichen quadratischen Gitters.)

Um mit dem Sandhaufenmodell arbeiten zu können, muss man erst eine Variante der Aufgabe aus der IMO 1986 lösen:

Zeige, dass eine Lawine stets nach endlich vielen Operationen endet.

Oft gibt es mehr als einen hohen Haufen, so dass wir den umzuwerfenden auswählen können. Es stellt sich aber (im Gegensatz zum Fünfeckspiel) heraus:

Der Zustand am Ende einer Lawine hängt nicht von der Reihenfolge der Operationen ab.

Kannst du diese zwei Aussagen beweisen? Sie sind nicht nur nützliche Resultate für Forschungsarbeiten, sondern auch schöne Kandidaten für eine IMO-Aufgabe.

Abb. 4. In das mittlere Quadrat wurden 50 000 Sandkörner gelegt, wodurch sich eine Lawine ergab. Dies ist das Ergebnis, wobei die Farben (weiß, gelb, orange, rot) für die Höhen (0, 1, 2 oder 3) der Zellen stehen. Die Form ist fast ein Kreis. Sieht sie zunehmend wie ein Kreis aus, wenn wir immer weitere Körner hinzufügen?

Laut Physikern (vor denen wir großen Respekt haben — Mathematik und Physik haben sich gegenseitig stets bereichert) stellen sich erst hier die wirklich interessanten Fragen. Ist eine Lawine zur Ruhe gekommen, können wir in einer festen Mittelzelle (oder einem zufälligen Platz) ein weiteres Sandkorn

Abb. 5. Eine Lawine, die von einem (nicht in der Mitte) hinzugefügten Sandkorn im 50 000-Körner-Haufen in Abbildung 4 ausgelöst wird. Die hervorgehobenen Zellen sind umgeworfen worden; die anderen sind blass gefärbt. Was ist die durchschnittliche Größe einer solchen Lawine?

hinzufügen. Dies führt zu einer neuen Lawine. Dann fügen wir ein weiteres Sandkorn hinzu, und so weiter.

Zur Zeit des Erscheinens der ersten Sandhaufenarbeit hatten Physiker Schwierigkeiten, zwei natürlich auftretende Phänomene, "1/f-Rauschen" und das Auftreten räumlicher fraktaler Strukturen zu verstehen. Beide Erscheinungen begegnen uns im täglichen Leben: Das 1/f-Rauschen (so genannt, da seine Leistung invers proportional zur Frequenz ist) kommt etwa in so verschiedenen Bereichen wie den Störgeräuschen in einer Stereoanlage, menschlichen Herzschlägen oder Aktienmarktschwankungen vor. Und in Wolken, Blutgefäßsystemen und Bergketten erkennt man auf den ersten Blick chaotische, aber selbstähnliche fraktale Strukturen (so genannt, da sie sich wie Räume von gebrochener Dimension verhalten). Ausgehend von physikalischen Beobachtungen kann man sich nun fragen, was in einem Haufen von insgesamt N Körnern der Durchmesser (Größe), die Länge (Anzahl der fallenden Sandkörner) oder die Form einer durchschnittlichen Lawine ist.

Durch Computerexperimente finden wir beide Erscheinungen im Sandhaufenmodell wieder: Körner zu einer stabilen Konfiguration hinzuzufügen, ergibt eine Lawine fraktaler Form, deren Größenverteilung mit $1/f$-Rauschen zusammenhängt. Außerdem ändert ein weiteres Sandkorn entweder wenig oder lässt fast den gesamten Haufen in einer Lawine zusammenstürzen. Dies ist das charakteristische Verhalten von physikalischen Systemen an „kritischen Punkten", wie Flüssigkeit an ihrer Gefriertemperatur, für die eine kleine Veränderung (ein leichtes Temperaturgefälle oder Hinzufügen eines kleinen Kristalls) das Einfrieren auslöst. Das Sandhaufenmodell bringt sich jedoch von selbst an den kritischen Punkt, während sich die meisten physikalischen Systeme nur schwer im kritischen Zustand halten lassen. Obwohl es so leicht zu formulieren ist, stellte es eines der ersten mathematischen Beispiele für die von Physikern so genannte „selbstorganisierte Kritikalität" dar.

Trotz umfassender Computersimulationen, die uns überwältigende Anhaltspunkte liefern, und einer enormen Literatur bleiben die meisten dieser Fragen auch nach 20 Jahren ungelöst, aber Mathematiker arbeiten schließlich auch länger als viereinhalb Stunden! Außerdem ist nicht klar, ob diese Fragen wirklich eine hübsche (geschweige denn beweisbare) Antwort haben, und da die ursprüngliche Motivation nicht aus der Mathematik kommt, würde man sie in der IMO wohl kaum stellen können.

Obwohl das Sandhaufenmodell seinen Ursprung in der Physik hat, hat seine Einfachheit und Schönheit Mathematiker zu einigen mathematischen Vermutungen verleitet. Einige geometrische Fragen wären schöne IMO-Aufgaben, wenn es nur hübsche Lösungen gäbe. So können wir etwa den Haufen vergrößern, indem wir im Ursprung Teilchen hinzufügen. Sieht dieser wir ein Kreis aus, wie Abbildung 4 nahelegt? Anscheinend nicht — nach einer Weile scheint er Seiten zu entwickeln. Was ist also seine Form? Lassen sich die auftauchenden verschlungenen Muster beschreiben? Trotz viel Arbeit an diesen Themen wissen wir dies immer noch nicht.

5 Kreuzungsfreie Wanderung

Dieser Beitrag fing mit einem Problem an, das ich bei der IMO 1986 löste. Daher scheint es passend, ihn mit einem Problem zu beenden, das ich im Moment zu lösen versuche. In der letzten Zeit arbeitete ich hauptsächlich an einer großen Gruppe von Fragen über Systeme im Phasenübergang, und auch diese lassen sich als Spiele auf einem Gitter formulieren. Das berühmteste Beispiel ist wohl das Ising-Modell, das sich auf magnetisierte Metalle sowie auf Neuronenaktivität im Gehirn anwenden lässt. Es lässt sich ähnlich wie das Spiel des Lebens formulieren: Wieder kann jede Zelle eines quadratischen Gitters einen von zwei Zuständen ($+$ und $-$ für Magneten, aktiv und passiv für Neuronen) haben. Wieder zählt man während einer Operation die Anzahl der Nachbarn im Zustand $+$, aber diesmal bestimmt man das Ergebnis durch einen Münzwurf. Die Münze ist nicht fair, sondern hat eine gewisse Vorliebe für ein Ergebnis, so dass die Zelle mit größerer Wahrscheinlichkeit den selben Zustand wie die Mehrzahl ihrer Nachbarn einnimmt.

Erhöht man diese Vorliebe schrittweise, so durchläuft der allgemeine Zustand interessanterweise einen Phasenübergang vom chaotischen zum geordneten Zustand (in dem die meisten Zellen im selben Zustand sind). Man kann das Modell auch durch einen deterministischen Prozess beschreiben, für den man nur den Ausgangszustand zufällig wählt.

Es gibt viele Probleme der gleichen Art, und ich werde nun eins der am einfachsten zu formulierenden beschreiben. Man muss nicht einmal ein Spiel definieren — es reicht Zustände auf einem Gitter zu zählen. Außerdem stellt es sich als erfolgreiche Interaktion von Chemie, Physik und Mathematik heraus!

In den 1940er Jahren fragte Paul Flory, ein Chemienobelpreisträger, wie ein Polymer im Raum ausgerichtet ist. Er schlug vor, Polymerketten durch gebrochene auf einem Gitter gezeichnete Linien, die sich nicht selbst schneiden, zu modellieren (da ein Molekül sich offensichtlich nicht selbst überlagern kann). Äquivalent kann man sich eine Person vorstellen, die so über das Gitter läuft, dass sie keinen Knoten zweimal besucht. Dies heißt *kreuzungsfreie Wanderung*. Jede Bewegung aus n Schritten modelliert dann eine mögliche Position einer Kette der Länge n.

Nun ist die Grundfrage, wie eine allgemeine Kette aussieht, aber um diese beschreiben zu können, muss man zunächst das folgende Problem lösen:

> *Wie viele kreuzungsfreie, vom Ursprung ausgehende Wanderungen der Länge n gibt es auf einem bestimmten Gitter?*

Diese Zahl sei $C(n)$; hierbei unterscheiden wir Bewegungen, die Rotationen voneinander sind. Sie hängt vom Gitter ab, und im Allgemeinen erwarten wir keine schöne Formel (obwohl sie gegen alle Erwartungen existieren kann — manchmal gibt es Wunder). Man fragt sich daher nur, wie schnell diese Zahl in Abhängigkeit von n wächst. In der IMO könnte man nun fragen:

> *Zeige, dass es eine Konstante μ gibt, so dass die Anzahl kreuzungsfreier Wanderungen $C(n) \approx \mu^n$ für $n \to \infty$ erfüllt.*

Hierbei bedeutet $\approx$, dass die Größe $\sqrt[n]{C(n)}$ für hinreichend große n beliebig nah bei μ ist. Diese Aufgabe ist nicht schwer und folgt aus der Feststellung, dass eine kreuzungsfreie Wanderung der Länge $n + m$ in zwei der Länge n bzw. m zerschnitten werden kann. Die ersten n Schritte ergeben nämlich eine (vom Ursprung ausgehenden) kreuzungsfreie Wanderung, während die letzten m Schritte eine vom Ende des n-ten Schrittes ausgehenden ergeben (die man so verschieben kann, dass sie im Ursprung startet). Also $C(n + m) \leq C(n) \cdot C(m)$.

Kleben wir andererseits zwei kreuzungsfreie Wanderungen der Längen n und m zusammen, so kann die entstehende Wanderung der Länge $n + m$ sich

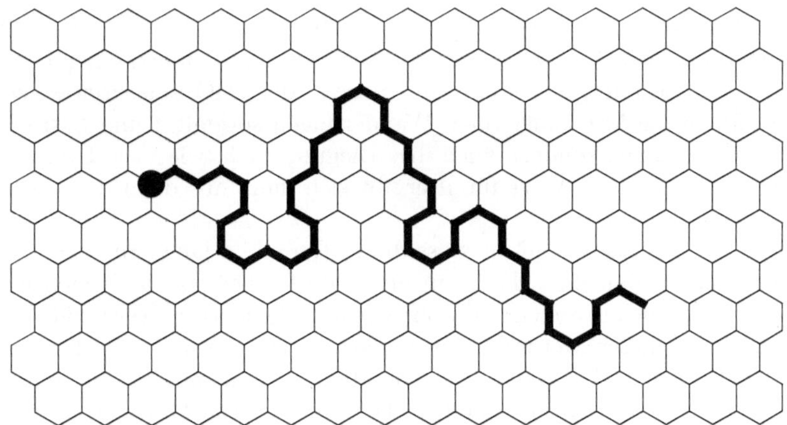

Abb. 6. Eine kreuzungsfreie Wanderung auf einem hexagonalen Gitter. Vom Ursprung aus laufen wir entlang der Kanten, ohne einen Knoten mehr als einmal zu berühren. Wie viele solcher Bewegungen der Länge n gibt es?

durchaus selbst kreuzen, weshalb im Allgemeinen keine Gleichheit gilt. Daher ist es schwer, $C(n)$ zu bestimmen.

Die Zahl μ heißt *konnektive Konstante* und hat einige wichtige Anwendungen, weshalb es in der Tat wichtig ist, sie zu bestimmen. Die Konstante μ hängt vom Gitter ab, wie man durch Vergleich ihrer Werte für das ebene hexagonale und quadratische Gitter sieht. So könnte man in der IMO etwa die Aufgabe

$$\mu_{\text{hex}} < 2 < \mu_{\text{Quadrat}}$$

stellen. Die Ungleichungen „$\leq$" sind einfach, aber kannst du „$<$" zeigen?

Trotz einiger Abschätzungen verging eine ganze Weile, bevor es auch nur Vermutungen für den echten Wert gab. Der Physiker Bernard Nienhuis fand 1982 einen heuristischen Wert für μ beim zweidimensionalen hexagonalen Gitter, wie wir es in Abbildung 6 sahen. Seine Argumente legten auf überzeugende Weise

$$C(n) \approx \left(\sqrt{2 + \sqrt{2}}\right)^n$$

nahe und lieferten sogar, mit größerer Genauigkeit, für jedes $\varepsilon > 0$

$$\left(\sqrt{2 + \sqrt{2}}\right)^n n^{\frac{11}{32} - \varepsilon} < C(n) < \left(\sqrt{2 + \sqrt{2}}\right)^n n^{\frac{11}{32} + \varepsilon}$$

für große n. So schön und inspirierend seine Argumentation auch war, sie war nicht mathematisch stichhaltig (und hätte ihm in einer Mathematikolympiade keine volle Punktzahl eingebracht).

Erst 20 Jahre später konnte dies mathematisch bestätigt werden. Nur zwei Monate, nachdem ich über dieses Thema beim Jubiläum der IMO in Bremen einen Vortrag hielt, zeigte ich mit Hugo Duminil-Copin, dass für das hexagonale Gitter wirklich $\mu = \sqrt{2 + \sqrt{2}}$ gilt. Der Beweis ist überraschenderweise elementar und so kurz, dass man ihn während der IMO aufschreiben könnte! Wir zählen die kreuzungsfreien Wanderungen sorgfältig und betrachten nicht nur ihre Länge, sondern auch ihre Biegung (d. h. wie viele Umdrehungen sie vollziehen). Der Wert für μ ergibt sich dann aus der Häufigkeit der Abbiegungen als $2\cos(\pi/8)$.

Sollten wir uns also wundern, dass dieser Beweis so lange auf sich warten ließ, und könnte man diese Frage in der IMO stellen? Beide Fragen lassen sich mit "Nein" beantworten: Obwohl wir auf elementare Weise zählen, ist die Entdeckung dieser Methode alles andere als einfach und erfordert neben Mathematik auch viel Physik. Und wie steht es nun mit 11/32? Wir sind wahrscheinlich näher denn je an einem Durchbruch. Die Mathematiker Greg Lawler, Oded Schramm und Wendelin Werner haben erklärt, wo diese Zahl herkommt, und zusammen mit unseren Ergebnissen könnte dies einen Beweis ergeben. Doch auf diesen werden wir noch Monate oder Jahre warten müssen, und er wird wohl nicht elementar sein — überraschenderweise taucht 11/32 aus viel komplizierteren Gründen als $2\cos(\pi/8)$ auf!

6 Zusammenfassung

Ganz egal, welchen Pfad du später im Leben einschlagen wirst, werden die bei der IMO gewonnenen Fähigkeiten im Problemlösen nützlich sein. Aber besonders Mathematiker profitieren von ihnen, und obgleich Forschung in Mathematik nicht nur aus dem Lösen von Aufgaben besteht, sind die meisten anderen Aspekte auch interessant. Im Moment ist die Mathematik dank schöner Fragestellungen und überraschender Verbindungen zwischen verschiedenen Zweigen und zu anderen Disziplinen spannender denn je. Für den mathematischen Fortschritt spielt Teamarbeit eine entscheidende Rolle, und das Fach ist so international wie die IMOs — schon allein die in diesem kurzen Beitrag erwähnten Forscher kommen aus über zehn verschiedenen Ländern. Ich hoffe, dass viele unserer Leser später Mathematiker werden und sich unsere Wanderungen dann wieder kreuzen.

Literaturverzeichnis

Ich habe versucht, unter den Büchern über die in diesem Beitrag angesprochenen Themen diejenigen auszusuchen, die einerseits für forschende Mathematiker interessant, andererseits so gut geschrieben sind, dass auch motivierte Schüler sie verstehen können. Übrigens sind unter den im Beitrag erwähnten Mathematikern drei Autoren der folgenden Bücher.

Es gibt viele Bücher über mathematisches Problemlösen, und von ihnen lassen sich einige sowohl in Wettbewerben als auch in der Forschung anwenden. Hier nenne ich nur zwei (obwohl ich noch viele weitere mag).

[1] George Pólya, *How to Solve It.* Princeton University Press, Princeton/NJ, 1945. Deutsche Übersetzung: *Von Lösen mathematischer Probleme*, 4. Auflage. Francke Verlag, Tübingen 1995.

Dies ist wohl gleichzeitig eines der ersten und eines der bedeutendsten Bücher über mathematisches Problemlösen. Bis heute bleibt es ein zeitloser Klassiker.

[2] Paul Halmos, *Problems for Mathematicians, Young and Old.* The Dolciani Mathematical Expositions, The Mathematical Association of America, Washington/DC, 1991.

Von diesem Autor gibt es noch weitere Bücher über Probleme in der Forschungsmathematik. Dieses ist am einfachsten zugänglich; viele Probleme sind gerade an der Grenze zwischen IMO und Forschung.

Von den vielen Bestsellern über Spiele haben nur wenige mit unserer Definition zu tun: Für uns geht es um Ein-Personen-Spiele ohne Zufall, für die der gesamte Verlauf durch den Anfangszustand festgelegt ist. Trotzdem gibt es einige sehr gute Bücher.

[3] Elwyn R. Berlekamp, John H. Conway und Richard K. Guy, *Winning Ways for Your Mathematical Plays. Second edition.* A K Peters, Wellesley/MA, 2004. Deutsche Übersetzung: *Gewinnen – Strategien für mathematische Spiele*, 4 Bände. Vieweg Verlag 1985/86.

Dieses (sehr quirlige) vierbändige Buch beschreibt Theorie und Beispiele zufallsloser Spiele für eine oder mehrere Personen. Das letzte Kapitel geht über das Spiel des Lebens (das von einem der Autoren erfunden wurde).

[4] Joel L. Schiff, *Cellular Automata: A Discrete View of the World.* Wiley-Interscience Series in Discrete Mathematics & Optimization, Wiley-Interscience, Hoboken/NJ, 2008.

Wahrscheinlich die beste Einführung in das Gebiet der zellulären Automaten. Es werden unter anderem das Spiel des Lebens, das Sandhaufen- und das Isingmodell betrachtet. Obwohl auch Schüler einen Zugang finden können, ist es auch für forschende Mathematiker interessant.

Genauso gibt es viele populärwissenschaftliche Bücher über physikalische Phänomene, auch wenn viele sich eher auf die physikalischen Aspekte konzentrieren.

[5] Gregory F. Lawler und Lester N. Coyle, *Lectures on Contemporary Probability.* Student Mathematical Library, Vol. 2, The American Mathematical Society, 1999.

Eine kurze Sammlung von Vorlesungen über Wahrscheinlichkeit, die nur wenig voraussetzen. Sehr moderne Forschungsthemen wie die sich nicht selbst kreuzende Zufallsbewegung oder das Mischen von Karten werden betrachtet.

[6] Alexei L. Efros, *Physics and Geometry of Disorder: Percolation Theory.* Science for Everyone, Mir Publishers, Moscow, 1986.

Eine Einführung in die mathematische Untersuchung von Phasenübergängen durch zufällige Gitterfärbungen. Das Buch ist sehr schön geschrieben und wendet sich ausdrücklich an Schüler.

45 Jahre Graphentheorie

László Lovász

Zusammenfassung Als ich zwischen 1963 und 1966 an der IMO teilnahm, gab es keine Aufgaben aus der Graphentheorie. Heutzutage tauchen sie hingegen recht häufig auf. Woran liegt das? Welche Rolle spielt Graphentheorie in der heutigen Mathematik? Zur Beantwortung dieser Fragen will ich ein paar der vielen Verbindungen zwischen Graphentheorie und anderen Bereichen der Mathematik vorstellen, die ich selber gefunden habe.

1 Einleitung

Graphentheorie ist kein neues Thema. Im Jahr 1736 erzielte Leonhard Euler, einer der größten Mathematiker aller Zeiten, mit der Lösung des Königsberger Brückenproblems das erste graphentheoretische Ergebnis.

Alles fing mit einem Rätsel an, über das sich die Königsberger Bürger in ihrer Freizeit die Köpfe zerbrachen. Die Stadt wird von dem Fluss Pregel in vier Bezirke geteilt (siehe Abbildung 1), die von sieben Brücken verbunden werden. Es stellte sich nun die Frage: *Kann man so durch die Stadt gehen, dass man jede Brücke genau ein Mal überquert?*

Euler bewies, dass ein solcher Spaziergang unmöglich ist. Dazu stellen wir jeden Bezirk durch einen Knoten dar und zeichnen für jede Brücke eine die entsprechenden Bezirke verbindende Kante ein. Wir erhalten den kleinen Graphen auf der rechten Seite von Abbildung 1. Eulers Beweis (der einfach und so bekannt ist, dass man ihn hier nicht nochmals angeben muss) untersucht nun in der Sprache der Graphentheorie die Grade der Knoten (also die Anzahl der Kanten, die an jedem Knoten enden).

László Lovász
Institute of Mathematics, Eötvös Loránd University, H-1117 Budapest, Hungary.
E-mail: `lovasz@cs.elte.hu`

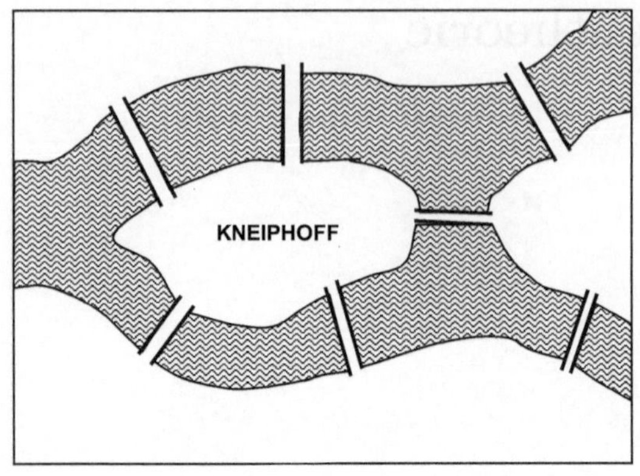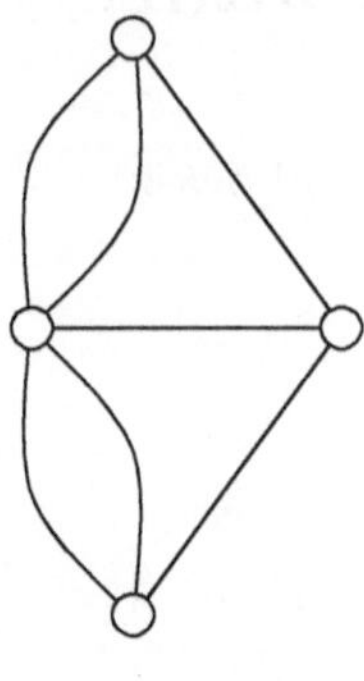

Abb. 1. Die Königsberger Brücken zu Eulers Zeiten, und der sie modellierende Graph.

Im neunzehnten Jahrhundert wurden, oft im Zusammenhang mit elektrischen Netzwerken, viele wichtige graphentheoretische Ergebnisse bewiesen. Trotzdem hätte niemand Graphentheorie als eigenständiges Teilgebiet der Mathematik bezeichnet, bis Dénes König 1936 das erste Buch über Graphentheorie, *Theorie der endlichen und unendlichen Graphen*, veröffentlichte.

König lehrte in Budapest und hatte zwei sehr bekannte Schüler, Paul Erdős und Tibor Gallai. Auch viele andere ungarische Mathematiker dieser Generation interessierten sich für Graphentheorie und bewiesen Resultate, die heutzutage als grundlegend angesehen werden. Zwei Beispiele hierfür sind Turán und Hajós.

Ich selbst entdeckte die Graphentheorie, und mit ihr die mathematische Forschung, recht früh in meinem Leben. Mein Klassenkamerad und Freund Lajos Pósa traf Erdős, als er noch recht jung war. Erdős gab ihm graphentheoretische Aufgaben, die er lösen sollte, und Pósa war erfolgreich. Als er ins Gymnasium kam, schrieb er eine Arbeit mit Erdős zusammen und anschließend noch einige weitere alleine. Später stellte er mir bei einem Treffen andere Aufgaben von Erdős, und da ich ein oder zwei lösen konnte, wurde ich Erdős vorgestellt. Dieser gab mir ungelöste Probleme, und anschließend dachte ich mir selber ein paar aus, und seitdem habe ich mich mein ganzes Leben mit Graphentheorie beschäftigt.

Die meisten Leser werden den Namen Erdős schon gehört haben. Er war nicht nur einer der größten Mathematiker des zwanzigsten Jahrhunderts, sondern auch ein besonderer Mensch, der weder Haus noch Eigentum (die ihn von der Mathematik hätten ablenken können) haben wollte und ständig reiste. Zu allen Zeiten war er von einer großen Gruppe junger Leute umgeben, denen er von den neuen Problemen, Forschungsideen und Ergebnissen berichtete, die er auf seinen Reisen kennengelernt hatte.

Gallai war das komplette Gegenteil — ein sehr ruhiger und schüchterner Mensch, der lieber lange Unterhaltungen unter vier Augen führte. In meiner

Studentenzeit besuchte ich ihn oft, und hierdurch lernte ich viel über Graphentheorie und über die Richtungen, in die sie sich weiterentwickeln könnte.

Zu dieser Zeit galt Graphentheorie noch nicht als „echte" Mathematik, sondern wurde vielmehr als „Unterhaltungsmathematik" angesehen, und ältere Mathematiker rieten mir oft, lieber etwas Ernsthafteres zu machen. Seitdem habe ich auch in anderen mathematischen Bereichen gearbeitet (Algorithmen, Geometrie und Optimierung), aber letztendlich drehte es sich immer um irgendein graphentheoretisches Problem.

Die Umstände haben sich geändert. Im Laufe der letzten Jahre ist Graphentheorie wichtig geworden, sowohl aufgrund ihrer Anwendungen als auch aufgrund der engen Verbindungen zu anderen Teilen der Mathematik. Ich möchte nun einige der hierfür benötigten Entwicklungen beschreiben.

2 Diskrete Optimierung

Ich schrieb meine Doktorarbeit bei Gallai über Faktoren von Graphen (die man heutzutage „Matchings" nennt). Die grundlegende Frage lautet: *Können wir in einem gegebenen Graphen die Knoten so in Paare aufteilen, dass jedes Paar durch eine Kante verbunden ist?* (Eine solche Paarung heißt *perfektes Matching*.) Was ist allgemeiner die größte Anzahl von Kanten, die paarweise disjunkt sind (also keine gemeinsamen Enden haben)? Hierbei bilden bipartite Graphen einen Spezialfall, d. h. solche, in denen die Knoten in zwei Klassen geteilt sind und Kanten stets Knoten verschiedener Klassen verbinden. Für sie bewies König im Jahre 1931: *Die Maximalanzahl paarweise disjunkter Kanten in einem bipartiten Graph ist die Minimalanzahl der Knoten, so dass jede Kante an mindestens einem der Knoten endet.* Einige Jahre zuvor, im Jahre 1914, bewies König den folgenden verwandten Satz über bipartite Graphen: *Die Minimalanzahl von Farben, die benötigt werden, um die Kanten eines Graphen so zu färben, dass Kanten mit einem gemeinsamen Ende verschieden gefärbt sind, ist der maximale Grad seiner Knoten.*

Tutte konnte diese Charakterisierung von bipartiten Graphen, die perfekte Matchings zulassen, auf alle Graphen ausweiten (die Bedingung ist zwar schön, aber ein wenig zu kompliziert, um hier angegeben zu werden). Viele andere Matchingprobleme blieben allerdings ungelöst (weshalb ich über die Lösungen einiger von ihnen meine Doktorarbeit schreiben konnte), und die Matchingtheorie liefert immer noch viele schwere, wenn auch nicht unlösbare graphentheoretische Probleme.

In den 1920er Jahren untersuchte der österreichische Mathematiker Menger die folgende Frage: *Gegeben seien ein Graph und zwei seiner Knoten s und t. Was ist die maximale Anzahl paarweise disjunkter Wege von s nach t (also solcher, die bis auf die gemeinsamen Enden s und t disjunkt sind)?* Er zeigte, dass diese Zahl die minimale Anzahl von (von s und t verschiedenen) Knoten ist, deren Entfernung alle Wege von s und t zerstören würde. Dies ist zwar eine sehr nützliche Identität, doch Mengers Beweis gibt uns kein Mittel, diesen Wert wirklich auszurechnen. In der Tat dauerte es noch dreißig Jahre, bis die amerikanischen Mathematiker Ford und Fulkerson einen effizienten Algorithmus für die Bestimmung einer maximalen Familie paarweise disjunkter *s-t*-Wege in einem Graphen angeben konnten. Hierfür definierten sie *Flüsse* in *Netzwerken*, die viele weitere Anwendungen gefunden haben.

Das Matching- und Disjunkte-Wege-Problem sind nur zwei Optimierungsprobleme, die sich recht stark von den in der Analysis auftauchenden unterscheiden. Es gibt viele andere graphentheoretische Optimierungsprobleme, von denen einige, wie etwa das Problem des Handlungsreisenden, weit über die Grenzen des Gebiets heraus bekannt sind. In einem typischen Optimierungsproblem der Analysis wollen wir das Maximum oder Minimum einer „glatten" (differenzierbaren) Funktion auf einem Intervall finden. Der Algorithmus hierfür ist wohlbekannt: Wir finden die Nullstellen der Ableitung der Funktion und vergleichen dann die Werte der Funktion an diesen Punkten sowie am Rand des Intervalls. In der diskreten Optimierung ist die Ausgangslage grundsätzlich anders: Wir wollen auf einer endlichen, aber großen und komplizierten Menge definierte Funktionen optimieren (etwa die Menge aller Matchings in einem Graphen, wobei die Funktion die Anzahl der Kanten eines Matchings ist). Diese Funktionen haben keine Ableitungen, und somit sind die normalen analytischen Methoden nicht anwendbar.

Für die Lösung eines solchen Problems gibt es nun verschiedene Methoden; die Lineare Programmierung ist eine sehr erfolgreiche, die man sich als Kunst der Lösung linearer Ungleichungssysteme vorstellen kann. Die meisten wissen, wie man ein lineares *Gleichungs*system aus zwei Gleichungen in zwei Unbekannten oder drei Gleichungen in drei Unbekannten löst. (Man kann etwa eine Variable durch Addition der Gleichungen eliminieren und dies dann mit der nächsten wiederholen.) Lineare *Ungleichungs*systeme zu lösen ist sehr viel schwieriger, aber immer noch möglich. Man geht zwar analog vor, muss aber auf sehr viel mehr achten. In den meisten Anwendungen will man nämlich nicht nur irgendeine Lösung, sondern eine *optimale* finden, für die eine bestimmte lineare Abbildung ihr Maximum oder Minimum annimmt. Es gibt jedoch glücklicherweise recht einfache Algorithmen, die dieses auf den ersten Blick sehr viel kompliziertere Problem auf ein lineares Gleichungssystem reduzieren.

Die Lösungsmethode hat interessanterweise eine sehr einfache geometrische Interpretation: Man konstruiert ein konvexes Polyeder (in einer sehr hohen Dimension) und reduziert das Optimierungsproblem auf die Optimierung einer linearen Funktion auf diesem Polyeder.

Viele kombinatorische Optimierungsprobleme lassen sich durch Hypergraphen ausdrücken. In einem normalen Graphen hat jede Kante genau zwei Enden. Nichts hindert uns daran, allgemeinere Graphen zu studieren, in denen Kanten beliebig viele Ecken haben können. Tibor Gallai machte mich darauf aufmerksam, dass nahezu jedes graphentheoretische Problem sich (oft nicht eindeutig) auf Hypergraphen ausweiten lässt, und dass quasi alle dieser Hypergraphenprobleme ungelöst waren (und viele es immer noch sind).

So sind etwa die beiden Sätze von König auch für Hypergraphen sinnvoll. Hierbei stellt sich natürlich die Frage, wie man „bipartite" Hypergraphen so definiert, dass beide Sätze nicht nur sinnvoll, sondern auch wahr sind. Eine Möglichkeit wäre es, die Knoten so in zwei Klassen zu teilen, dass jede Kante Enden aus beiden Klassen (aber möglicherweise aus einer Klasse mehr als ein Ende) hat. Solche Hypergraphen heißen 2-*färbbar*; sie sind interessant und wichtig, aber es lässt sich leicht zeigen, dass die Sätze von König für sie nicht gelten. Auch andere Definitionen von Bipartitheit scheinen nicht zu funktionieren. In einer meiner ersten Arbeiten konnte ich aber zeigen, dass beide Sätze äquivalent bleiben (auch wenn eine einfache Bedingung für ihre Gültigkeit fehlt). Diese Aussage übersetzte eine graphentheoretische Vermutung Berges in die Sprache der Hypergraphen und zeigte, dass Hypergraphentheorie nicht nur zum Finden neuer Forschungsprobleme, sondern auch zum Lösen alter genutzt werden kann.

3 Informatik

Tuttes bereits erwähnte Charakterisierung von Graphen mit perfektem Matching ließ viele von uns nach einer analogen Bedingung für die Existenz eines Hamiltonkreises suchen: *Gegeben ist ein Graph. Gibt es einen Kreis, der jeden Knoten genau einmal berührt?* Dieses Problem erinnert an Matchingprobleme. Es hat auch etwas mit dem Eulerkreisproblem, das am Anfang dieses Beitrags erwähnt wurde und einfach zu lösen ist, zu tun. Mein Doktorvater Tibor Gallai und viele andere fragten sich, wieso es so viel schwerer als diese beiden war.

Zu dieser Zeit wurde auch die Informatik, insbesondere die Algorithmen- und Komplexitätstheorie, revolutioniert. Von 1972 bis 1973 verbrachte ich ein Jahr in den USA und hörte dort von der neuen Theorie der Algorithmen mit polynomieller Laufzeit und von NP-vollständigen Problemen. Diese grundlegenden Definitionen sind wie folgt.

- Ein Problem ist in der *Klasse P*, falls es einen Algorithmus gibt, der es in *polynomieller Zeit* löst, d. h. so dass sich die Laufzeit durch ein Polynom in der Größe der Eingabe abschätzen lässt. Solche Probleme werden allgemein als „leicht" oder zumindest effizient lösbar betrachtet (unabhängig vom Grad des Polynoms).
- Ein Problem ist in der *Klasse NP* (oder ein *NP-Problem*), falls ein Lösungskandidat in polynomieller Zeit verifiziert werden kann (unabhängig von der Existenz eines Algorithmus mit polynomieller Laufzeit für eine Lösung). Anders gesagt kann es in polynomieller Zeit gelöst werden, wenn man „gut rät", also nichtdeterministisch vorgeht. Die Buchstaben NP bedeuten *nichtdeterminisch polynomiell.*

- Würde man schließlich für bestimmte NP-Probleme einen Algorithmus mit polynomieller Laufzeit finden, so hätten sogar *alle* NP-Probleme einen solchen Lösungsalgorithmus (da eine polynomielle Lösung zu solch einem Problem in polynomieller Zeit auf jedes andere NP-Problem angepasst werden könnte). Von allen NP-Problemen sind diese also die „schwersten"; sie heißen *NP-vollständig*.

Die vorherrschende Meinung ist, dass P und NP tatsächlich verschieden sind: anders gesagt gibt es Probleme, für die ein Lösungskandidat zwar in polynomieller Zeit verifiziert, aber keine Lösung in polynomieller Zeit gefunden werden kann. Hierfür fehlt allerdings noch ein mathematischer Beweis. Diese Grundfrage der Komplexitätstheorie, normalerweise als „P = NP ?" gestellt, wurde 2000 zu einem der sieben wichtigsten offenen Probleme der Mathematik erklärt.

Ich fand die Algorithmen–Komplexitätstheorie sehr aufregend, da sie den Unterschied zwischen dem Matching- und dem Hamiltonkreisproblem erklärte: Das erste war in P, das zweite NP-vollständig!

Nach meiner Rückkehr nach Ungarn traf ich einen meiner Freunde, Péter Gács, der ein Jahr in Moskau verbracht hatte. Uns gegenseitig ins Wort fallend, erzählten wir uns von unseren großartigen Entdeckungen: Leonid Levins Arbeit in Moskau, und die von Cook und Karp in den USA. Wie sich herausstellte, hatten beide unabhängig voneinander dieselbe Theorie entwickelt. (Zwei Wochen lang dachten wir, P $\neq$ NP bewiesen zu haben. Heutzutage hätten wir beim Anwenden simpler Ideen auf ein berühmtes Problem etwas mehr Skrupel...)

Graphentheorie ist heutzutage eines der bedeutendsten Gebiete der theoretischen Informatik. Wie wir gesehen haben, haben graphentheoretische Überlegungen das „P = NP ?"-Problem und viele weitere in der Entwicklung der Komplexitätstheorie auftauchenden Fragen motiviert.

Es gibt auch in die andere Richtung eine wichtige Verbindung: Zur genauen mathematischen Beschreibung einer komplizierten Berechnung benötigt man gerichtete Graphen. Knoten stehen hier für Zwischenschritte (oft „Gatter" genannt), und eine Kante bedeutet, dass das Ergebnis eines Zwischenschritts in einem anderen benötigt wird. Wir dürfen annehmen, dass alle Ergebnisse nur Bits sind. Auch bei den Gattern selbst können wir uns auf sehr einfache einschränken (es reicht bereits eine Art, das NAND-Gatter, das genau dann WAHR ausgibt, wenn mindestens einer der Eingänge FALSCH ist). Die gesamte Komplexität der Berechnung spiegelt sich in der Struktur dieses Graphen wieder.

Leider haben wir Graphentheoretiker in diese Richtung nicht viel erreichen können. So läuft etwa das berühmte „P = NP ?"-Problem auf die folgende Frage heraus: Wir wollen ein Netzwerk konstruieren, das herausfinden kann, ob ein beliebiger Graph mit n Knoten einen Hamiltonkreis besitzt. Die Knoten des Graphen werden mit $1, 2, 3, \ldots, n$ bezeichnet. Das Netzwerk hat $\binom{n}{2}$ Eingangsgatter $v_{i,j}$ $(1 \leq i < j \leq n)$ und ein einzelnes Ausgangsgatter u. Der Graph wird nun eingegeben, in dem man ein Eingangsgatter $v_{i,j}$ genau dann auf WAHR setzt, wenn i und j durch eine Kante verbunden werden. Das Ergebnis soll nun für alle Graphen genau dann WAHR sein, wenn der Graph einen Hamiltonkreis besitzt. So ein Netzwerk kann man durchaus angeben, aber die Frage ist, ob man die nötige Größe durch ein Polynom in n, etwa n^{100}, abschätzen kann. Die Komplexität solcher Berechnungen durch Graphentheorie zu verstehen ist eine RIESIGE Herausforderung!

4 Die probabilistische Methode

Um 1960 entwickelten Paul Erdős und Alfréd Rényi die Theorie zufälliger Graphen. In ihrem Modell legen wir zunächst n, die Anzahl der Knoten, fest. Dann fügen wir zufällig neue Kanten zwischen Knoten, die nicht bereits verbunden sind, ein. Nach einer bestimmten Kantenanzahl m hören wir auf.

Diese Konstruktion wird natürlich so gut wie nie zweimal den selben Graphen ergeben. Sind n und m jedoch groß, so sind die so konstruierten Graphen fast immer sehr ähnlich, und nur mit sehr geringer Wahrscheinlichkeit erhält man einen „Ausreißer" (dies liegt am Gesetz der großen Zahlen). Hiermit hängt zusammen, dass sich die Struktur dieser zufälligen Graphen beim Hinzufügen neuer Kanten plötzlich ändert. Hat der Graph beispielsweise $m = 0{,}49n$ Kanten, so wird er fast sicher aus vielen kleinen Zusammenhangskomponenten bestehen. Fügen wir jetzt bis zu $m = 0{,}51n$ Kanten hinzu, so gibt es eine einzelne riesige Komponente (die unabhängig von n ungefähr 4% der Knoten enthält), zusammen mit einigen wenigen kleinen (die im Vergleich zu n klein sind). Diese plötzliche Strukturänderung des Graphen hängt eng mit alltäglichen physikalischen Phänomenen wie der Eisschmelze zusammen. Dieser Vorgang heißt „Phasenübergang", und seine Untersuchung ist ein sehr aktives (und schwieriges) Forschungsgebiet.

Obwohl es nicht einfach ist, typische Eigenschaften zufälliger Graphen zu bestimmen, entdeckten Erdős und Rényi viele von ihnen. Weniger als ein Jahrzehnt später lernte ich bei Rényi Wahrscheinlichkeitstheorie, und er gab mir ihre Arbeiten über zufällige Graphen. Ich muss zugeben, dass sie mich zunächst nicht interessierten. Sie bestanden aus langwierigen, umständlichen Berechnungen, und wer liest so etwas schon gerne? Seitdem ist dieses Feld eines der aktivsten der Graphentheorie geworden und liefert die Grundlagen für Modelle des Internets. Natürlich konnte ich zufälligen Graphen nicht für immer aus dem Weg gehen, wie wir noch sehen werden.

Aber Wahrscheinlichkeit wird in der Graphentheorie auch auf andere Weisen benutzt. In der Tat ist sie mittlerweile in vielen Bereichen der Mathematik ein grundlegendes Mittel. Oft kann man Fragen, die mit Wahrscheinlichkeit nichts zu tun haben, durch das Einführen zufälliger Parameter lösen. Diese

Beweise sind zugleich einfach und elegant, weshalb ich einen von ihnen hier vorstellen möchte.

Sei H ein Hypergraph. Wann ist H 2-färbbar? Für einen normalen Graphen ist dies eine klassische Frage, die sich recht leicht beantworten lässt (genau dann, wenn der Graph keine Kreise ungerader Länge enthält), aber für einen Hypergraph ist dies sehr schwer zu lösen.

Erdős und Hajnal bewiesen 1970: *Ein Hypergraph H ist 2-färbbar, falls jede Kante von H höchstens r Knoten trifft, und H weniger als 2^{r-1} Kanten hat.* Dies ist ein Satz über Hypergraphen, der „für sich selbst" steht: Für Graphen ist die Aussage trivial (ein nichtbipartiter Graph hat mindestens 3 Kanten), aber für allgemeine Hypergraphen ist sie sehr interessant.

Über normale Methoden (etwa Induktion) kann man hier nichts erreichen. Es gibt jedoch einen probabilistischen Beweis. Wir färben die Knoten zufällig: Für jeden werfen wir eine Münze und färben ihn abhängig von der oben liegenden Seite rot oder blau. Nun gibt es „schlechte Möglichkeiten": Eine Kante kann einfarbig sein. Mit etwas Glück kommen diese aber nicht vor, und wir erhalten eine funktionierende Färbung. Aber können wir allen schlechten Möglichkeiten gleichzeitig ausweichen? Was ist hierfür die Wahrscheinlichkeit?

Zunächst eine einfachere Aufgabe: Wie groß ist die Wahrscheinlichkeit, dass eine bestimmte schlechte Möglichkeit nicht eintritt? Es gibt 2^r Möglichkeiten, die Knoten einer Kante zu färben (die restlichen Knoten sind hier irrelevant), und von diesen sind zwei schlecht. Also ist die Wahrscheinlichkeit einer einfarbigen Kante $2/2^r = 2^{1-r}$.

Wir können nun die Wahrscheinlichkeit dafür, dass mindestens eine dieser schlechten Möglichkeiten eintritt, durch die Summe der Wahrscheinlichkeiten jeder einzelnen abschätzen. Diese ist kleiner als $2^{r-1} \times 2^{1-r} = 1$. Es gibt also eine gute Färbung. Eine solche explizit zu konstruieren ist sehr schwer, aber die Knoten zufällig zu färben funktioniert!

Diese Methode, die man die *probabilistische Methode* nennt, ist sehr mächtig und wichtig. Ich selber konnte sie noch verbessern. So zeigte ich etwa (zusammen mit Erdős), dass wir im obigen Problem die Anzahl der Kanten nicht beschränken müssen; es reicht anzunehmen, dass keine Kante mehr als 2^{r-3} andere trifft.

5 Algebra, Topologie und Graphentheorie

Nicht nur Wahrscheinlichkeitstheorie hat tiefgreifende Anwendungen in der Graphentheorie. Andere schöne Resultate benutzen klassische Mathematik, etwa Algebra oder Topologie. Mich hat dies immer fasziniert, und ich suchte selber nach solchen Verbindungen. Zu meiner Studentenzeit schien sich die Mathematik immer mehr aufzuspalten: Verschiedene Zweige, insbesondere neue wie Wahrscheinlichkeits- oder Graphentheorie, schienen sich sowohl

voneinander als auch von den klassischen Zweigen zu trennen. Glücklicherweise scheint sich dieser Trend umzukehren, und die Einheit der Mathematik
ist heutzutage wieder selbstverständlich.

All dies klingt zwar nach leeren Mutmaßungen, aber ich kann diese Verbindungen an einem kürzlich gestellten IMO-Problem, Aufgabe 6 im Jahr
2007, und seiner Lösung aufzeigen. Die Aufgabe lautet wie folgt:

Es sei n eine positive ganze Zahl. Gegeben sei

$$S = \left\{ (x,y,z) \in \{0,\ldots,n\}^3 \mid x+y+z > 0 \right\},$$

eine Menge von $(n+1)^3 - 1$ Punkten des drei-dimensionalen Raumes. Man bestimme die kleinstmögliche Anzahl von Ebenen, deren
Vereinigung die Menge S umfasst, aber nicht den Punkt $(0,0,0)$.

Es ist noch leicht, die richtige Antwort (nämlich $3n$) zu raten und eine Familie von $3n$ Ebenen, die die gegebenen Bedingungen erfüllen, anzugeben. Um
zu beweisen, dass $3n$ wirklich minimal ist, würde man nun zu kombinatorischen Ansätzen wie Induktion, Färbungen oder Graphentheorie greifen. Aber
obwohl es sich hier um ein kombinatorisches Problem handelt, verwenden alle bekannten Lösungen algebraische Methoden — etwa aus der Theorie der
Polynome. Angenommen, man könnte $m < 3n$ Ebenen finden, die S überdecken, aber nicht durch den Ursprung gehen. Sie werden wie folgt durch m
lineare Gleichungen in drei Variablen x, y und z beschrieben:

$$a_i x + b_i y + c_i z + d_i = 0 \qquad (d_i \neq 0,\ 1 \leq i \leq m)$$

Das Produkt der linken Seiten all dieser Gleichungen ist ein Polynom

$$P(x,y,z) = \prod_{i=1}^{m} (a_i x + b_i y + c_i z + d_i)$$

vom Grad m, das auf S verschwindet und im Ursprung nicht Null ist.

Nun definieren wir den Operator Δ_x, der ein Polynom Q durch das Polynom $\Delta_x Q$ ersetzt, wobei

$$\Delta_x Q(x,y,z) = Q(x+1,y,z) - Q(x,y,z),$$

und analog Operatoren Δ_y und Δ_z (diese Operatoren sind diskrete Versionen
der partiellen Ableitung). Jeder dieser Operatoren verringert nun den Grad
des Polynoms mindestens um 1 (das Nullpolynom hat hierbei den Grad $-\infty$).

Durch wiederholtes Anwenden dieser Operatoren auf P erhalten wir in-
duktiv, dass $\Delta_x^r \Delta_y^s \Delta_z^t P(0,0,0)$ für $r,s,t \leq n$ nie Null ist, also insbesondere
$\Delta_x^n \Delta_y^n \Delta_z^n P(0,0,0) \neq 0$. Aber das Polynom $\Delta_x^n \Delta_y^n \Delta_z^n P$ hat höchstens Grad
$m - 3n < 0$, ist also das Nullpolynom: Widerspruch!

Nur fünf Schüler konnten diese sehr schwere IMO-Aufgabe lösen, und alle benutzten mehr oder weniger diesen Lösungsweg. (Diese Lösung stammt von Peter Scholze, einem dieser fünf Schüler.)

6 Netzwerke, oder sehr große Graphen

Viele Mathematiker, Informatiker, Biologen, Physiker und Sozialwissenschaftler beschäftigen sich mit den Eigenschaften sehr großer Graphen (oft Netzwerke genannt).

Das Paradebeispiel ist das Internet. In der Tat können wir ausgehend vom Internet mehrere Netzwerke definieren. Zum einen gibt es ein „Hardware"–Netzwerk: das ist der Graph, dessen Knoten elektronische Geräte sind (Computer, Telefone, Router, Hubs usw.) und dessen Kanten Verbindungen (mit oder ohne Kabel) zwischen diesen Geräten sind. Es gibt auch ein „logisches" Netzwerk, oft World Wide Web genannt, dessen Knoten die im Internet verfügbaren Dokumente und dessen (gerichtete) Kanten Links sind, die von einem Dokument auf ein anderes verweisen.

Soziale Netzwerke bestehen natürlich aus Menschen und können ausgehend von verschiedenen Verbundenheitsdefinitionen definiert werden. Die bekanntesten und am besten verstandenen sozialen Netzwerke findet man aber im Internet (etwa Facebook). Einige Historiker wollen die Geschichte der Menschheit durch ein Netzwerk der Menschen verstehen. Neben anderen Dingen legt die Struktur dieses Netzwerks fest, wie schnell sich Neuigkeiten, Krankheiten, Religionen und Wissen durch die Gesellschaft verbreiten, und hat daher einen enormen Einfluss auf den Verlauf der Geschichte.

Es gibt noch sehr viel weitere mit Menschen zusammenhängende Netzwerke. So ist etwa das Gehirn ein riesiges Netzwerk, dessen Funktionsweise wir bis jetzt noch nicht vollständig verstehen. Seine Struktur (d. h. alle Neuronen und ihre Verbindungen) ist zu komplex, um in unserer DNA verschlüsselt zu sein. Wieso funktioniert es trotzdem und kann beispielsweise Mathematikaufgaben lösen?

In der Biologie gibt es unzählige Systeme, die grundsätzlich Netzwerke sind. Beispiele hierfür sind die Wechselwirkungen zwischen den Pflanzen und Tieren in einem Wald (wer frisst wen?) oder zwischen den Eiweißen in unserem Körper. Netzwerke sind dabei, die grundlegende Sprache zu werden, in der man in der Natur auftauchende Systeme und Strukturen beschreibt — so wie Mechanik und Elektromagnetismus in der Sprache der Differential- und Integralrechnung beschrieben werden.

Ein Mathematiker sollte also versuchen, für Biologen, Historiker und Soziologen leistungsstarke Werkzeuge zu entwickeln, mit denen diese die sie (und uns alle) interessierenden Systeme beschreiben können. Da diese Systeme sehr verschieden sein können, ist diese Aufgabe alles andere als einfach. Die Modellierung von Verkehr, Informationsverteilung und elektrischen Netzwerken ist dabei nur die Spitze des Eisbergs.

Zum Schluss möchte ich auf ein Thema eingehen, über das ich mir vor kurzem Gedanken machte und das aus Problemen über sehr große Graphen hervorging. Moralisch versucht man, diese Graphen „gegen unendlich gehen" zu lassen und die „Grenzwerte" zu studieren. Wir versuchen oft, unendliche Objekte durch endliche zu approximieren; so wird zur numerischen Lösung physikalischer Gleichungen (etwa zur Wettervorhersage) die Raumzeit auf endlich viele Punkte reduziert, und anschließend wird die Entwicklung von Temperatur, Druck usw. an diesen Punkten (mehr oder weniger schrittweise) ausgerechnet.

In die andere Richtung kann man mit etwas Fingerspitzengefühl auch endliche Objekte recht gut durch unendliche nähern. Stetige Strukturen sind oft symmetrischer, glatter und reichhaltiger als ihre endlichen Ebenbilder.

Diese Idee lässt sich am besten mit einem großen Stück Metall erklären. Dieses Metallstück ist ein Kristall, also eigentlich ein großer Graph aus Atomen und den Bindungen zwischen ihnen (auf recht langweilige, periodische Weise angeordnet). Ein Ingenieur, der aus diesem Metall eine Brücke bauen möchte, würde es aber eher als Kontinuum mit einigen wichtigen Materialeigenschaften (z. B. Dichte, Elastizität und Temperatur), die von diesem Kontinuum abhängen, betrachten. Für dieses kann der Ingenieur dann mithilfe von Differentialgleichungen die Stabilität seiner Brücke berechnen. Können wir auch andere sehr große Graphen als eine Art Kontinuum betrachten?

Wie Abbildung 2 zeigt, ist dies manchmal möglich. Wir fangen mit einem zufälligen Graphen an, der etwas komplizierter als die von Erdős und Rényi eingeführten ist. Er wird wie folgt zufällig konstruiert: In jedem Schritt wird entweder ein neuer Knoten oder eine neue Kante eingefügt. Gibt es bereits n Knoten, so ist die Wahrscheinlichkeit, dass ein neuer Knoten hinzugefügt wird, $1/n$. Die Wahrscheinlichkeit für eine neue Kante ist $(n-1)/n$. Eine neue Kante verbindet dabei zwei zufällig gewählte Knoten.

Das Gitter auf der linken Seite steht wie folgt für einen zufälligen Graphen mit 100 Knoten: Das Pixel in der i-ten Zeile und j-ten Spalte ist schwarz, wenn der i-te und er j-te Knoten durch eine Kante verbunden sind, und sonst weiß. Die obere linke Ecke ist daher dunkler, da ein Pixel in dieser Gegend für zwei schon früher hinzugefügte Knoten steht, die daher mit größerer Wahrscheinlichkeit verbunden sind.

Obwohl dies ein zufälliger Graph ist, sieht das pixelige Bild auf der Linken von Weitem wie die stetige Funktion $1 - \max(x, y)$ auf der Rechten aus. Die Ähnlichkeit springt noch mehr ins Auge, wenn wir statt 100 Knoten 1000 nehmen. Man kann zeigen, dass die recht einfache Funktion auf der rechten Seite bis auf zufällige Schwankungen, die mit der Anzahl der Knoten abnehmen, sämtliche Informationen über den Graphen auf der linken enthält.

Große Graphen mit Tausenden und riesige Graphen mit Milliarden von Knoten sind eine neue Herausforderung für Graphentheoretiker. Die Schönheit der Mathematik zeigt sich darin, dass wir für ihre Untersuchung immer

Abb. 2. Ein zufällig wachsender einheitlicher Graph mit 100 Knoten und die ihn approximierende Funktion $1 - \max(x, y)$.

mehr Verbindungen mit anderen klassischeren Teilen der Mathematik benötigen.

Literaturverzeichnis

[1] J. Adrian Bondy und Uppaluri S. R. Murty, *Graph Theory*. Graduate Texts in Mathematics **244**, Springer-Verlag, New York, 2008.

[2] László Lovász, József Pelikán und Katalin Vesztergombi, *Discrete Mathematics: Elementary and Beyond*. Springer-Verlag, New York, 2003.

Die Komplexität der Kommunikation

Alexander A. Razborov

Zusammenfassung Als ich gebeten wurde, für dieses Buch einen Beitrag über etwas aus meinem Forschungsgebiet zu schreiben, musste ich sofort an Kommunikationskomplexität denken. Dieses trotz seiner Einfachheit sehr schöne und wichtige Teilgebiet der Komplexitätstheorie beschäftigt sich mit der Frage, wie viel *Kommunikation* zur Bestimmung eines bestimmten Ergebnisses zwischen mehreren Beteiligten nötig ist. Wir werden das grundlegende Kommunikationsmodell einführen und einige klassische Ergebnisse angeben, teilweise sogar mit Beweis. Danach betrachten wir eine Variante, in der die Spieler gerechte Münzen werfen können. Wir schließen mit einigen anspruchsvolleren Modellen, über die man bis jetzt noch nicht allzu viel weiß. Alle Definitionen, Aussagen und Beweise sind komplett elementar, und doch können wir offene Fragen angeben, die selbst die besten Forscher seit Jahrzehnten nicht beantworten können.

1 Einleitung

Man sieht schon am Namen, dass sich Kommunikationskomplexität mit Möglichkeiten der *Kommunikation* zwischen mehreren Beteiligten beschäftigt, wobei schließlich alle das Erforderte wissen sollen, und wie man dies am effizientesten, also mit geringster *Komplexität* erreicht. Sie ist ein kleiner, aber, wie wir noch sehen werden, sehr schöner und wichtiger Teil der *Komplexitätstheorie*, die wiederum genau auf der Grenze zwischen Mathematik und theoretischer Informatik liegt. Daher möchte ich zunächst einige Wör-

Alexander A. Razborov
Department of Computer Science, The University of Chicago, 1100 East 58th Street, Chicago, IL 60637, USA; und Steklov Mathematical Institute, Moskau, Russland, 117 966.
E-mail: `razborov@cs.uchicago.edu`

ter über Komplexitätstheorie und die in ihr untersuchten Probleme verlieren. Liest man lieber konkrete Mathematik als Philosophie, so kann man getrost diese Einleitung überspringen und direkt zu Abschnitt 2 gehen.

Die meisten Probleme der Komplexitätstheorie folgen einem einfachen Muster: Wir wollen eine Aufgabe T erledigen. Meistens benutzen wir dafür einen oder mehrere Computer, aber dies ist für die Theorie nicht wichtig. Wir können unser Ziel auf viele verschiedene Weisen erreichen, und die Menge der Möglichkeiten sei $\mathcal{P}_T$. Je nach Kontext nennt man Elemente von $\mathcal{P}_T$ *Algorithmen* oder, wie in unserem Fall, *Protokolle*. Oft sieht man sofort, dass es zumindest einen Algorithmus oder ein Protokoll gibt, das T löst, weshalb $\mathcal{P}_T$ nicht leer ist.

Obwohl alle $P \in \mathcal{P}_T$ unsere Aufgabe T lösen, sind nicht alle Lösungen gleichwertig. Einige sind besser als andere, da sie kürzer oder einfacher sind, weniger Ressourcen verbrauchen oder sich auf irgendeine andere Weise unterscheiden. Die Hauptidee der Komplexitätstheorie ist nun, diese intuitiven Vorlieben durch eine positive reellwertige Funktion $\mu : \mathcal{P}_T \to \mathbb{R}$ zu formalisieren, die wir *Komplexitätsmaß* nennen. Hierbei soll eine Lösung P um so besser sein, je kleiner $\mu(P)$ ist. Ideal wäre es nun, die *beste* Lösung $P \in \mathcal{P}_T$ zu finden, also die, die $\mu(P)$ minimiert. Meistens ist dies sehr schwer, weshalb Forscher sich diesem Ideal von zwei Seiten zu nähern versuchen:

- Man versucht, „halbwegs gute" Lösungen $P \in \mathcal{P}_T$ zu finden, für die $\mu(P)$ zwar nicht minimal, aber doch „klein genug" ist. Solche Ergebnisse nennt man „obere Schranken", da wir aus mathematischer Sicht *obere Schranken* der Größe

$$\min_{P \in \mathcal{P}_T} \mu(P)$$

  finden wollen, die (nicht gerade eine Überraschung!) die *Komplexität* der Aufgabe T genannt wird.

- Man versucht *untere Schranken* zu finden: Für ein $a \in \mathbb{R}$ soll $\mu(P) \geq a$ für *alle* P gezeigt werden, es gibt also keine Lösung aus $\mathcal{P}_T$, die besser als a ist. Die Klasse $\mathcal{P}_T$ ist oft sehr reichhaltig, und Lösungen $P \in \mathcal{P}_T$ können auf verschiedensten, oft unerwarteten Ideen aufbauen. Wir müssen ein einheitliches Argument für sie alle finden. Daher gehören Untere-Schranken-Probleme zu den schwersten der modernen Mathematik, und für die überwältigende Mehrheit ist eine Lösung noch weit außer Sicht.

Nach all dieser Theorie ist es jetzt Zeit für ein paar Beispiele. Sogar einfache mathematische Rätsel drehen sich oft auf eine gewisse Weise um Komplexität, auch wenn man dies an der Formulierung selbst nicht sofort sieht.

Man hat 7 (oder 2010, ...) Münzen, von denen 3 (100, eine unbekannte Zahl, ...) gefälscht und daher schwerer (leichter, ein Gramm schwerer, ...) als die anderen sind. Außerdem hat man eine Waage, auf der man beliebig viele (höchstens 10, ...) Münzen wiegen (vergleichen, ...) kann. Wie oft muss man wiegen, um alle (eine, ...) gefälschten Münzen zu finden?

Dies sind typische Komplexitätsprobleme; sie hängen mit den sogenannten *Sortiernetzwerken und -algorithmen* zusammen. Die Aufgabe T ist das Finden gefälschter Münzen, und $\mathcal{P}_T$ besteht aus allen Folgen von Wiegevorgängen, die einen dazu in die Lage versetzen. Das Komplexitätsmaß $\mu(P)$ ist die Länge von P (also die Anzahl der Wiegevorgänge).

> *Gegeben ist eine Zahl (Polynom, Ausdruck, ...). Wie viele Additionen (Multiplikationen, ...) benötigt man, um sie aus gegebenen primitiven Ausdrücken aufzubauen?*

Dies ist nicht nur irgendein Komplexitätsproblem, sondern geradezu ein Musterbeispiel. Kannst du $T, \mathcal{P}_T$ und μ für diesen Fall angeben? Übrigens irrt man sich im Glauben, dass die „Schulmultiplikation" der nach Anzahl der Ziffernoperationen optimale Algorithmus für das Finden des Produkts zweier ganzer Zahlen ist. In den Arbeiten von Karatsuba [13], Toom und Cook (1966), Schönhage und Strassen [26] und Fürer [11] wurde sie wieder und wieder verbessert, und wir wissen immer noch nicht, ob Fürers Algorithmus optimal ist. Diese fortgeschrittenen Algorithmen sind aber auch nur für sehr große Zahlen (tausende von Stellen lang) schneller als die „Schulmethode".

Die berühmte Frage „**P** vs. **NP**" ist ein weiteres Komplexitätsproblem (falls dieser Begriff dir nichts sagt, kann ich `http://www.claymath.org/millennium/P_vs_NP` empfehlen). Die Aufgabe T ist hierbei die Lösung eines bestimmten **NP**-vollständigen Problems, z. B. SATISFIABILITY, und $\mathcal{P}_T$ ist die Klasse aller diese Aufgabe erledigenden Algorithmen.

In diesem Beitrag beschäftigen wir uns mit Komplexitätsproblemen der *Kommunikation*. Das Modell ist sehr hübsch und leicht zu erklären, führt aber schnell zu interessanten Fragen, die seit Jahrzehnten offen sind... Außerdem durchdringen Ideen und Methoden der Kommunikationskomplexitätstheorie heutzutage nahezu alle Bereiche der Komplexitätstheorie, auch wenn wir hierauf nicht näher eingehen können.

Fast alles, das in diesem Beitrag behandelt wird (und noch vieles mehr) lässt sich im klassischen Buch [17] finden. Im kürzlich erschienenen Lehrbuch [3] über Komplexitätstheorie geht Kapitel 13 ausschließlich um Kommunikationskomplexitätstheorie, und man kann über das ganze Buch verstreut ihre Anwendungen finden.

Da wir in diesem Text recht viel Notation einführen, wird diese am Ende des Beitrags nochmals geschlossen mit einer kurzen Beschreibung aufgeführt.

2 Das Grundmodell

Yao führte das grundlegende (deterministische) Modell in seiner bahnbrechenden Arbeit [27] ein. Es gibt zwei Spieler, die nach Tradition Alice und Bob heißen (s. a. die folgende Anmerkung), endliche Mengen X, Y und eine Funktion $f : X \times Y \longrightarrow \{0, 1\}$. Alice und Bob stehen nun vor der Aufgabe,

$f(x, y)$ für einen gegebenen Wert (x, y) zu berechnen. Interessant wird dies dadurch, dass Alice nur den ersten Teil $x \in X$ und Bob nur den zweiten Teil $y \in Y$ des Werts kennt. Sie besitzen zwar einen in beide Richtungen laufenden Kommunikationskanal, aber diesen sollte man sich wie eine transatlantische Telefonverbindung oder ein Funkgerät mit einem Raumschiff am Mars vorstellen. Jede Kommunikation ist teuer, und daher wollen Alice und Bob die Anzahl der für die Berechnung von $f(x, y)$ ausgetauschten Bits minimieren.

Ein Protokoll $P \in \mathcal{P}_T$ sieht also wie folgt aus (siehe Abbildung 1). Alice

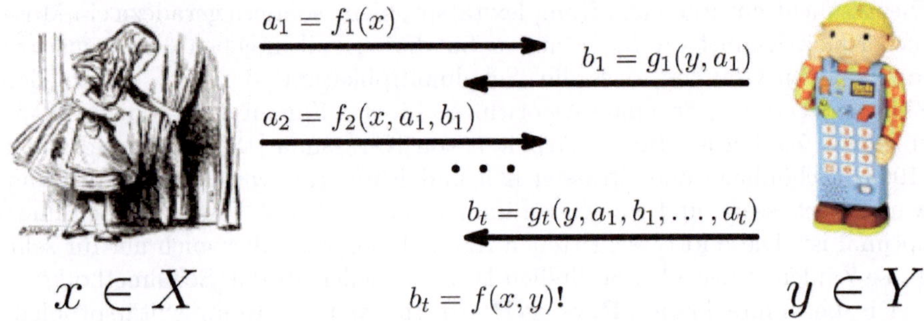

Abb. 1. Ein Protokoll P zur Berechnung von $f(x, y)$. (Bild von Alice von John Tenniel.)

schickt eine Nachricht, die der Einfachheit halber als *Binärwort* a_1 (d. h. als Folge von Einsen und Nullen) übermittelt wird. Bob antwortet mit b_1, das nur von seinem Wert y *und* Alices Nachricht a_1 abhängt. Beide fahren auf diese Weise fort, bis einer von ihnen (sagen wir Bob) $f(x, y)$ berechnen kann und Alice diesen Wert in der t-ten Runde übermittelt.

Anmerkung 1. Alice und Bob sind wohl die liebenswürdigsten und bekanntesten Helden der gesamten Literatur über Komplexitätstheorie oder Kryptographie, einem eng verwandten Feld. Daher werden wir sie in dieser Geschichte noch oft wiedertreffen, und genau wie sonst haben sie immer recht viel zu tun. Manchmal wollen sie nur teilweise das Gleiche erreichen und geben sich viel Mühe, keine überflüssigen Informationen zu verraten; dies nennt man Kryptographie. Oft gibt es einen bösen Lauscher (aus offensichlichen Gründen Eve genannt). Manchmal können sich Alice und Bob nicht einmal sicher sein, dass ihr Gegenüber wirklich das Protokoll befolgt, wobei sie sich in diesem Fall aber normalerweise Arthur und Merlin nennen. In unserem Beitrag beschränken wir uns aber auf die einfachste Möglichkeit: komplettes gegenseitiges Vertrauen, keine Geheimnisse und ein sicherer Kommunikationskanal.

In dieser Definition haben wir einige Dinge absichtlich nicht genau festgelegt. Ist etwa die *Länge* von Alices Nachricht a_1 fest, oder darf sie von x abhängen? Kann analog die Anzahl der Runden t von x und y abhängen, und wenn ja, wie weiß Alice, dass Bobs Nachricht b_t wirklich die letzte ist und

$f(x,y)$ enthält? Es stellt sich jedoch heraus, dass all diese Details kaum einen Einfluss haben, weswegen der Leser sie nach Belieben festlegen möge — die Komplexität ändert sich dadurch nur um einen kleinen additiven Faktor.

Wie misst man nun die Komplexität $\mu(P)$ eines Protokolls P? Es gibt einige vernünftige Definitionen. In unserem Beitrag beschränken wir uns auf die wichtigste und beliebteste, die *Komplexität des schlimmsten Falls* heißt. Für einen *festen* Wert $(x,y) \in X \times Y$ seien die *Kosten* des Protokolls P für diesen Wert die Gesamtanzahl[1] $|a_1|+|b_1|+\ldots+|b_t|$ der für diesen Wert ausgetauschten Bits (s. a. Abbildung 1). Die Komplexität (aus historischen Gründen auch *Kosten* genannt) $\mathrm{cost}(P)$ des Protokolls P seien nun die *maximalen* Kosten von P für einen beliebigen Wert $(x,y) \in X \times Y$. Schließlich sei die *Kommunikationskomplexität* $C(f)$ der (Berechnung der) Funktion $f : X \times Y \longrightarrow \{0,1\}$ das *Minimum* $\min_{P \in \mathcal{P}_f} \mathrm{cost}(P)$ über alle korrekten, d. h. für alle (x,y) den richtigen Wert $f(x,y)$ ergebenden Protokolle P. Wir würden nun gerne $C(f)$ für „interessante" Funktionen f ausrechnen oder zumindest gut abschätzen.

Man sieht sofort

$$C(f) \leq \lceil \log_2 |X| \rceil + 1 \tag{1}$$

für jedes Problem[2] f. Das diese Kosten ergebende Protokoll ist sehr leicht: Alice verschlüsselt ihren Wert x mit einer injektiven Kodierung $f_1 : X \longrightarrow \{0,1\}^{\lceil \log_2 |X| \rceil}$ als Binärwort der Länge $\lceil \log_2 |X| \rceil$ und schickt Bob $a_1 = f_1(x)$. Dieser entschlüsselt die Nachricht (wir nehmen an, dass sich beide vorher auf eine Kodierung f_1 geeinigt haben!) und schickt Alice die Antwort $f(f_1^{-1}(a_1), y)$ zurück.

Überraschenderweise können wir in unserem Modell nur für wenige interessante Funktionen f ein deutlich besseres Protokoll als (1) angeben. Hier ist ein zugegebenermaßen triviales Beispiel. Es seien X und Y die natürlichen Zahlen, die nicht größer als eine feste Zahl N sind: $X = Y = \{1, 2, \ldots, N\}$. Alice und Bob wollen nun die $\{0,1\}$-wertige Funktion $f_N(x,y)$ berechnen, die genau dann 1 ausgibt, wenn $x+y$ durch 2010 teilbar ist. Alice spart nun viel, wenn sie Bob nicht den gesamten Wert x, sondern nur den Rest $x \mod 2010$ schickt. Offensichtlich kann Bob damit $x+y \mod 2010$ (und damit $f_N(x,y)$) berechnen, und die Kosten dieses Protokoll sind nur $\lceil \log_2 2010 \rceil + 1\ (= 12)$. Also

$$C(f_N) \leq \lceil \log_2 2010 \rceil + 1. \tag{2}$$

Nun sind Komplexitätstheoretiker faul und nicht sehr gut in Grundschularithmetik. Für sie ist das Besondere an der rechten Seite von (2), dass sie *irgendeine* Konstante ist, die wie durch Magie nicht von der Größe der Werte abhängt. Statt den Wert also wirklich auszurechnen, würden wir lieber diese Tatsache betonen und bedienen uns dafür der mathematischen *großes-O-*

---

[1] $|a|$ ist die Länge des Binärworts a.

[2] Hierbei sollte man beachten, dass Komplexitätstheoretiker eine Funktion f gerne mit dem von ihr dargestellten Berechnungsproblem identifizieren. So betrachtet man die noch zu definierende Gleichheits*funktion* EQ_N auch als *Problem*, die Gleichheit zweier Wörter zu überprüfen.

Schreibweise. In dieser ist (2) zwar schwächer, aber dafür noch einfacher:

$$C(f_N) \leq O(1)\,.$$

Es gibt also eine positive universelle Konstante K, deren Wert man (normalerweise) auch explizit berechnen kann, so dass für alle N die Ungleichung $C(f_N) \leq K \cdot 1 = K$ gilt. Analog bedeutet $C(f_N) \leq O(\log_2 N)$ gerade $C(f_N) \leq K \log_2 N$ usw. Im Laufe unseres Beitrags werden wir diese Standardnotation[3] noch ausführlich benutzen.

Wir betrachten nun ein einfacheres Problem, das so elementar wie nur möglich aussieht. Seien $X = Y$ gleiche Mengen der Größe N. Wir können uns wieder auf $\{1, 2, \ldots, N\}$ beschränken, aber in diesem Fall ist dies unwichtig. Die *Gleichheitsfunktion* EQ_N ist so definiert, dass $\mathrm{EQ}_N(x,y) = 1 \iff x = y$. Anders gesagt wollen Alice und Bob überprüfen, ob sie die gleiche Datei, Datenbank usw. haben, was natürlich für alle Anwendungen sehr wichtig ist.

Wir erhalten natürlich sofort die triviale Schranke (1), falls Alice einfach ihren gesamten Wert x an Bob schickt. Aber können wir im Vergleich zu diesem trivialen Protokoll noch irgendetwas sparen? Ich empfehle dem Leser, jetzt das Buch eine Weile zur Seite zu legen und sich selbst einige Gedanken hierzu zu machen. Nur so kann man das Folgende wirklich würdigen.

---

[3] Der Leser sei gewarnt, dass man diese Notation in den meisten Texten mit Gleichheits- statt Ungleichheitszeichen sieht, d. h. im vorherigen Beispiel $C(f_N) = O(\log_2 N)$. Wir denken aber, dass diese Konvention einige Probleme verursacht und insbesondere in komplizierten Fällen unhandlich und wenig mitteilsam wird.

3 Untere Schranken

Hattest du Erfolg? Du musst dir keine Sorgen machen, wenn du keine zusätzlichen Sparmöglichkeiten finden konntest, da man mittlerweile weiß, dass die Schranke (1) *nicht* verbessert werden kann: *jedes* Protokoll für EQ_N hat mindestens Kosten $\log_2 N$. Auch dies wurde in Yaos bahnbrechender Arbeit [27] bewiesen, und die hierfür benutzten Ideen sollten die Entwicklung der Kommunikationskomplexitätstheorie auf Jahrzehnte hinaus bestimmen. Der Beweis selbst ist nicht sehr schwer, aber sehr lehrreich:

Gegeben sei ein Protokoll P, wie es in Abbildung 1 gezeigt ist. Wir wissen, dass Bob durch Ausführen dieses Protokolls $EQ_N(x, y)$ erfüllt. Hieraus müssen wir nun irgendwie $\mathrm{cost}(P) \geq \log_2 N$ folgern.

Neulinge im Gebiet der unteren Schranken machen oft den Fehler, P „richtiges" Verhalten vorzuschreiben, das heißt bewusst oder unbewusst Annahmen über das beste Protokoll P aus dem gesunden Menschenverstand abzuleiten. In unserer Situation könnte man etwa mit „Sei i das erste Bit in der Binärdarstellung von x und y, das von P verglichen wird" anfangen. Solche „Argumente" führen aber auf den Holzweg, da das beste Protokoll gar nicht so oder auf irgendeine andere von uns als „intelligent" bezeichnete Art vorgehen muss. Die Komplexitätstheorie kennt viele geniale Algorithmen und Protokolle, die bis zum letzten Schritt seltsame, scheinbar irrelevante Resultate ausrechnen und die Antwort erst im Abschluss wie ein Kaninchen aus einem Zylinder ziehen — ein gutes Beispiel sehen wir noch. Das Schöne und Verzwickte an der Komplexitätstheorie ist nun, dass wir auch alle Protokolle, die (unserer Meinung nach) irrational vorgehen, berücksichtigen müssen, und in unserem Fall dürfen wir *nichts* als das in Abbildung 1 Gezeigte über das Protokoll P annehmen.

Nach diesen warnenden Worten wollen wir nun Yaos Spuren folgen und sehen, wie viel Nützliches wir noch nur aus Abbildung 1 ableiten können. Obwohl wir uns im Moment nur für $f = EQ_N$ interessieren, lässt sich Yaos Argumentation auf jede Funktion f anwenden. Sei also für den Moment f eine beliebige Funktion, deren Kommunikationskomplexität wir abschätzen wollen; in Korollar 2 kehren wir zu EQ_N zurück.

Zunächst führen wir das unheimlich nützliche Konzept der *Geschichte* oder *Niederschrift* ein: Dies ist die Folge $(a_1, b_1, \ldots, a_t, b_t)$ der während der Durchführung des Protokolls von Alice und Bob ausgetauschten Nachrichten. Dieses sehr allgemeine Konzept trifft man oft, auch außerhalb der Kommunikationskomplexitätstheorie, an.

Wir sehen nun, dass es höchstens $2^{\mathrm{cost}(P)}$ verschiedene Geschichten geben kann, da es nur so viele verschiedene Wörter[4] der Länge $\mathrm{cost}(P)$ gibt. Für jede Geschichte h können wir die Menge R_h der zu dieser Geschichte führenden

---

[4] In Abhängigkeit von den genauen Details des Modells können die Geschichten verschiedene Längen haben, von der Kommasetzung abhängen usw., wodurch sich diese Zahl leicht erhöhen kann. Wir sind aber faul und ignorieren kleine additive oder multiplikative Faktoren.

Werte (x, y) bilden. In diesen Mengen stecken bereits viele Informationen über das Protokoll.

Zunächst führt jeder Wert (x, y) zu genau einer Geschichte. Also ist die Familie $\{R_h\}$ eine *Partition* oder *disjunkte Überlagerung* der Menge aller Werte $X \times Y$:

$$X \times Y = \dot{\bigcup}_{h \in \mathcal{H}} R_h \, , \tag{3}$$

wobei $\mathcal{H}$ die Menge aller möglichen Geschichten ist. Das Zeichen $\dot{\bigcup}$ steht für *disjunkte Vereinigung* und teilt uns zwei verschiedene Sachen mit: Einerseits $X \times Y = \bigcup_{h \in \mathcal{H}} R_h$, andererseits $R_h \cap R_{h'} = \emptyset$ für verschiedene $h \neq h' \in \mathcal{H}$.

Es enthält nun jede Geschichte h den Wert der Funktion $f(x, y)$ als Bobs letzte Nachricht b_t. Also ist jedes R_h eine *f-monochromatische* Menge, also entweder $f(x, y) = 0$ für alle $(x, y) \in R_h$ oder $f(x, y) = 1$ für alle solche (x, y).

Zuletzt, und das ist der springende Punkt, ist jedes R_h ein *(kombinatorisches) Rechteck* — es hat die Form $R_h = X_h \times Y_h$ für bestimmte $X_h \subseteq X$, $Y_h \subseteq Y$. Dies folgt direkt aus dem Satz „(x, y) führt zur Geschichte $(a_1, b_1, \ldots, a_t, b_t)$". Schauen wir uns nämlich Abbildung 1 genau an, so sehen wir, dass dies zu den folgenden „Zwangsbedingungen" für (x, y) äquivalent ist: $f_1(x) = a_1$, $g_1(y, a_1) = b_1$, $f_2(x, a_1, b_1) = a_2, \ldots, g_t(y, a_1, \ldots, a_t) = b_t$. Hierbei hängen die Bedingungen, die an einer ungeraden Stelle in dieser Kette stehen, nur von x ab (da h fest ist!); sei X_h die Menge der $x \in X$, die all diese Bedingungen erfüllen. Analog sei Y_h die Menge der $y \in Y$, die die an geraden Stellen stehenden Bedingungen erfüllen. Wie man leicht sieht, ist $R_h = X_h \times Y_h$!

Es ist nun Zeit für eine kurze Zusammenfassung. Für jedes Protokoll P, das unser Problem $f : X \times Y \longrightarrow \{0, 1\}$ löst, konnten wir $X \times Y$ in höchstens $2^{\mathrm{cost}(P)}$ Stücke so aufspalten, dass jedes Stück ein f-monochromatisches kombinatorisches Rechteck ist. Wir bezeichnen mit $\chi(f)$ die kleinste Anzahl f-monochromatischer Rechtecke, in die wir $X \times Y$ partitionieren können (Komplexitätstheoretiker lieben es wirklich, neue Komplexitätsmaße einzuführen). Wir haben somit bis auf eine kleine, von den Details des Modells abhängende multiplikative Konstante gezeigt:

Theorem 1 (Yao). $C(f) \geq \log_2 \chi(f)$. $\qquad\qquad\qquad\qquad\qquad$ □

Nun kehren wir wieder zum Spezialfall $f = \mathrm{EQ}_N$ zurück. Jedes f-monochromatische kombinatorische Rechteck ist entweder ein *0-Rechteck* (d. h. eines, auf dem f verschwindet) oder ein 1-Rechteck. Die Funktion EQ_N hat viele große 0-Rechtecke. (Kannst du eins finden?) Aber alle 1-Rechtecke sind sehr primitiv: jedes solche Rechteck besteht nur aus einem Punkt (x, x). Nur für das Überdecken der „Diagonale" $\{(x, x) \mid x \in X\}$ benötigt man also bereits N verschiedene 1-Rechtecke, woraus $\chi(\mathrm{EQ}_N) \geq N$ folgt. Mit Theorem 1 ergibt das das gewünschte Ergebnis:

Korollar 2. $C(\mathrm{EQ}_N) \geq \log_2 N$. $\qquad\qquad\qquad\qquad\qquad\qquad\qquad$ □

Übung 1. *Die Funktion* LE_N *(kleinergleich) ist auf* $\{1, 2, \dots, N\} \times \{1, 2, \dots, N\}$ *durch*

$$\mathrm{LE}_N(x, y) = 1 \text{ genau dann, wenn } x \leq y$$

definiert. Zeige $C(\mathrm{LE}_N) \geq \log_2 N$.

Übung 2 (schwer). *Die Funktion* DISJ_n *ist auf* $\{0, 1\}^n \times \{0, 1\}^n$ *durch*

$$\mathrm{DISJ}_n(x, y) = 1 \text{ genau dann, wenn } \forall i \leq n : x_i = 0 \vee y_i = 0 ,$$

definiert, ist also genau dann 1, wenn die Mengen der Positionen, an denen x *und* y *eine 1 haben, disjunkt sind. Man zeige* $C(\mathrm{DISJ}_n) \geq \Omega(n)$.

(Hierbei ist Ω eine weitere Lieblingsnotation der Komplexitätstheoretiker. Sie ist dual zu dem „großen O"; die Ungleichung $C(\mathrm{DISJ}_n) \geq \Omega(n)$ bedeutet, dass es eine Konstante $\varepsilon > 0$, die wir nicht berechnen wollen, gibt, so dass $C(\mathrm{DISJ}_n) \geq \varepsilon n$ für alle n.)

Hinweis. Wie viele Punkte (x, y) mit $\mathrm{DISJ}_n(x, y) = 1$ gibt es? Und was ist die maximale Größe eines 1-Rechtecks?

4 Sind die Schranken scharf?

Wir interessieren uns nun dafür, wie gut die Aussage von Theorem 1 im Allgemeinen ist. Kann $\chi(f)$ klein sein, so dass es eine gute disjunkte Überlagerung durch f-monochromatische Rechtecke gibt, und $C(f)$ trotzdem groß sein, was insbesondere besagt, dass wir aus unserer Überlagerung kein ordentliches Kommunikationsprotokoll konstruieren können? Abbildung 2 deutet

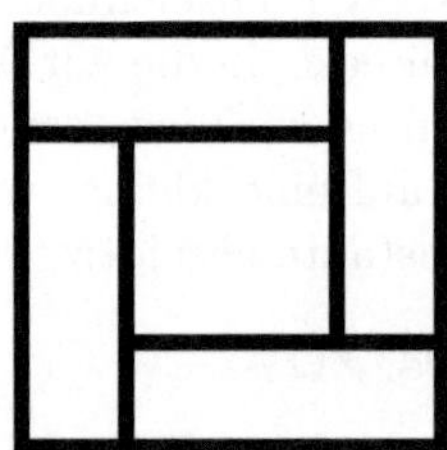

Abb. 2. Was soll Alice machen?

bereits an, dass diese Frage durchaus nichttrivial sein kann: sie zeigt ein Beispiel für eine disjunkte Überlagerung durch nur fünf Rechtecke, die keinem Kommunikationsprotokoll entspricht.

Wie so oft hängt die Antwort von der verlangten Genauigkeit ab. In der nächsten einflussreichen Arbeit zur Kommunikationskomplexität [1] wurde unter anderem gezeigt

Theorem 3 (Aho, Ullman, Yannakakis). $C(f) \leq O(\log_2 \chi(f))^2$.

Der Beweis ist zwar nicht schwer, aber trotzdem höchstgradig nichttrivial. Man mag versuchen, ihn selbst zu finden, oder ihn z. B. in [17] nachlesen.

Benötigen wir das Quadrat in Theorem 3? In den fast dreißig Jahren seit dem Erscheinen von [1] haben viele Leute diese Frage von beiden Seiten angegangen. Bis jetzt hat sie allen Bemühungen widerstanden...

Offenes Problem 1. *Ist stets* $C(f) \leq O(\log_2 \chi(f))$*?*

Neben Theorem 3 enthält [1] viele weitere wichtige Ergebnisse über sogenannte *nichtdeterministische Kommunikationskomplexität*. In diesem Modell erhalten Alice und Bob zusätzlich ein gemeinsames Wort z, das nicht vom Protokoll festgelegt wird (daher auch der Name), sondern ihnen von einer allmächtigen dritten Partei gegeben wird, die sie von $f(x, y) = 1$ überzeugen will. Wir fordern dabei, dass ein solches überzeugendes Wort z genau dann existiert, wenn $f(x, y)$ *wirklich* 1 ist. Hierbei wird also die Symmetrie zwischen den Antworten 0 und 1 gebrochen. Aus Platzgründen können wir nur kurz auf dieses wichtige Konzept eingehen, und die hier erwähnten Komplexitätsmaße werden im späteren Beitrag kaum verwendet werden.

Es sei $t(f)$ wie $\chi(f)$ definiert, mit dem Unterschied, dass sich die monochromatischen Rechtecke der Überlagerung schneiden dürfen. Offensichtlich $t(f) \leq \chi(f)$, aber Theorem 3 gilt immer noch: $C(f) \leq O(\log_2 t(f))^2$. Andererseits gibt es Beispiele, in denen $C(f)$ Größenordnung $(\log_2 t(f))^2$ hat. Die (negative) Antwort auf Problem 1 ist im Fall nicht notwendigerweise disjunkter Überlagerungen also bekannt.

Es seien nun $\chi_0(f)$ und $\chi_1(f)$ wie $\chi(f)$ definiert, wobei wir uns aber nur für Überlagerungen der 0 bzw. 1 ergebenden Werte interessieren; offensichtlich $\chi(f) = \chi_0(f) + \chi_1(f)$. Es gilt immer noch $C(f) \leq O(\log_2 \chi_1(f))^2$ und aus Symmetriegründen $C(f) \leq O(\log_2 \chi_0(f))^2$. Analog definieren wir die Größen $t_0(f)$ und $t_1(f)$ (die oben erwähnte nichtdeterministische Kommunikationskomplexität stellt sich als $\log_2 t_1(f)$ heraus). Wir können nur aus $\log_2 t_1(f)$ oder $\log_2 t_0(f)$ keine vernünftige (etwa besser als exponentielle) Schranke für $C(f)$ ableiten: So ist etwa $t_0(\mathrm{EQ}_N) \leq O(\log_2 N)$ (warum?), aber bekanntlich $C(\mathrm{EQ}_N) \geq \log_2 N$. Zusammengefasst können wir die deterministische Kommunikationskomplexität nicht gut durch die nichtdeterministische abschätzen; dies wird aber möglich, wenn die nichtdeterministische Kommunikationskomplexität der negierten Funktion auch klein ist.

Der nächste Meilenstein wurde in der Arbeit [19] gesetzt, die *algebraische Methoden* in das Feld einführte. Bis jetzt basierten alle unteren Schranken (Korollar 2 sowie Übungen 1 und 2) für $\chi(f)$ auf derselben naiven Idee: Man wählt „viele" Werte $D \subseteq X \times Y$, so dass ein f-monochromatisches Rechteck nur „wenige" von ihnen überdecken kann und wendet dann das Schubfachprinzip an. Hierbei benutzen wir aber nicht die Disjunktheit der Überlagerung (3), schätzen also eigentlich nur $t(f)$ und nicht $\chi(f)$ ab. Ist das gut oder schlecht? Dies hängt immer vom Standpunkt ab. Einerseits ist es natürlich praktisch, automatisch untere Schranken für die *nichtdeterministische*

Kommunikationskomplexität $\log_2 t_1(f)$ mitzubeweisen. Andererseits ist die $t(f)$ entsprechende Größe manchmal *immer* klein, und um $\chi(f)$ von unten abzuschätzen, müssen wir also Methoden benutzen, die den Unterschied zwischen beiden Begriffen „fühlen". Die erste solche Methode war Mehlhorns und Schmidts *untere-Rang-Schranke* [19].

Für diese benötigen wir grundlegende Begriffe aus der linearen Algebra wie *Matrizen M* oder ihren *Rang* $\mathrm{rg}(M)$ sowie einige ihrer einfachsten Eigenschaften. Für den Leser, der diese Begriffe nicht kennt, bietet sich jetzt die einmalige Gelegenheit, sich ein Buch über Lineare Algebra zu greifen und einige Kapitel zu lesen. Früher oder später muss man diese sowieso lernen, aber jetzt kann man außerdem noch eine unerwartete und interessante Anwendung dieser Abstrakta sehen.

Sei $f : X \times Y \longrightarrow \{0,1\}$ beliebig. Wir können ihre Werte in der *Kommunikationsmatrix M_f* anordnen. Diese hat für jedes Element von X eine Zeile und für jedes Element von Y eine Spalte (die Reihenfolge ist dabei jeweils irrelevant), und in die Zelle in der x-ten Zeile und y-ten Spalte schreiben wir $f(x,y)$. Eine Verbindung zwischen diesen verschiedenen Welten Kombinatorik und Lineare Algebra liefert uns der nächste Satz:

Theorem 4. $\chi(f) \geq \mathrm{rg}(M_f)$.

Beweis. Der Beweis ist bemerkenswert einfach. Seien $R_1, \ldots, R_\chi$ disjunkte 1-Rechtecke, die alle (x,y) mit $f(x,y) = 1$ überdecken, mit $\chi \leq \chi(f)$. Sei $f_i : X \times Y \longrightarrow \{0,1\}$ die *charakteristische* Funktion des Rechtecks R_i, also $f_i(x,y) = 1 \iff (x,y) \in R_i$, und sei $M_i = M_{f_i}$ ihre Kommunikationsmatrix. Dann $\mathrm{rg}(M_i) = 1$ (warum?) und $M_f = \sum_{i=1}^{\chi} M_i$. Also $\mathrm{rg}(M_f) \leq \sum_{i=1}^{\chi} \mathrm{rg}(M_i) \leq \chi \leq \chi(f)$. $\qquad\qquad\square$

Man sieht den Nutzen von Theorem 4 bereits daran, dass M_{EQ_N} die Einheitsmatrix ist (falls wir die Zeilen und Spalten gleich anordnen), also $\mathrm{rg}(M_{\mathrm{EQ}_N}) = N$ und damit folgt sofort Korollar 2. Analog ist M_{LE_N} die obere Dreiecksmatrix und daher $\mathrm{rg}(M_{\mathrm{LE}_N}) = N$. Wir erhalten Übung 1. Mit mehr Aufwand erhält man auch, dass die Kommunikationsmatrix M_{DISJ_n} nichtsingulär ist, also $\mathrm{rg}(M_{\mathrm{DISJ}_n}) = 2^n$. Es folgt $C(\mathrm{DISJ}_n) \geq n$, was wir aufgrund von (1) nicht mehr groß verbessern können, und was auch *stärker* als das kombinatorische Ergebnis in Übung 2 ist (das Ω ist verschwunden).

Wie scharf ist die Schranke in Satz 4? Eine Weile lang vermutete man $\chi(f) \leq (\mathrm{rg}(M_f))^{O(1)}$ oder vielleicht sogar $\chi(f) \leq O(\mathrm{rg}(M_f))$. In dieser Form wurde die Vermutung in mehreren Arbeiten [2, 23, 21] widerlegt. Aber es ist immer noch möglich und glaubhaft, dass

$$\chi(f) \leq 2^{O(\log_2 \mathrm{rg}(M_f))^2} ;$$

mit Theorem 3 ergibt dies immer noch die höchstgradig nichttriviale Ungleichung $C(f) \leq O(\log_2 \mathrm{rg}(M_f))^4$.

Trotz jahrzehntelanger Forschung können wir diese Frage immer noch nicht beantworten, und es haben sich noch nicht einmal gute Ansätze für dieses in einschlägigen Kreisen als *Log-Rang-Vermutung* bekannte Problem ergeben.

Offenes Problem 2 (Log-Rang-Vermutung). *Gilt stets*

$$\chi(f) \le 2^{(\log_2 \operatorname{rg}(M_f))^{O(1)}} \ ?$$

Äquivalent dazu (nach den Sätzen 1 und 3), ist stets $C(f) \le (\log_2 \operatorname{rg}(M_f))^{O(1)}$ *?*

5 Probabilistische Modelle

Hiermit verlassen wir das grundlegende Modell der Kommunikationskomplexität. Mit einigen Veränderungen entstehen noch mehr faszinierende und schwere Probleme. Eine der wichtigsten, die wir als einzige noch ausreichend behandeln können, ist das Modell der *probabilistischen Kommunikationskomplexität.*

Alice und Bob nehmen sich jetzt weniger vor und tolerieren bei der Berechnung von $f(x, y)$ auch bis zu einer gewissen Wahrscheinlichkeit Fehler. Beide besitzen eine gerechte Münze (im wissenschaftlichen Jargon ein *zufälliger Bit-Erzeuger*), die sie während der Durchführung des Protokolls werfen und je nach Ergebnis ihre Nachrichten anpassen. Alles andere bleibt gleich (also wie in Abbildung 1), aber wir müssen zunächst noch definieren, wann ein Protokoll P eine Funktion f richtig berechnet.

Sei ein Wert (x, y) festgelegt. Alice und Bob mögen ihre Münzen insgesamt r Mal werfen, womit wir 2^r mögliche Ergebnisse erhalten. Manche sind *gut*, d. h. Bob berechnet den richtigen Wert $f(x, y)$, in anderen, *schlechten* Fällen irrt er sich. Ist nun $\operatorname{Gut}(x, y)$ die Menge aller guten Ergebnisse, so heißt die Größe

$$p_{xy} = \frac{|\operatorname{Gut}(x, y)|}{2^r} \tag{4}$$

aus naheliegenden Gründen *Erfolgswahrscheinlichkeit* für den Wert (x, y).

Welche Bedingungen stellen wir nun an diese Größe? Es gibt ein sehr einfaches Protokoll mit Kosten 1, das $p_{xy} = 1/2$ liefert: Bob wirft einfach seine Münze und behauptet, dass das Ergebnis $f(x, y)$ ist. Wir verlangen also zumindest

$$p_{xy} > 1/2 \,. \tag{5}$$

Sollten wir die Erfolgswahrscheinlichkeit noch mehr von 1/2 trennen?

Wie sich herausstellt, gibt es im Grunde genommen nur drei Möglichkeiten (wir bleiben faul und kümmern uns nicht um die genauen Werte von Konstanten). Die beliebteste und wichtigste ist, $p_{xy} \ge 2/3$ für *alle* Werte (x, y) zu fordern. Die minimalen Kosten eines diese Bedingung erfüllenden probabilistischen Protokolls nennt man *fehlerbeschränkte probabilistische Kommunikationskomplexität der Funktion f*, und man bezeichnet sie mit $R(f)$. Fordern wir nur für jeden Wert (x, y), dass (5) gilt, so nennen wir das Modell *fehlerunbeschränkt*, und das entsprechende Komplexitätsmaß heißt $U(f)$. Im dritten Modell (weniger bekannt und hier nicht betrachtet) fordern wir auch (5), lassen aber die Anzahl der Münzwürfe in die Kosten einfließen. Man erhält etwa, dass aus (5) für jedes Protokoll mit Kosten $O(\log_2 n)$ bereits die bessere Schranke $p_{x,y} \geq \frac{1}{2} + \frac{1}{p(n)}$ für ein bestimmtes Polynom $p(n)$ folgt.

Wir forderten in der Definition von $R(f)$ nur $p_{xy} \geq 2/3$ und nicht etwa $p_{xy} \geq 0.9999$, da wir mit der sogenannten *Amplifikation* zeigen können, dass beide Bedingungen mehr oder weniger äquivalent sind. Haben Alice und Bob nämlich erst einmal ein Protokoll mit Kosten $R(f)$, das $p_{xy} \geq 2/3$ erfüllt, so können sie es tausendmal hintereinander ausführen und am Ende die häufigste Antwort ausgeben. Dann ist die Fehlerwahrscheinlichkeit dieses Protokolls mit Kosten $\leq 1000R(f)$ höchstens $10^{-10} \ldots$ (für den Beweis benötigt man ein wenig elementare Stochastik, etwa die Chernoff-Ungleichung).

Helfen uns diese Münzen nun wirklich, gibt es also interessante Probleme, die sich mit Zufall effizienter als ohne lösen lassen? Diese Frage wird von der folgenden schönen Konstruktion von Rabin und Yao beantwortet, die man mit Korollar 2 vergleichen sollte:

Theorem 5. $R(\mathrm{EQ}_N) \leq O(\log_2 \log_2 N)$.

Beweis. Für den Beweis stellen wir Elemente von X und Y als Binärwörter der Länge $n = \lceil \log_2 N \rceil$ dar. Hierbei interpretieren wir das Binärwort $x_1 x_2 \ldots x_n$ als Polynom $x_1 + x_2 \xi + \ldots + x_n \xi^{n-1}$ in einer Variable ξ. Alice und Bob haben also zwei Polynome der obigen Form, die sie auf Gleichheit überprüfen wollen. Hierfür einigen sie sich im Voraus auf eine Primzahl $p \in [3n, 6n]$ (die nach dem Bertrandschen Postulat stets existiert). Durch Münzwurf bestimmt Alice ein zufälliges Element $\xi \in \{0, 1, \ldots, p - 1\}$, bestimmt den Rest (!) $g(\xi) \mod p$ und schickt Bob das Paar $(\xi, g(\xi) \mod p)$. Bob bestimmt $h(\xi) \mod p$ und berechnet genau dann 1, wenn $h(\xi) = g(\xi) \mod p$.

Wie verlangt hat dieses Protokoll nur Kosten $O(\log_2 n)$, da man dies die Anzahl von Bits ist, die man zur Übertragung des Paares $(\xi, g(\xi) \mod p)$ zweier durch $p \leq O(n)$ beschränkten ganzen Zahlen benötigt. Was ist aber seine Erfolgswahrscheinlichkeit? Für $\mathrm{EQ}(g, h) = 1$ ist $g = h$, und Bob gibt stets eine 1 aus, weshalb es in diesem Fall nie einen Fehler gibt. Was passiert aber für $g \neq h$? Dann ist $(h - g)$ ein *von Null verschiedenes* Polynom vom Grad $\leq n$. Jedes solche Polynom kann über dem endlichen Körper $\mathbb{F}_p$ höchstens n verschiedene Nullstellen haben. Dies heißt einfach nur, dass die Anzahl der schlechten $\xi \in \{0, 1, \ldots, p - 1\}$, für die Bob sich aufgrund von $g(\xi) = h(\xi) \mod p$ in die Irre führen lässt, durch $n \leq \frac{p}{3}$ beschränkt ist. Da ξ zufällig aus $\{0, 1 \ldots, p - 1\}$ gewählt wurde, ist die Erfolgswahrscheinlichkeit mindestens $2/3$. $\qquad\qquad\qquad\qquad\qquad\qquad\qquad\qquad\qquad\qquad\qquad\square$

Auch die anderen bereits gesehenen Probleme lassen sich für probabilistische Protokolle untersuchen. Die Kleinergleich-Funktion aus Übung 1 verändert ihr Verhalten auch: $R(\text{LE}_N) \leq O(\log_2 \log_2 N)$, wobei hierfür der Beweis *unheimlich* viel komplizierter ist [17, Exercise 3.18]. Für die Disjunktheitsfunktion hilft uns der Zufall nicht viel:

Theorem 6. $R(\text{DISJ}_n) \geq \Omega(n)$.

Auch diesen Beweis können wir hier nicht geben. Stattdessen untersuchen wir eine andere wichtige Funktion, das *Skalarprodukt* $\bmod\, 2$, die wir nun beschreiben.

Betrachte für $x, y \in \{0,1\}^n$ wie für Disjunktheit die Menge der Indizes i mit $x_i = y_i = 1$. Dann ist $\text{IP}_n(x,y) = 1$ genau dann, wenn die Mächtigkeit dieser Menge ungerade ist. Chor und Goldreich [9] bewiesen

Theorem 7. $R(\text{IP}_n) \geq \Omega(n)$.

Auch hier können wir den vollständigen Beweis nicht geben, wollen aber trotzdem den ihn durchziehenden roten Faden aufzeigen.

Bis jetzt haben wir uns nur für f-monochromatische Rechtecke, also solche, die entweder nur aus Nullen oder nur aus Einsen bestehen, interessiert. Dabei wollten wir zeigen, dass jedes solche Rechteck in einem bestimmten Sinne klein ist. Für allgemeine probabilistische Protokolle müssen wir nun auch *allgemeine* Rechtecke R betrachten. Jedes solche Rechteck enthält eine gewisse Anzahl $N_0(f, R)$ von Punkten mit $f(x,y) = 0$ und $N_1(f, R)$ Punkte mit $f(x,y) = 1$. Wir müssen nun zeigen, dass auch „große" R „ausgeglichen" sind, womit wir meinen, dass $N_0(f, R)$ und $N_1(f, R)$ „nah beieinander" liegen. Mathematisch definieren wir die *Diskrepanz unter Gleichverteilung*[5] der Funktion $f : X \times Y \longrightarrow \{0,1\}$ als

$$\text{Disc}_u(f) = \max_R \frac{|N_0(f, R) - N_1(f, R)|}{|X| \times |Y|},$$

wobei sich das Maximum über alle möglichen kombinatorischen Rechtecke $R \subseteq X \times Y$ erstreckt.

Es stellt sich nun heraus, dass

$$R(f) \geq \Omega(\log_2(1/\text{Disc}_u(f))), \tag{6}$$

also gibt uns geringe Diskrepanz gute Abschätzungen für probabilistische Protokolle. Theorem 7 lässt sich nun mit $\text{Disc}_u(\text{IP}_n) \leq 2^{-n/2}$, was bereits recht nichttrivial ist, beweisen.

Was passiert nun, wenn wir zusätzlich probabilistische Protokolle mit unbeschränktem Fehler zulassen, also nur fordern, dass die Erfolgswahrscheinlichkeit (4) stets echt größer als $1/2$ ist? Die Komplexität der Gleichheitsfunktion entartet vollkommen [20]:

Theorem 8. $U(\mathrm{EQ}_N) \leq 2$.

Auch die Disjunktheitsfunktion wird einfacher, und dies ist eine gute Übung:

Übung 3. *Man zeige* $U(\mathrm{DISJ}_n) \leq O(\log_2 n)$.

Das innere Produkt hält aber die Stellung:

Theorem 9. $U(\mathrm{IP}_n) \geq \Omega(n)$.

Dieses so schöne wie geniale Ergebnis Forsters [10] gehört zu meinen Favoriten der gesamten Komplexitätstheorie.

6 Andere Varianten von Kommunikationskomplexität

Wir schließen nun mit einigen besonders aktiven modernen Forschungsrichtungen der Kommunikationskomplexitätstheorie.

Quantenkommunikation

Ich versuche lieber nicht, einen *Quantencomputer* zu definieren — vielleicht hat der Leser bereits von diesem bis jetzt nicht konstruierten Gerät gehört. Es reicht zu wissen, dass man auch mit ihnen Kommunikationsprobleme lösen kann [28]. Sei $Q(f)$ das entsprechende Komplexitätsmaß. Ein Quantencomputer hat implizit Zugang zu zufälligen Bits, also $Q(f) \leq R(f)$. Andererseits gilt die Diskrepanzschranke (6) auch für Quantenprotokolle [16] und ergibt für sie dieselbe Schranke wie in Theorem 7. Interessanter wird es, wenn wir die Disjunktheitsfunktion betrachten: Ihre Komplexität fällt von n auf $\sqrt{n}$ [7, 25]. Die Frage, ob ein Quantenkommunikationsprotokoll mehr als eine Quadratwurzel besser als das beste probabilistische Protokoll sein kann, gehört zu den wichtigsten und schwersten Problemen der Disziplin:

Offenes Problem 3. *Kann man $R(f)$ für Funktionen $f : X \times Y \longrightarrow \{0,1\}$ durch ein Polynom in $Q(f)$ abschätzen?*

Mehrparteienkommunikation

Es gibt nun mehr als zwei Spieler Alice, Bob, Claire, Dylan, Eve... die gemeinsam eine Funktion f auswerten wollen. Es ergeben sich wieder verschiedene Modelle, je nachdem, wie man den Ausgangswert unter den Spielern verteilt. Im einfachsten Fall kennt jeder Spieler wieder nur seinen eigenen Wert. Es stellt sich aber heraus, dass dieses Modell nicht so wichtig wie das folgende *Zahl-auf-der-Stirn*-Modell ist (dieses hat *enorm* viele Anwendungen). In diesem wollen k Spieler weiterhin eine Funktion $f(x^1, \ldots, x^k)$, $x^i \in \{0,1\}^n$ auswerten. Der Haken ist dabei, dass jeder Spieler x_i auf seiner

Stirn stehen hat, also *alle Teile des Ausgangswert bis auf seinen eigenen* sehen kann. Es sei $C^k(f)$ die kleinste Anzahl von Bits, die die Spieler zur korrekten Berechnung von $f(x^1, \ldots, x^k)$ austauschen müssen; der Einfachheit halber nehmen wir an, dass jede Nachricht an alle anderen Spieler weitergeleitet wird.

Die Funktionen DISJ_n und IP_n lassen sich in diesem Modell bis auf vom Leser leicht auszufüllende Details „eindeutig" zu DISJ_n^k und IP_n^k fortsetzen. In der klassischen Arbeit [5] bewies man nun

Theorem 10. $C^k(\mathrm{IP}_n^k) \geq \Omega(n)$ *für* $k \leq \varepsilon \log_2 n$, *wobei* $\varepsilon > 0$ *eine hinreichend kleine Konstante ist.*

Könnte man nun dieses Ergebnis für irgendeine „gute" Funktion f auf größere Spieleranzahlen fortsetzen, so würde man die Komplexitätstheorie revolutionieren, wie schon in [5] angedeutet wurde. Aber keine der uns bekannten Methoden kann diesem Problem etwas anhaben.

Offenes Problem 4. *Man zeige* $C^k(\mathrm{IP}_n^k) \geq n^\varepsilon$ *für* $k = \lceil (\log_2 n)^2 \rceil$ *und eine beliebige aber feste Konstante* $\varepsilon > 0$.

Selbst für $k = 3$ blieb die Kommunikationskomplexität von DISJ_n^k lange Zeit unbekannt. Erst vor kurzem wurde in [8, 18, 6] ein Durchbruch erzielt: Die Autoren zeigten für bis zu $k = \varepsilon(\log_2 n)^{1/3}$ Spieler nichttriviale untere Schranken für $C^k(\mathrm{DISJ}_n^k)$.

Suchprobleme

Bis jetzt betrachteten wir nur Funktionen, die nur zwei Werte 0 und 1 annehmen können. Solche Funktionen identifiziert man in der Komplexitätstheorie normalerweise mit *Entscheidungsproblemen* oder *Sprachen*. Nichts hindert uns aber daran, allgemeinere Funktionen $f : X \times Y \longrightarrow Z$ zu betrachten, wobei Z eine kompliziertere endliche Menge ist. Noch weiter gehend kann man sogar annehmen, dass die Funktion f *mehrwertig* ist. Dies bedeutet, dass es eine ternäre Relation $R \subseteq X \times Y \times Z$ gibt, so dass es für jedes Paar (x, y) mindestens ein $z \in Z$ (einen „Wert" von f) mit $(x, y, z) \in R$ gibt. Für gegebene (x, y) soll das Protokoll nun *irgendein* $z \in Z$ mit $(x, y, z) \in R$ ausgeben, an das wir sonst keine Bedingungen stellen. Aufgaben dieser Art heißen *Suchprobleme*.

Normalerweise ist die Komplexität von Suchproblemen noch schwerer zu analysieren als die von Entscheidungsproblemen. Dies sieht man schon am folgenden, von der Gleichheitsfunktion inspirierten Beispiel.

Es seien $X, Y \subseteq \{0, 1\}^n$ disjunkt: $X \cap Y = \emptyset$. Dann ist $\mathrm{EQ}(x, y) = 0$ für alle $x \in X$, $y \in Y$, und es gibt stets eine Position i, an der sich beide Werte unterscheiden: $x_i \neq y_i$. Alice und Bob seien nun damit beauftragt, *irgendeine* solche Position zu finden.

Dieses so unschuldig aussehende Kommunikationsproblem ist in Wahrheit äquivalent zum zweiten großen offenen Problem der Berechnungskomplexität über die Tiefe von Berechnungen (der erste Platz wird von **P** vs. **NP** eingenommen). Wir haben keine Ahnung, wie man hier untere Schranken zeigen könnte. Ein einfacheres Problem können wir analog aus der Disjunktheitsfunktion ableiten.

Wir nehmen also statt $X \cap Y = \emptyset$ an, dass es für jeden Wert $(x, y) \in X \times Y$ eine Position i mit $x_i = y_i = 1$ gibt. Alice und Bob sollen wieder ein solches i finden. Für dieses Problem konnte man in der Tat in [15, 22, 14] untere Schranken finden, die interessante Konsequenzen für die *monotone* Schaltungstiefe Boolescher Funktionen tragen.

7 Zusammenfassung

Wir wollten in diesem Beitrag demonstrieren, wie schnell einfache, elementare und unschuldige Fragen zu jahrzehntelang offenen Problemen führen können. Neben den erwähnten gibt es noch viele weitere solche Herausforderungen in der Komplexitätstheorie, für die wir jungen und kreativen Nachwuchs benötigen. Wir hoffen daher, dass dieser Beitrag den Leser dazu verleitet, sich mehr mit diesem faszinierenden Thema zu beschäftigen.

Formelindex

Da wir in diesem Beitrag viele untypische Begriffe eingeführt haben, wollen wir hier die wichtigsten von ihnen zusammen mit einer kurzen Beschreibung und der ersten Seite, auf der sie auftauchen, auflisten.

Komplexitätsmaße

$\mathrm{cost}(P)$ *Kosten des Protokolls* P — maximale Anzahl von Bits, die zur Berechnung der Funktion mittels P für irgendeinen Wert (x, y) übertragen werden müssen **103**

$C(f)$ *Kommunikationskomplexität (des schlimmsten Falls) der Funktion* f — minimale Kosten eines f berechnenden Protokolls **103**

$\chi(f)$ *Partitionszahl einer Funktion* f — kleinste Anzahl paarweise disjunkter f-monochromatischer Rechtecke, die den Definitionsbereich von f überdecken **107**

$t(f)$ *Überlagerungszahl der Funktion* f — kleinste Anzahl f-monochromatischer Rechtecke, die den Definitionsbereich von f überdecken **109**

$\chi_0(f)$ kleinste Anzahl paarweise disjunkter f-monochromatischer Rechtecke, die $f^{-1}(\{0\})$ überdecken **109**

$\chi_1(f)$ kleinste Anzahl paarweise disjunkter f-monochromatischer Rechtecke, die $f^{-1}(\{1\})$ überdecken **109**

$t_0(f)$ kleinste Anzahl f-monochromatischer Rechtecke, die $f^{-1}(\{0\})$ überdecken **109**

$t_1(f)$ Kleinste Anzahl f-monochromatischer Rechtecke, die $f^{-1}(\{1\})$ überdecken ($\log_2 t_1(f)$ *heißt nichtdeterministische Kommunikationskomplexität von f*) **109**

$R(f)$ *fehlerbeschränkte probabilistische Kommunikationskomplexität der Funktion f — minimale Kosten eines zufallsbasierten Protokolls, so dass das Ergebnis für jeden Wert mindestens mit Wahrscheinlichkeit $\frac{2}{3}$ richtig ist* **112**

$U(f)$ *fehlerunbeschränkte probabilistische Kommunikationskomplexität der Funktion f — minimale Kosten eines zufallsbasierten Protokolls, so dass das Ergebnis für jeden Wert mit Wahrscheinlichkeit echt größer als $\frac{1}{2}$ richtig ist* **112**

$\mathrm{Disc}_u(f)$ *Diskrepanz (unter Gleichverteilung) der Funktion f — größte Differenz der Anzahlen der Urwerte von 0 und 1 in einem Rechteck (geteilt durch $|X \times Y|$, wobei f auf $X \times Y$ definiert ist)* **113**

$Q(f)$ *Quantenkommunikationskomplexität der Funktion f — minimale Kosten eines f berechnenden Quantencomputerprotokolls* **114**

$C^k(f)$ *Mehrparteienkommunikationskomplexität der Funktion f — minimale Anzahl von Bits, die k Spieler zur Berechnung von f austauschen müssen (im Zahl-auf-der-Stirn-Modell)* **115**

Binäre Funktionen

EQ_N *Gleichheitsfunktion* — bildet $\{1, 2, \ldots, N\} \times \{1, 2, \ldots, N\}$ auf $\{0, 1\}$ ab mit $\mathrm{EQ}_N(x, y) = 1$ genau dann, wenn $x = y$ ab **104**

LE_N *Kleinergleich-Funktion* — bildet $\{1, 2, \ldots, N\} \times \{1, 2, \ldots, N\}$ auf $\{0, 1\}$ ab mit $\mathrm{LE}_N(x, y) = 1$ genau dann, wenn $x \leq y$ ab **108**

DISJ_n *Disjunktheitsfunktion („NAND")* — bildet $\{0, 1\}^n \times \{0, 1\}^n$ auf $\{0, 1\}$ ab mit $\mathrm{DISJ}_n(x, y) = 1$ genau dann, wenn $x_i = 0$ oder $y_i = 0$ für alle $i \leq n$ ab **108**

IP_n *Skalarprodukt* $\bmod\ 2$ — bildet $\{0, 1\}^n \times \{0, 1\}^n$ auf $\{0, 1\}$ ab mit $\mathrm{IP}_n(x, y) = 1$ genau dann, wenn $x_i = y_i = 1$ für ungerade viele i ab **113**

DISJ_n^k *verallgemeinerte Disjunktheitsfunktion* — bildet $(\{0, 1\}^n)^k$ auf $\{0, 1\}$ ab mit $\mathrm{DISJ}_n^k(x^1, \ldots, x^k) = 1$ genau dann, wenn es für alle $i \leq n$ ein $\nu \in \{1, \ldots, k\}$ mit $x_i^\nu = 0$ gibt, ab **115**

IP_n^k *verallgemeinertes Skalarprodukt* $\bmod\ 2$ — bildet $(\{0, 1\}^n)^k$ auf $\{0, 1\}$ ab mit $\mathrm{IP}_n^k(x^1, \ldots, x^k) = 1$ genau dann, wenn es ungerade viele Indizes i mit $x_i^1 = x_i^2 = \ldots = x_i^k = 1$ gibt **115**

Funktionenwachstum[6] und Diverses

$O(f(n))$ $g(n) \leq O(f(n))$ genau dann, wenn es $C > 0$ mit $g(n) \leq Cf(n)$ für alle n gibt   **104**

$\Omega(f(n))$ $g(n) \geq \Omega(f(n))$ genau dann, wenn es $\varepsilon > 0$ mit $g(n) \geq \varepsilon f(n)$ für alle n gibt   **108**

$\lceil x \rceil$ die kleinste ganze Zahl $n \geq x$ für $x \in \mathbb{R}$ **103**

Literaturverzeichnis

[1] Alfred V. Aho, Jeffrey D. Ullman und Mihalis Yannakakis, *On notions of information transfer in VLSI circuits*. In: *Proceedings of the 15th ACM Symposium on the Theory of Computing*, ACM Press, New York, 1983, 133–139.

[2] Noga Alon und Paul Seymour, *A counterexample to the rank-coloring conjecture*. Journal of Graph Theory **13** (1989), 523–525.

[3] Sanjeev Arora und Boaz Barak, *Computational Complexity: A Modern Approach*. Cambridge University Press, Cambridge, 2009.

[4] László Babai, Peter Frank und Janos Simon, *Complexity classes in communication complexity theory*. In: *Proceedings of the 27th IEEE Symposium on Foundations of Computer Science*, IEEE Computer Society, Los Alamitos, 1986, 337–347.

[5] László Babai, Noam Nisan und Márió Szegedy, *Multiparty protocols, pseudorandom generators for logspace, and time-space trade-offs*. Journal of Computer and System Sciences **45** (1992), 204–232.

[6] Paul Beame und Dang-Trinh Huynh-Ngóc, *Multiparty communication complexity and threshold circuit size of AC^0*. Technical Report TR08-082, Electronic Colloquium on Computational Complexity, 2008.

[7] Harry Buhrman, Richard Cleve und Avi Wigderson, *Quantum vs. classical communication and computation*. In: *Proceedings of the 30th ACM Symposium on the Theory of Computing*, ACM Press, New York, 1998, 63–86; vorläufige Version verfügbar unter `http://arxiv.org/abs/quant-ph/9802040` .

[8] Arkadev Chattopadhyay und Anil Ada, *Multiparty communication complexity of disjointness*. Technical Report TR08-002, Electronic Colloquium on Computational Complexity, 2008.

[9] Benny Chor und Oded Goldreich, *Unbiased bits from sources of weak randomness and probabilistic communication complexity*. SIAM Journal on Computing **17** 2 (1988), 230–261.

[10] Jürgen Forster, *A linear lower bound on the unbounded error probabilistic communication complexity*. Journal of Computer and System Sciences **65** 4 (2002), 612–625.

[11] Martin Fürer, *Faster integer multiplication*. SIAM Journal on Computing **39** 3 (2009), 979–1005.

[12] Bala Kalyanasundaram und Georg Schnitger, *The probabilistic communication complexity of set intersection*. SIAM Journal on Discrete Mathematics **5** 4 (1992), 545–557.

[13] Anatolii A. Karatsuba und Yuri P. Ofman, *Multiplication of many-digital numbers by automatic computers*. Proceedings of the USSR Academy of Sciences **145** (1962), 293–294.

---

[6] Traditionell auch $g(n) = O(f(n))$ und $g(n) = \Omega(f(n))$; siehe auch Fußnote 3.

[14] Mauricio Karchmer, Ran Raz und Avi Wigderson, *Super-logarithmic depth lower bounds via direct sum in communication complexity*. Computational Complexity **5** (1995), 191–204.

[15] Mauricio Karchmer und Avi Wigderson, *Monotone circuits for connectivity require super-logarithmic depth*. SIAM Journal on Discrete Mathematics **3** 2 (1990), 255–265.

[16] Ilan Kremer, *Quantum Communication*. Masterarbeit, Hebräische Universität Jerusalem, 1995.

[17] Eyal Kushilevitz und Noam Nisan, *Communication Complexity*. Cambridge University Press, Cambridge, 1997.

[18] Troy Lee und Adi Shraibman, *Disjointness is hard in the multiparty number-on-the-forehead model*. Computational Complexity **18** 2 (2009), 309–336.

[19] Kurt Mehlhorn und Erik M. Schmidt, *Las Vegas is better than determinism in VLSI and distributive computing*. In: *Proceedings of the 14th ACM Symposium on the Theory of Computing*, ACM Press, New York, 1982, 330–337.

[20] Ramamohan Paturi und Janos Simon, *Probabilistic communication complexity*. Journal of Computer and System Sciences **33** 1 (1986), 106–123.

[21] Ran Raz und Boris Spieker, *On the "log-rank"-conjecture in communication complexity*. Combinatorica **15** 4 (1995), 567–588.

[22] Alexander Razborov, *Applications of matrix methods to the theory of lower bounds in computational complexity*. Combinatorica **10** 1 (1990), 81–93.

[23] Alexander Razborov, *The gap between the chromatic number of a graph and the rank of its adjacency matrix is superlinear*. Discrete Mathematics **108** (1992), 393–396.

[24] Alexander Razborov, *On the distributional complexity of disjointness*. Theoretical Computer Science **106** (1992), 385–390.

[25] Alexander Razborov, *Quantum communication complexity of symmetric predicates*. Izvestiya: Mathematics **67** 1 (2003), 145–159.

[26] Arnold Schönhage und Volker Strassen, *Schnelle Multiplikation großer Zahlen*. Computing **7** (1971), 281–292.

[27] Andrew Yao, *Some complexity questions related to distributive computing*. In: *Proceedings of the 11th ACM Symposium on the Theory of Computing*, ACM Press, New York, 1979, 209–213.

[28] Andrew Yao, *Quantum circuit complexity*. In: *Proceedings of the 34th IEEE Symposium on Foundations of Computer Science*, IEEE Computer Society, Los Alamitos, 1993, 352–361.

Zehnstellige Probleme

Lloyd N. Trefethen

Zusammenfassung Die meisten quantitativen mathematischen Fragen lassen sich nicht exakt lösen, doch mit leistungsstarken Algorithmen kann man viele numerisch bis zu einem vorgegebenen Genauigkeitsgrad, etwa zehn oder zehntausend Stellen, bestimmen. In diesem Beitrag werden drei schwere solche Probleme und mit ihnen die „SIAM 100-Dollar, 100-Digit Challenge" (SIAM 100-Dollar, 100-Stellen-Herausforderung) vorgestellt. Der Verlauf unseres Wegs durch die algorithmische stetige Mathematik illustriert mit seinen Wendungen einige Eigenarten dieses Gebiets.

1 Einleitung

Ich bin ein Mathematiker, der seine Zeit mit der Arbeit an Zahlen verbringt, konkreten reellen Zahlen wie 0,3233674316... und 22,11316746.... Ich bin zufrieden, wenn ich eine solche Größe auf zehn Stellen ausrechnen kann. Die meisten Mathematiker sind überhaupt nicht so! Manchmal hat man nämlich den Eindruck, dass die Zahlen selber immer unwichtiger werden, je mehr man in die Mathematik eindringt. Aber unter uns Mathematikern gibt es auch solche, die Algorithmen entwickeln, um Probleme quantitativ zu lösen; wir heißen numerische Analysten. Ich leite die Gruppe für Numerische Analysis in Oxford.

Wie die meisten Mathematiker beiße ich mir am liebsten an einem konkreten Problem die Zähne aus. Was ist etwa der Wert des Integrals

$$\int_0^1 x^{-1} \cos(x^{-1} \log x)\, dx\,? \tag{1}$$

Lloyd N. Trefethen
Oxford University Mathematical Institute, 24–29 St Giles, Oxford OX1 3LB, UK.
E-mail: `trefethen@maths.ox.ac.uk`

Die Antwort lässt sich wohl in keinem Tafelwerk finden, und ich denke nicht, dass irgendjemand eine exakte Formel angeben kann. Doch das Integral ist immer noch sinnvoll, auch wenn keine solche existiert. (Genauer gesagt ist es sinnvoll, wenn wir (1) als den Grenzwert $\varepsilon \to 0$ des Integrals von ε bis 1 definieren.) Es lässt sich also nur durch eine Art numerischen Algorithmus auswerten, und dies ist schwer, denn der Integrand (d. h. die Funktion unter dem Integralzeichen) oszilliert für x gegen 0 immer schneller zwischen immer größeren Werten, die beide gegen unendlich divergieren. Die Antwort ist, zumindest auf zehn Stellen, die erste der oben angegebenen Zahlen.

Jeden Oktober fangen in Oxford vier oder fünf neue Doktoranden in numerischer Analysis an, und in ihrem ersten Semester arbeiten sie im „Problem Solving Squad", einem Kurs über das Lösen konkreter Probleme. Jede Woche erhalten sie von mir ein Problem wie (1), dessen Lösung eine reelle Zahl ist. In Zweiergruppen sollen sie so viele genaue Stellen dieser Zahl wie möglich angeben. Ich gebe ihnen keine Hinweise, aber sie dürfen jede Person, die Bücherei und das Internet zu Rat ziehen. Nach sechs Wochen gibt es immer ein paar unerwartete Entdeckungen — und ein gut eingespieltes Doktorandenteam!

In diesem Beitrag will ich über drei meiner Favoriten unter diesen Problemen reden, die ich „Zwei Würfel", „Fünf Münzen" und „Blow-Up" (Explosion) nenne. Das Problem Solving Squad der numerischen Analysis in Oxford ist seit dem „*SIAM 100-Dollar, 100-Digit Challenge*" 2002 wohlbekannt, auch wenn dies der erste Beitrag ist, in dem ich mich mit ihm befasse. In diesem sollten die Teilnehmer zehn Aufgaben aus den ersten Jahren der Gruppe auf bis zu zehn Stellen berechnen. Mannschaften aus der ganzen Welt stiegen ein, und zwanzig von ihnen erhielten die Maximalpunktzahl 100 und gewannen \$100. Anschließend veröffentlichten vier der Gewinner ein Buch über die Aufgaben, auf dessen Einband eine geniale Lösung von (1) mittels komplexer Zahlen zu sehen ist [1]. Ich werde am Ende nochmals auf diesen Wettbewerb zurückkommen.

2 Zwei Würfel

Unsere erste Aufgabe geht aus einer einfachen physikalischen Frage hervor. Isaac Newton entdeckte, dass zwei Punktmassen der Größe m_1 und m_2 mit Abstand r eine anziehende Schwerkraft der Größe

$$F = \frac{Gm_1m_2}{r^2}$$

aufeinander ausüben, wobei G die *Gravitationskonstante* ist. Sind die Massen keine Punkte, sondern Kugeln oder andere Objekte, so zieht jeder Punkt in der einen jeden Punkt in der anderen Masse auf diese Weise an. Wir stellen nun das folgende, idealisierte Problem:

Problem 1. *Zwei Objekte der Masse 1 ziehen sich gegenseitig gemäß des Newtonschen Gesetzes mit $G = 1$ an. Jedes ist ein homogener Einheitswürfel, in dem die Masse gleichmäßig verteilt ist. Die Mitten der Würfel haben Abstand 1, so dass sie sich an einer Seitenfläche gegenseitig berühren. Wie groß ist die Anziehungskraft F?*

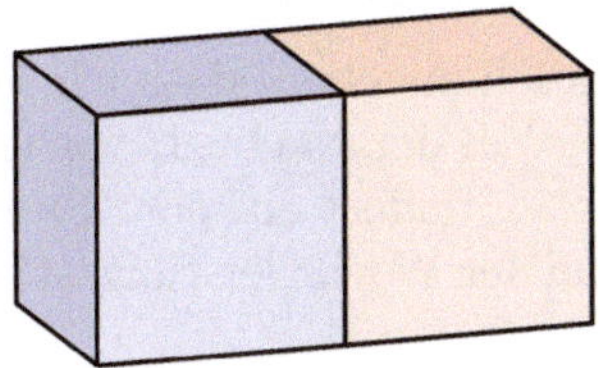

Die Würfel kann man sich als Sonnen oder Planeten vorstellen. Dass diese Planeten würfelförmig sind, wird sicher keinen Mathematiker stören. Schließlich ist dies ein mathematisches Problem, wie es im Buch steht: Die Fragestellung mag zwar künstlich sein, ist aber exakt definiert. Für die meisten Mathematiker ist diese Aufgabe aus einem anderen Grund seltsam. *Sie ist so trivial!* Wir kennen schließlich alle die Formel für die Gravitation, was ist also noch groß zu tun? Die genaue Kraft auszurechnen, sollte nur noch eine Frage der Buchhaltung sein. Wir sind doch schließlich keine Buchhalter!

Aber einige unter uns entwickeln Algorithmen, und für diese ist dieses so harmlos aussehende Problem mörderisch. Versuchen wir es zu lösen, es wird klar werden, was ich meine.

Naiv würde man die Würfel durch Einheitspunktmassen an ihren Mittelpunkten ersetzen und als Antwort $F = 1$ erhalten. Hatte Newton denn nicht vor Jahrhunderten schon gezeigt, dass sich Planeten wie Punkte verhalten, was Gravitation angeht? Das stimmt schon, aber leider nur für kugelförmige Planeten. Da unsere aber Würfel sind, müssen wir vorsichtiger vorgehen.

Würfel 1 möge aus den Punkten (x_1, y_1, z_1) mit $0 < x_1, y_1, z_1 < 1$, und Würfel 2 aus den Punkten (x_2, y_2, z_2) des selben Bereichs bis auf $1 < x_2 < 2$ bestehen. Für Einheitspunktmassen an (x_1, y_1, z_1) und (x_2, y_2, z_2) ist die Kraft

$$\frac{1}{r^2} = \frac{1}{(x_1 - x_2)^2 + (y_1 - y_2)^2 + (z_1 - z_2)^2}$$

in der Richtung zwischen den beiden Punkten. Wir müssen diese Kräfte nun über alle Punktepaare (x_1, y_1, z_1) und (x_2, y_2, z_2) aufaddieren. Anders gesagt müssen wir ein *sechsdimensionales Integral* auswerten. Aus Symmetriegründen heben sich die y- und z-Komponenten zu 0 weg, also müssen wir nur die x-Komponente integrieren, und diese ist das $(x_2 - x_1)/r$-fache des obigen Ausdrucks. Die x-Komponente der Kraft zwischen zwei Punktmassen an (x_1, y_1, z_1) und (x_2, y_2, z_2) ist also

$$f(x_1, y_1, z_1, x_2, y_2, z_2) = \frac{x_2 - x_1}{[(x_1 - x_2)^2 + (y_1 - y_2)^2 + (z_1 - z_2)^2]^{3/2}} \, . \tag{2}$$

Damit ist die von uns gesuchte Zahl F

$$F = \int_0^1 \int_0^1 \int_1^2 \int_0^1 \int_0^1 \int_0^1 f(x_1, \ldots, z_2)\, dx_1\, dy_1\, dz_1\, dx_2\, dy_2\, dz_2 \, . \qquad (3)$$

Dies ist ein Integral über einen sechsdimensionalen Würfel. Wie erhalten wir hieraus eine Zahl?

Um ehrlich zu sein, muss ich zugeben, dass ich immer spät dran bin und diese Aufgaben normalerweise in der Nacht, bevor ich sie den Schülern gebe, erfinde. Ich versuche immer zumindest ein paar Stellen zu berechnen, in der Erwartung, dass mir während der Woche leistungsstärkere und schönere Ideen kommen.

Für dieses Problem probierte ich in der vorherigen Nacht die grundlegendste numerische Methode zur Auswertung von Integralen, die *Gauß-Quadratur*, aus. In einer Dimension wertet man dafür den Integranden an n genau definierten Werten von x, den sogenannten *Knoten*, aus, multipliziert diese Werte mit n entsprechenden reellen Zahlen, den sogenannten *Gewichten*, und addiert die Ergebnisse. (Die Knoten und Gewichte werden so gewählt, dass das Integral für polynomiale Integranden, die maximal Grad $2n - 1$ haben, exakt ausgewertet wird.) Für glatte Integranden, also mehrfach differenzierbare Funktionen, ergibt dies erstaunlich genaue Werte. Legt man nun in jede Richtung solch ein Gitter, so kann man auch Integrale in zwei oder drei Dimensionen berechnen. Hier sind Bilder von 10, 10^2 und 10^3 Gauß-Knoten für die Integration über einem Intervall, einem Quadrat und einem Würfel:

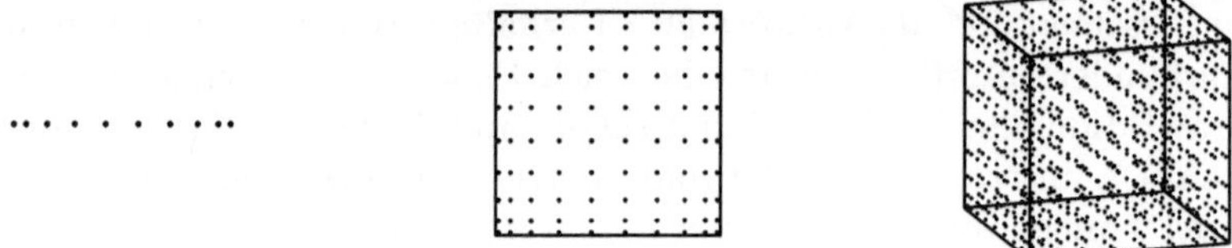

Für unser Integral (3) verwenden wir dieselbe Idee, auch wenn wir hier nicht so leicht ein Bild malen können.

Mit dieser Methode, der „Gauß-Quadratur in der sechsten Potenz", erhielt ich folgende Ergebnisse. Die Anzahl der Knoten ist $N = n^6$ mit $n = 5, 10, \ldots, 30$, FN ist die Gauß-Quadratur-Näherung für F, und Zeit ist die Zeit, die jede Berechnung auf meinem Computer in Anspruch nahm.

```
N =        15625    FN = 0.969313    Zeit =      0.0 Sek.
N =      1000000    FN = 0.947035    Zeit =      0.3 Sek.
N =     11390625    FN = 0.938151    Zeit =      3.2 Sek.
N =     64000000    FN = 0.933963    Zeit =     17.6 Sek.
N =    244140625    FN = 0.931656    Zeit =     66.7 Sek.
N =    729000000    FN = 0.930243    Zeit =    198.2 Sek.
```

Das ist schrecklich! Wir sehen zwar, dass wohl $F \approx 0{,}93$ ist, also 7% weniger als wenn die Würfel Kugeln wären. Aber das ist auch schon alles, und selbst hierfür brauchte mein Rechner Minuten. In diesem Tempo würden 10 Stellen mehr oder weniger ewig brauchen.

Die mit der Gauß-Quadratur erhaltenen Ergebnisse sind sogar schlechter als die, die man erhält, wenn man alle Gewichte auf $1/N$ setzt und die Knoten zufällig im sechsdimensionalen Würfel verteilt! Diese zufallsbasierte Berechnung heißt *Monte-Carlo-Methode*. Hier sind typische Beispiele für 10, 100 und 1000 zufällige Knoten in ein, zwei und drei Dimensionen:

 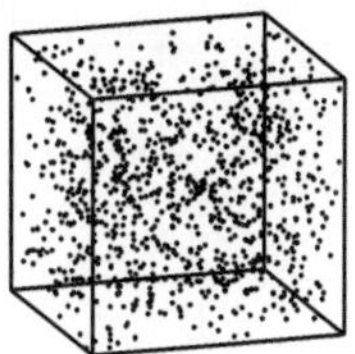

Und hier sind die Monte-Carlo-Ergebnisse mit den gleichen Werten von N wir vorher.

```
N =         15625    FN = 0.906741    Zeit =    0.1 Sek.
N =       1000000    FN = 0.927395    Zeit =    0.5 Sek.
N =      11390625    FN = 0.925669    Zeit =    4.4 Sek.
N =      64000000    FN = 0.925902    Zeit =   22.7 Sek.
N =     244140625    FN = 0.926048    Zeit =   88.0 Sek.
N =     729000000    FN = 0.925892    Zeit =  257.0 Sek.
```

Wir scheinen jetzt drei oder vier Stellen zu haben, $F \approx 0{,}9259$ oder $0{,}9260$. Es ist recht interessant, die Genauigkeit einer Berechnung in dieser Ergebnissammlung, und auch im Rest des Beitrags, präzise zu beschreiben. Dies ist ein wichtiger Aspekt der numerischen Analysis, aber um die Dinge einfach zu halten, werden wir solche Schätzungen auslassen und uns mit experimentellen Belegen begnügen.

Die ausgeklügeltste numerische Integrationsmethode der Welt hat also gegen die simpelste verloren! Dies passiert tatsächlich oft bei Integralen in vielen Dimensionen. Der Fehler der Monte-Carlo-Methode nimmt unabhängig von der Anzahl der Dimensionen ungefähr wie $1/\sqrt{N}$, also dem Kehrwert der Quadratwurzel der Anzahl der Knoten, ab, während die Gauß-Quadratur mit höheren Dimensionen sehr viel langsamer wird. Dies ist ein weit verbreitetes Problem für numerische Algorithmen; man spricht auch vom „Fluch der hohen Dimensionen".

Doch selbst die Monte-Carlo-Methode kommt nicht über vier oder fünf Stellen hinaus, vielleicht noch sechs oder sieben, wenn wir sie die Nacht über auf einem Spezialcomputer laufen lassen. Wie bekommen wir mehr? Die Studenten arbeiteten hart und ließen sich viele gute Ideen einfallen. Wir wollen nun eine von ihnen, die letztendlich eine zehnstellige Lösung ergab, im Detail betrachten.

Jemand, der sich mit Gauß-Quadratur auskennt, sieht sofort, wieso sie hier so schlecht abschneidet. Der Integrand (2) ist nämlich nicht glatt, sondern *singulär*, da die Würfel direkt aneinander liegen. Der Nenner geht für $x_1 = x_2 = 1$, $y_2 = y_1$, und $z_2 = z_1$, gegen Null, also geht der Bruch gegen ∞. Diese Singularität ist nicht so schlimm, dass das Integral divergiert, aber sie bremst die Konvergenz ungemein.

Wir würden die Singularität daher gerne beheben. Dies erreicht man etwa, indem man die Würfel trennt, sagen wir um die Länge 1.

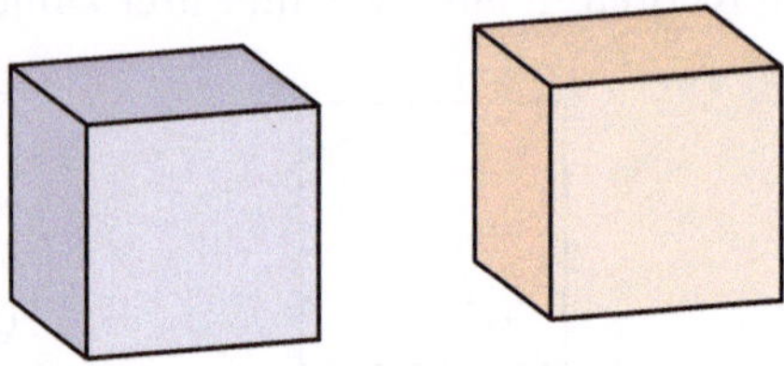

Die Gauß-Quadratur ändert ihr Konvergenzverhalten vollkommen und gibt uns 14 Stellen in einem Sekundenbruchteil:

```
N =       15625   F = 0.24792296453612   Zeit =  0.0 Sek.
N =     1000000   F = 0.24792296916638   Zeit =  0.3 Sek.
N =    11390625   F = 0.24792296916638   Zeit =  3.2 Sek.
N =    64000000   F = 0.24792296916638   Zeit = 17.6 Sek.
```

Zu beachten ist hierbei, dass die Antwort fast 1/4 ist, der Wert, den die Kraft hat, wenn wir die Würfel durch Kugeln ersetzen.

Wir können also ein verwandtes Problem, in dem die Würfel getrennt sind, recht genau lösen. Wie steht es nun mit dem Ursprungsproblem? Sei $F(\varepsilon)$ die Kraft zwischen um die Länge $\varepsilon \geq 0$ getrennten Würfeln. Wir wollen $F(0)$ bestimmen, aber wir können $F(\varepsilon)$ nur für nicht allzu kleine Werte von ε genau bestimmen. In diesem Fall bietet sich eine Art *Extrapolation* von $\varepsilon > 0$ zu $\varepsilon = 0$ an. Extrapolation ist ein gut entwickeltes Teilgebiet der numerischen Analysis, und zwei der wichtigen Methoden in diesem Gebiet heißen Richardson- und Aitken-Extrapolation. Die Doktoranden und ich versuchten einige hierauf aufbauende Strategien und erhielten... nun, wir wurden enttäuscht. Wir erhielten nur ein oder zwei Stellen mehr.

Und dann hatte der Doktorand Alex Prideaux eine entzückende weitere Idee, die das Zwei-Würfel-Problem endlich knackte.

Er schlug vor, die Würfel in acht Teilwürfel mit Seitenlänge 1/2 zu unterteilen. Die Zahl F ergibt sich dann als Summe der Beiträge der 64 Paare.

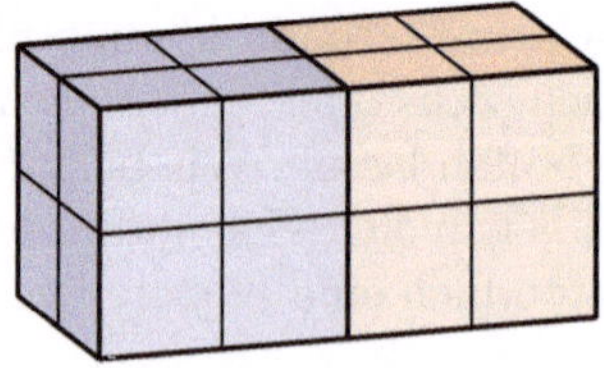

Vier dieser Paare berühren sich an einer Seitenfläche. Acht berühren sich an einer Kante, und vier an einer Ecke:

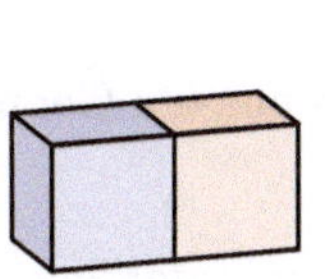 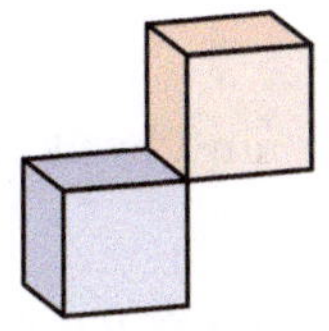 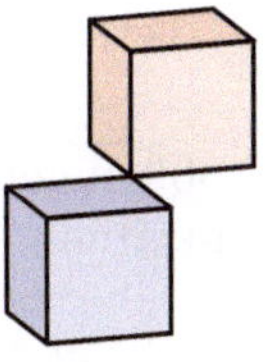

In den anderen 48 Fällen sind die Teilwürfel hinreichend voneinander getrennt.

Nachdem wir also mit *einem* sechsdimensionalen Integral anfingen, haben wir jetzt *vier*! „Fläche", „Kante", „Ecke" und „getrennt". Sei Fläche(d) die x-Komponente der Kraft zwischen zwei sich entlang einer Fläche berührenden Würfeln der Größe d, und analog definieren wir Kante(d) und Ecke(d) für Würfel der Größe d, die sich an einer Kante bzw. Ecke berühren. Erinnert man sich nun an das obige Bild mit den 16 Teilwürfeln, so sieht man, dass sich die Kraft bei Länge 1 wie folgt durch Kräfte bei Länge $\frac{1}{2}$ ausdrücken lässt:

$$\text{Ecke}(1) = \text{Ecke}(\tfrac{1}{2}) + \text{gut getrennte Terme},$$

$$\text{Kante}(1) = 2\,\text{Kante}(\tfrac{1}{2}) + 2\,\text{Ecke}(\tfrac{1}{2}) + \text{gut getrennte Terme},$$

$$\text{Fläche}(1) = 4\,\text{Fläche}(\tfrac{1}{2}) + 8\,\text{Kante}(\tfrac{1}{2}) + 4\,\text{Ecke}(\tfrac{1}{2}) + \text{gut getrennte Terme}.$$

Dies mag zwar nicht sehr hilfreich aussehen, doch wir haben zusätzlich noch einige einfache Skalierungsbedingungen:

$$\text{Ecke}(\tfrac{1}{2}) = \tfrac{1}{16}\,\text{Ecke}(1),\quad \text{Kante}(\tfrac{1}{2}) = \tfrac{1}{16}\,\text{Kante}(1),\quad \text{Fläche}(\tfrac{1}{2}) = \tfrac{1}{16}\,\text{Fläche}(1).$$

Hierbei ergibt sich der Faktor 16, da man beim Halbieren der Würfel jede Masse auf ein Achtel, ihr Produkt also auf ein 64-tel verringert. Andererseits wird auch der Abstand zwischen beiden Würfeln halbiert, also wird $1/r^2$ vervierfacht. Insgesamt multipliziert man die Kraft also mit $4/64 = 1/16$.

Durch Kombinieren aller dieser Beobachtungen erhalten wir nun

$$\text{Ecke}(1) = \tfrac{1}{16}\,\text{Ecke}(1) + \text{gut getrennte Terme},$$

$$\text{Kante}(1) = \tfrac{2}{16}\,\text{Kante}(1) + \tfrac{2}{16}\,\text{Ecke}(1) + \text{gut getrennte Terme},$$

$$\text{Fläche}(1) = \tfrac{4}{16}\,\text{Fläche}(1) + \tfrac{8}{16}\,\text{Kante}(1) + \tfrac{4}{16}\,\text{Ecke}(1) + \text{gut getrennte Terme}.$$

Wir können die gut getrennten Terme in einer oder zwei Sekunden sehr genau ausrechnen, und diese Formeln ergeben erst Ecke(1), dann Kante(1) und schließlich die uns interessierende Zahl, $F = \text{Fläche}(1)$. Die Antwort ist

$$F \approx 0{,}9259812606\,.$$

3 Fünf Münzen

Im zweiten Problem geht es nicht um Physik, sondern nur um Geometrie und Wahrscheinlichkeiten.

Problem 2. *Münzen mit Radius 1 werden so lange an zufälliger Stelle sich nicht überdeckend in einen Kreis mit Radius 3 gelegt, bis keine mehr hinein-passen. Wie groß ist die Wahrscheinlichkeit p, dass es 5 Münzen sind?*

Wir werden sehen, dass diese Geschichte, zumindest bis jetzt, nicht so schön endet.

Das Spiel lässt sich am besten mit einem Bild illustrieren. Wir legen eine rote Münze, danach eine grüne und dann eine blaue zufällig in den Kreis. Es ist nicht schwer zu zeigen, dass man immer mindestens drei Münzen hinlegen kann. Hier ist ein Beispiel, in dem es nach drei Münzen nicht weitergeht, da es keinen Platz für eine vierte gibt.

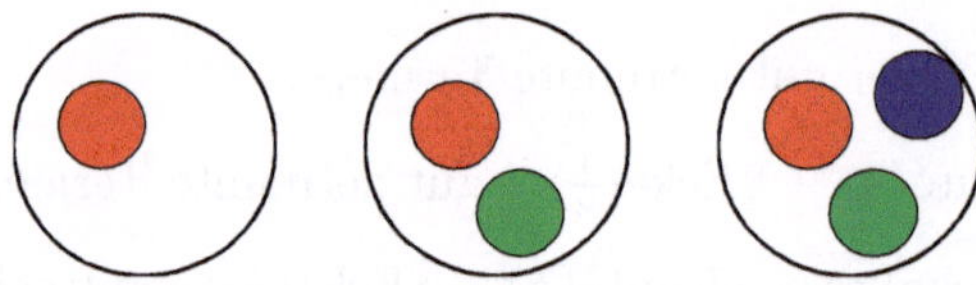

(Übrigens muss man, um exakt zu sein, genauer spezifizieren, was „zufäl-lig" bedeutet. Intuitiv ist dies eigentlich klar; hier muss es aber mathematisch formuliert werden. Angenommen, es liegen bereits k Münzen im Kreis. Be-trachte die Menge S der Punkte, die der Mittelpunkt einer weiteren Münze sein könnten. Falls S nicht leer ist, legen wir das Zentrum der $(k+1)$-ten Münze an einen gemäß des Flächenmaßes zufällig gewählten Punkt aus S.)

Oft kann man noch eine vierte Münze ablegen. Hier ist ein Beispiel.

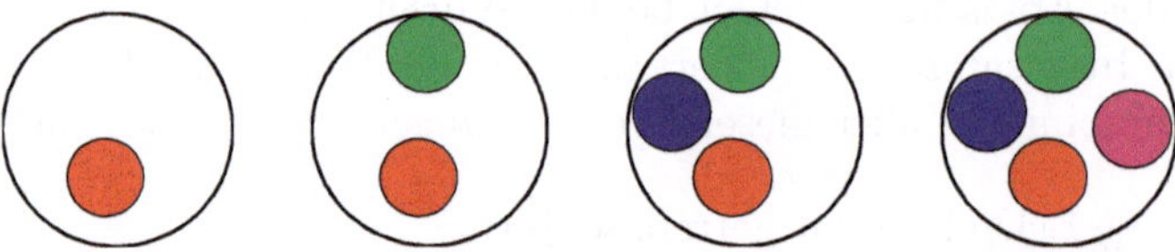

Normalerweise ist nach vier Münzen Schluss. Aber manchmal passt noch eine fünfte hinein:

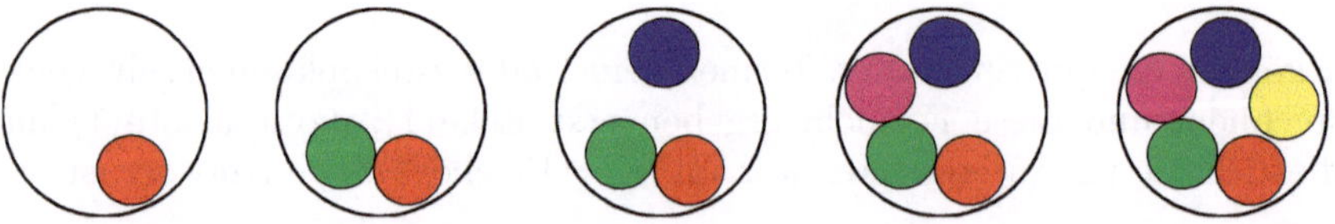

Fünf Münzen sind das Maximum. (Nun ja, nicht ganz. Sechs oder sie-ben könnten auch platziert werden, aber die Wahrscheinlichkeit hierfür ist 0, weshalb man diese Konfigurationen nie sehen wird, egal wie oft man das

Spiel durchführt. Kannst du das beweisen? Wo müssten die Mittelpunkte der sieben Münzen in solch einer Konfiguration liegen?)

Wir fragen uns also, wie oft wir fünf Münzen platzieren können. Dieses Problem und das vorherige haben etwas gemeinsam: Da es nach einer Wahrscheinlichkeit fragt, sollte es sich auch mit der Monte-Carlo-Methode lösen lassen. Wir können also ein Computerprogramm dafür schreiben und schauen, was passiert. Die beste Methode, die Berechnung auf den Computer zuzuschneiden, ist nicht klar, aber es ein sinnvoller Ansatz scheint zu sein, die große Scheibe durch ein feines Gitter zu ersetzen und dann zufällig Gitterpunkte auszuwählen. Jedes Mal, wenn ein Punkt ausgewählt wird, muss er zusammen mit allen weniger als 2 entfernten aus der weiteren Simulation genommen werden. Die gewünschte Zahl lässt sich dann durch Verfeinerung des Gitters und Vergrößerung der Anzahl der Durchläufe approximieren. Mit diesem Monte-Carlo-Ansatz erhalten wir die folgenden genäherten Häufigkeiten:

$$3 \text{ Münzen: } 18\% \quad 4 \text{ Münzen: } 77\% \quad 5 \text{ Münzen: } 5\%$$

Diese Genauigkeitsstufe erhalten wir in 5 Minuten. Lassen wir die Berechnung die Nacht über laufen, so erhalten wir vielleicht eine weitere Stelle:

$$p \approx 0{,}053\,.$$

Dass wir diese Zahl in großer Schrift drucken, lässt bereits Schlimmes fürchten.

Die fünf Münzen tauchen auch in einem wissenschaftlichen Zusammenhang auf: in diesem heißt es „Parkproblem“. In einer Dimension kann man sich einen Bordstein der Länge L vorstellen, entlang dem k Autos mit Einheitslänge eins nach dem anderen zufällig parken. Wie viele Autos passen an den Bordstein? Solche Probleme sind für Chemiker und Physiker, die Teilchenaggregation untersuchen, interessant, und werden in 1, 2 und 3 Dimensionen untersucht. In diesem Zusammenhang taucht die Frage auf, wie groß der erwartete räumliche Anteil ist, der im Grenzwert eines unendlich großen Parkplatzes durch zufällig ankommende Autos, Münzen oder Teilchen besetzt ist. Im eindimensionalen Fall lässt sich die Antwort als Integral geben, und dessen Auswertung liefert $0{,}7475979202\ldots$.

Für kreisförmige Scheiben („Münzen“) in zwei oder Kugeln in drei Dimensionen reden wir von einem „Tanemura-Parkproblem“. In beiden Fällen gibt es meines Wissens nach keine Formeln für den unendlichen Grenzwert.

Ganz unabhängig davon geht es in unserem Problem 2 ja nicht um einen Grenzwert, sondern eine ganz konkrete Situation mit 3, 4 oder 5 Münzen. Und trotz aller harten Arbeit konnte das Problem Squad nichts besseres als $0{,}053$ erreichen. Wir probierten Methoden à la Monte Carlo aus, aber keine führte zum Durchbruch. Und doch ist dies ein endlichdimensionales geometrisches Problem, das sich tatsächlich auch als Mehrfachintegral ausdrücken lässt. Es muss doch eine Möglichkeit geben, es genau zu lösen!

Manche Probleme haben keine elegante Lösung. In diesem Fall denke ich
aber, dass man eine solche noch finden wird.

4 Blow-Up

In unserem letzten Problem geht es um eine partielle Differentialgleichung
(PDG). Zunächst eine kleine Erklärung, da dies für manche ein ungewohntes
Gebiet sein kann.

Eine der bekanntesten PDGs ist die *Wärmeleitungs-* oder *Diffusionsglei-
chung.*

$$\frac{\partial u}{\partial t} = \frac{\partial^2 u}{\partial x^2}\,. \tag{4}$$

Hier haben wir eine Funktion $u(x,t)$ einer Raumvariablen x und einer Zeit-
variablen t. Die Gleichung sagt uns, dass an jedem Punkt der Raumzeit
die partielle Ableitung von u nach t gleich der zweiten partiellen Ableitung
von u nach x ist. Physikalisch ist dies dadurch motiviert, dass an einem bestimmten Punkt und zu einer bestimmten Zeit t die Temperatur sich erhöht
($\partial u/\partial t > 0$), wenn die Temperatur als Funktion von x nach oben gekrümmt
ist ($\partial^2 u/\partial x^2 > 0$), da dann Wärme aus benachbarten wärmeren Punkten
nach x fließt.

Eine Lösung von (4) ist etwa

$$u(x,t) = e^{-t}\sin(x)\,,$$

da man in diesem Fall leicht

$$\frac{\partial u}{\partial t} = -u\,, \qquad \frac{\partial^2 u}{\partial x^2} = -u$$

zeigt.

Im napoleonischen Frankreich entdeckte Joseph Fourier, dass (4) die
Wärmediffusion in einem eindimensionalen Körper beschreibt. Kennzeich-
net $u_0(x)$ also die Temperaturverteilung in einem unendlich langen Stab
zur Zeit $t = 0$, so gibt eine Lösung $u(x,t)$ von (4) mit Anfangsbedingung
$u(0,x) = u_0(x)$ die Temperatur zur Zeit $t > 0$ an. Dies war eine erstrangige
wissenschaftliche Entdeckung, und Herr Fourier hatte Pech, dass wir aus einer Laune der Geschichte heraus zwar von der Laplace- oder Poisson-, nicht
aber von der Fouriergleichung reden.

Die meisten PDGs werden auf beschränkten Bereichen gestellt, und für diese müssen zur Bestimmung der Lösung *Randbedingungen* angegeben werden.
So kann man etwa die Wärmeleitungsgleichung auf dem Intervall $x \in [-1,1]$,
welches man sich als endlichen Stab vorstellen kann, betrachten. Dann er-

zwingen die Randbedigungen $u(-1, t) = u(1, t) = 0$, dass die Temperatur an beiden Enden des Stabs verschwindet. Hier ist ein Graph einer Lösung dieser Gleichung zu verschiedenen Zeiten. Beachte, dass die scharfen Ecken sofort wegdiffundieren, während die grobe Struktur langsamer abklingt. Dies ist auch physikalisch sinnvoll, da sich große Temperaturunterschiede zwischen nah beieinanderliegenden Punkten schnell ausgleichen.

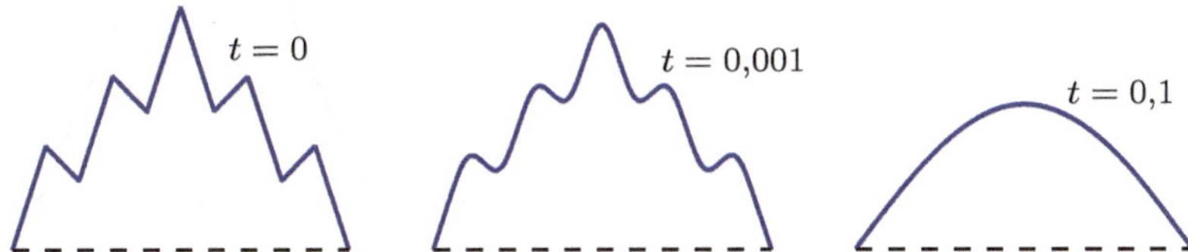

Schließlich fließt die gesamte Wärme aus den Enden heraus, und das Signal klingt gegen Null ab. (Hierbei darf man sich durchaus den Kopf zerbrechen, wie man die gezackte Anfangsfunktion zweifach ableiten soll! Wir können uns hierfür vorstellen, dass $u(x, 0)$ eine glatte Funktion ist, die die gezackte Kurve sehr genau approximiert.)

Die Gleichung (4) ist linear in u: es handelt sich um eine lineare PDG. In unserem dritten Problem geht es um eine nichtlineare PDG, die wir erhalten, wenn wir in diese Gleichung noch das Exponential von u aufnehmen:

$$\frac{\partial u}{\partial t} = \frac{\partial^2 u}{\partial x^2} + e^u. \tag{5}$$

Während die Wärmeleitungsgleichung die Wärme, bis auf den Fluss durch den Rand, nur hin- und herbewegt, *erzeugt* dieser nichtlineare Term Wärme. Diesen Term e^u sollte man sich als Modell von Verbrennung oder einem anderen chemischen Prozess vorstellen, der von der Temperatur abhängt und sich mit dieser exponentiell erhöht.

Wir suchen nun nach Lösungen von (5) auf einem Intervall $[-L, L]$ mit Anfangswerten $u(x, 0) = 0$ und Randbedingungen $u(-L, t) = u(L, t) = 0$. Für $t > 0$ erzeugt der exponentielle Term Wärme, und durch die Ableitung diffundiert diese durch den Rand aus dem System heraus. Zwischen beiden Einflüssen besteht eine Art Wettbewerb. Für kleine L gewinnt die Diffusion, und die Lösung konvergiert für $t \to \infty$ gegen eine feste Grenzfunktion $u_\infty(x)$, für die Verbrennung und Diffusion sich gerade die Waage halten. Für größere L gewinnt die Verbrennung. Die Wärme kann nicht schnell genug wegdiffundieren, und die Lösung „explodiert" zu einer gewissen endlichen Zeit $t = t_c$ ins Unendliche. Dies passiert insbesondere für $L = 1$. Im nächsten Bild sind die Lösungen zu den Zeiten 0, 3 und 3,544 dargestellt, wobei die Amplitude zur letzten Zeit bei 7,5 liegt. Kurze Zeit später explodiert die Lösung ins Unendliche.

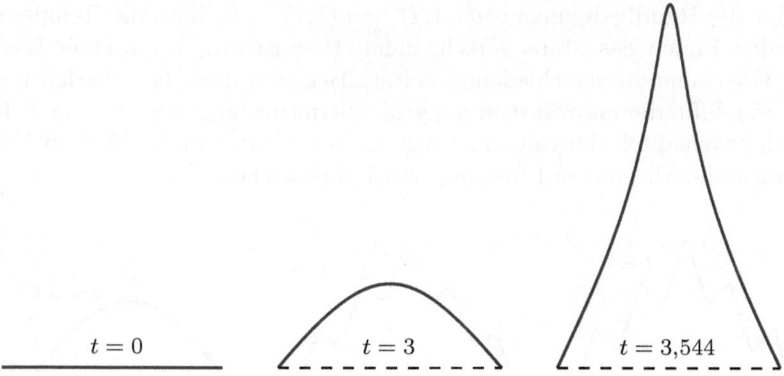

Diese Explosion hängt physikalisch mit dem Phänomen der *spontanen Selbstentzündung* zusammen. Als Beispiel kann man sich einen Stroh- oder Komposthaufen vorstellen. Durch chemische Prozesse kann etwas Wärme entstehen, aber in einem kleinen Haufen kann diese entkommen, und alles bleibt stabil. In einem größeren Haufen kann es aber sein, dass die Hitze nicht mehr schnell genug entweichen kann. Schließlich fängt der Haufen an zu brennen. Dieses mathematische Prinzip erklärt auch, wieso Uran-235 eine *kritische Masse* hat, oberhalb von der es in einer Kernspaltungsreaktion explodiert. Dies erlaubte die Konstruktion der ersten Atombomben.

Hier ist nun unser mathematisiertes Problem.

Problem 3. *Zu welcher Zeit* t_c *explodiert die Lösung* $u(x,t)$ *zu*

$$\frac{\partial u}{\partial t} = \frac{\partial^2 u}{\partial x^2} + e^u, \qquad u(x,0) = 0, \quad u(-1,t) = u(1,t) = 0 \tag{6}$$

ins Unendliche?

Die ersten Schritte in der numerischen Lösung von PDGs auf Computern wurden von John von Neumann und anderen in den 1940er Jahren getan. Über diesen Bereich der numerischen Analysis, einen der wichtigsten, weiß man immens viel. Problem 3 dreht sich geometrisch um ein Intervall, und die Gleichung ist einfach, da sie nur eine Variable hat. Andere in Wissenschaft oder Ingenieurswesen auftauchende Probleme können bedeutend komplizierter sein. Flügel und Flugzeuge erhalten ihre Form durch das Lösen von PDGs, die Fluid- und Strukturmechanik in komplizierten dreidimensionalen Geometrien beschreiben. Wettervorhersagen werden durch PDGs gemacht, die Luftgeschwindigkeit, Temperatur, Druck, Feuchtigkeit und weiteres einbeziehen und deren Geometrie nichts weniger als ein Teil der Erde mit ihren Ozeanen, Inseln und Bergen ist.

In den meisten Lösungsansätzen für PDGs diskretisiert man das Problem und ersetzt partielle Ableitungen durch endliche Näherungen. Nun mag das ein Flugzeug umgebende Gitter atemberaubend kompliziert sein, für (6) versuchen wir es anfangs aber mit einem einfachen regelmäßigen Gitter wie diesem, in dem die horizontale Richtung x und die vertikale t entspricht.

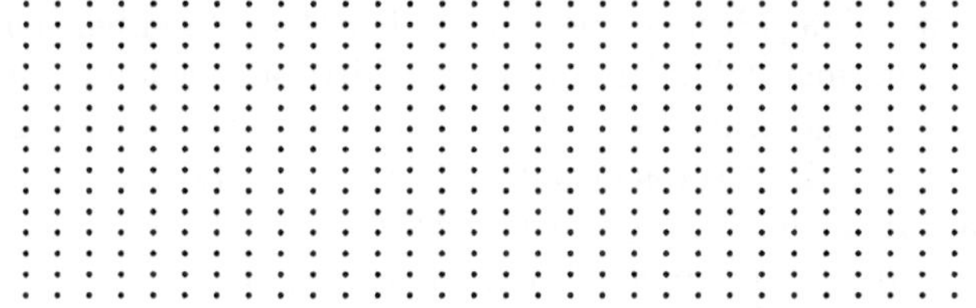

Eine gute Strategie für Problem 3 wäre nun, ein solches Gitter zu wählen, die Schrittgrößen Δx und Δt systematisch zu verkleinern und die Blowup-Zeit mit einer Art Extrapolation abzuschätzen.

So mag man diese Gleichung von $t = 0$ bis $t = 3{,}544$ etwa diskretisieren, indem man $[-1, 1]$ in N Raum- und $[0, 3{,}544]$ in $2N^2$ Zeitintervalle aufteilt und die PDG auf diesem Gitter auf eine hier nicht näher spezifizierte Weise annähert. Hier sind die so für verschiedene N erhaltenen Werte von $u(0, 3{,}544)$:

```
N =   32    u(0,3.544) = 9.1015726    Zeit =   0.0 Sek.
N =   64    u(0,3.544) = 7.8233770    Zeit =   0.1 Sek.
N =  128    u(0,3.544) = 7.5487013    Zeit =   0.6 Sek.
N =  256    u(0,3.544) = 7.4823971    Zeit =   3.3 Sek.
N =  512    u(0,3.544) = 7.4659568    Zeit =  21.2 Sek.
N = 1024    u(0,3.544) = 7.4618549    Zeit = 136.2 Sek.
```

Wir können uns also recht sicher sein, dass der echte Wert von $u(0, 3{,}544)$ ungefähr 7,46 ist, und mit Richardson-Extrapolation können wir diese Abschätzung auf 7,460488 verbessern. Auf diese Weise kann man die Blow-Up-Zeit für Problem 3 mit etwas Kreativität und Sorgfalt auf sechs oder sieben Stellen abschätzen.

Man kann es aber nun mit gutem Recht für verschwenderisch halten, ein regelmäßiges Gitter für ein Problem zu verwenden, in dem sich alles Interessante in einer dünnen Spitze um $x = 0$ und $t = 3{,}5$ abspielt. Vielmehr scheint es verlockend, diese Struktur auszunutzen, indem man ein uneinheitliches Gitter wie das folgende wählt, das um so feiner wird, je dünner die Spitze wird:

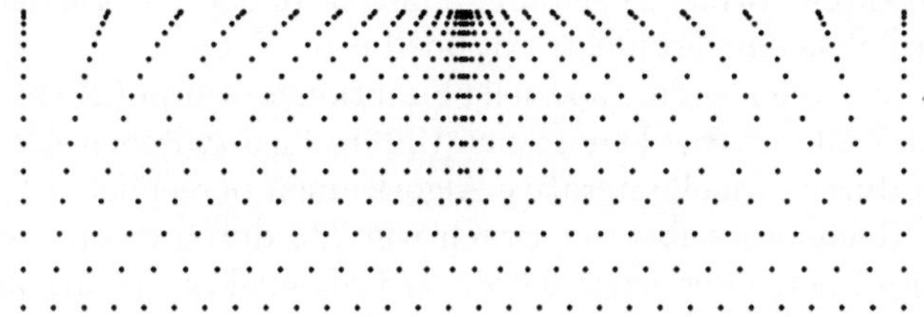

Gitter so auf die gerade auszurechnende Lösung anzupassen ist ein großes Forschungsthema der numerischen PDG-Theorie. Berechnet man etwa den Fluss über ein Flugzeug, so kann das Gitter an der Oberfläche tausend Mal feiner als weiter entfernt sein.

Für die zehnstellige Lösung, die ich für Problem 3 kenne, benötigt man einen höchstgradig nichttrivialen adaptiven Gitteralgorithmus, der von meinem ehemaligen Studenten Wynn Tee stammt. Der Ausgangspunkt für Wynns Methode ist die Beobachtung, dass (6) zwar nur für $x \in [-1, 1]$ gestellt sein mag, man die Lösung aber auch auf komplexe x, also solche, die zusätzlich zum Real- noch einen Imaginärteil haben, ausweiten kann. Der „Blow-up" für $t \to t_c$ erklärt sich dann dadurch, dass die Lösung $u(x,t)$ in der komplexen x-Ebene Singularitäten hat, die sich der reellen Zahlengeraden nähern. Wenn man nun gut aufpasst und das Gitter systematisch mit einer sogenannten konformen Abbildung verzerrt, so kann man auch mit wenigen Gitterpunkten im Bereich, wo die Spitze sehr hoch und eng wird, extrem genaue Werte berechnen. Man kann in der Tat eine auf zehn Stellen genaue Lösung mit nur 100 Gitterpunkten in x-Richtung ausrechnen:

$$t_c \approx 3{,}544664598\,.$$

Die Lösung benutzt außerdem fortgeschrittene Zeitdiskretisierungsmethoden und ist insgesamt ein Meisterstück schlauer Berechnungen. Sie zeigt, dass auch reine Mathematik nützlich für konkrete Probleme sein kann.

5 Die 100-Stellen-Herausforderung

Wann ist ein mathematisches Problem gelöst? Diese Frage ist zu allgemein, denn die Antwort auf das Problem mag „ja" oder „nein", ein Beweis, ein Gegenbeispiel oder wer weiß was sein. Also genauer: Wann ist ein mathematisches Problem gelöst, dessen Lösung im Prinzip eine Zahl ist? Müssen wir eine genaue Formel finden — und wenn ja, spielt die Komplexität der Formel eine Rolle? Müssen wir eine Dezimalzahl aufschreiben — und wenn ja, wie viele Stellen reichen? Reicht es schon, einen die Zahl erzeugenden Algorithmus zu finden — und wenn ja, wie schnell muss dieser laufen?

In dieser Diskussion gibt es so manche Fallstricke. Selbst die genaue Definition einer exakten Formel ist schwer zu fassen. In der Theorie der Polynomnullstellen darf etwa eine Formel traditionell n-te Wurzeln wie $\sqrt[3]{2}$, aber keine trigonometrischen oder andere spezielle Funktionen wie $\sin(2)$ enthalten. Für einen Computer gibt es aber kaum einen Unterschied zwischen $\sqrt[3]{2}$ und $\sin(2)$. Beide werden durch schnelle iterative Algorithmen berechnet. Übrigens wird auf manchen Rechnern selbst ein Bruch wie $2/3$ durch einen iterativen Algorithmus berechnet, aber jeder würde $2/3$ als exakte Lösung akzeptieren! Wie steht es nun mit komplizierteren Ausdrücken wie $\int_0^1 e^{-x^4} dx$? Für einen

Computer ist auch das einfach, aber er wird wahrscheinlich ein Programm aufrufen müssen, statt einen Mikrochip zu benutzen. Ist dieses Integral also eine exakte Lösung?

Für mich ist ein numerisches Problem gelöst, wenn ich einen Algorithmus angeben kann, mit dem ein Computer die Antwort mit hoher Genauigkeit ausrechnen kann, ganz egal, ob er dafür eine explizite Formel benutzt oder nicht. Dies bringt uns zur nächsten Frage: Was ist so besonders an zehn Stellen? Wieso nicht drei Stellen oder hundert? Ich denke, dass es zwei Gründe gibt, die zehn Stellen als gutes Ziel qualifizieren.

Zum einen sind in der Wissenschaft die meisten Dinge auf drei signifikante Stellen bekannt, aber fast nichts auf mehr als zehn. Kann man eine Größe also auf hundert oder eine Million Stellen angeben, so handelt es sich garantiert um eine mathematische Abstraktion wie π statt um eine physikalische Konstante wie die Lichtgeschwindigkeit oder das Planck'sche Wirkungsquantum. In der Wissenschaft sind zehn Stellen also quasi das Gleiche wie unendlich viele. Dies ist letztlich auch der Grund, warum Computer mit 16 und nicht 160 signifikanten Stellen arbeiten. (Und da 10 Stellen noch einige weniger als 16 sind, muss man sich bei der Berechnung auf 10 Stellen noch nicht allzu viele Gedanken um Computergenauigkeit machen.)

Den zweiten Grund sieht man recht gut an den fünf Münzen. Es ist kaum übertrieben, zu behaupten, dass einem stupides Drauflosrechnen in fast jedem Problem drei signifikante Stellen liefert. Aber für einen solchen Brechstangen- oder Brute-Force-Algorithmus muss man das Problem kaum verstehen, und oft ist er auch recht schnell an den Grenzen seines Könnens. Aus genau diesen Gründen blieben wir bei den fünf Münzen mit der Monte-Carlo-Methode bei drei Stellen stecken. Zehn Stellen sind schon eine ganz andere Sache. Um auf zehn Stellen zu kommen, muss man das Problem durchdringen und einen gut angepassten Algorithmus entwerfen. Kommt man tatsächlich so weit, so hat man wahrscheinlich kein Problem, bei Bedarf 10 000 Stellen auszurechnen.

Um dies näher zu erläutern, kehren wir nochmal zur 100-Digit Challenge, der „100-Stellen-Herausforderung" zurück.

Diese Herausforderung wurde Januar 2002 gestellt, und ihre zehn Aufgaben sind die folgenden: Das Integral (1), chaotische Dynamik, die Norm einer unendlichen Matrix, globale Optimierung in zwei Dimensionen, Näherung der Gammafunktion auf der komplexen Ebene, Zufallsbewegung auf einem Gitter, das Inverse einer 20 000 × 20 000-Matrix, die Wärmeleitungsgleichung auf einer quadratischen Platte, parametrisierte Optimierung und schließlich Brownsche Bewegung. Jede Mannschaft durfte bis zu sechs Mitgliedern haben, und 94 Mannschaften aus 25 Ländern nahmen teil. Zwanzig von ihnen erhielten die volle Punktzahl! Das überraschte mich. Eigentlich wollte ich die Mannschaft mit den meisten Stellen mit $100 belohnen, aber mit zwanzig vollen Punktzahlen wusste ich nicht mehr weiter. Glücklicherweise übernahm ein Spender die Auszahlung der Gewinne — William Browning, der Gründer von Applied Mathematics, Inc. in Connecticut. Es mag nun wie ein schlechter Witz erscheinen, ein Teammitglied, das Nächte und Wochenenden für ein mathematisches Projekt geopfert hat, mit \$16,67 zu belohnen. Aber den Siegern bedeutete dieser kleine Geldpreis viel, da er eine, wenn auch eher symbolische, Anerkennung ihres Erfolgs war.

Die Gewinner erhielten auch Zertifikate, wie dieses für Folkmar Bornemann von der Technischen Universität München, einem der Autoren des Buchs *The SIAM 100-Digit Challenge* [1].

Ich veröffentlichte einen Beitrag in den *SIAM News*, in dem ich diese Geschichte erzählte und die Lösungen der Probleme skizzierte. Der Beitrag endete wie folgt:

Die Summe dieser heldenhaften Zahlen sei $\tau = 1{,}497258836\ldots$
Ob wohl irgendjemand je die zehntausendste Stelle dieser Naturkonstante berechnen wird?

Eigentlich schrieb ich dies nur aus Spaß und um die Leser zum Denken anzuregen. Der Witz ist, dass die Zahl τ wohl die unnatürlichste Konstante ist, die man sich nur vorstellen kann. Die Summe der Lösungen zehn komplett unabhängiger Probleme — was für ein Unsinn! Den griechischen Buchstaben Tau wählte ich, da ich die Konstante für mich die „Trefethen-Konstante" nannte. In der Tradition der britischen Bescheidenheit war ich mir sicher, dass ich etwas nach mir selbst benennen darf, wenn es nur lächerlich genug ist.

Im Buch [1] begann τ ein eigenständiges Leben. Die Autoren fanden zu unser aller Erstaunen auf zehntausend Stellen genaue Lösungen zu neun der zehn Probleme! Hierfür wurde eine beachtliche Spanne an mathematischen, algorithmischen und rechnerischen Werkzeugen benutzt. Durch das ganze Buch wird betont, dass es keine „richtige" Lösung eines Problems gibt, und dass man nie genug Werkzeuge haben kann. Unter Benutzung von Ideen

des indischen Mathematikers Ramanujan fand Bornemann in einem form-
vollendeten Beweis eine exakte Lösung zu Problem 10 (Brownsche Bewe-
gung). Mit ebenso beeindruckenden Methoden aus der Zahlentheorie fand
Jean-Guillaume Dumas mit 186 vier Tage laufenden Prozessoren eine exakte
Lösung zu Problem 7 (Invertieren einer Matrix): Man sollte ein bestimmtes
Element dieser Inversen finden, und er fand heraus, dass die Antwort der
Quotient zweier 97 389-stelliger ganzer Zahlen ist.

In einem Anhang, der mit „Extremes Stellenjagen" überschrieben waren,
gaben Bornemann et al. ihre supergenauen Ergebnisse in diesem Format an:

`0.32336 74316 77778 76139 93700 <9950 Stellen> 42382 81998 70848 26513 96587 27`

Die Auflistung geht bis zur 10 002. Stelle, so dass man sich sicher sein kann,
dass die 10 000. Stelle der Summe korrekt ist.

Aber Problem 3 stellte sich als unlösbar heraus. (Man sollte die sogenannte
„2-Norm" einer Matrix mit unendlich vielen Zeilen und Spalten bestimmen,
wobei die Einträge $a_{11} = 1$, $a_{12} = 1/2$, $a_{21} = 1/3$, $a_{13} = 1/4$, $a_{22} = 1/5$,
$a_{31} = 1/6,\ldots$ sind.) In einem Monat Computerzeit erhielten die Autoren
273 Stellen:

`1.2742 24152 82122 81882 12340 <220 Stellen> 75880 55894 38735 33138 75269 029`

Und hier befindet sich die Trefethen-Konstante heutzutage, bei 273 Stellen.

Ich habe mich im Alter von 20 Jahren entschieden, an Zahlen und Algorithmen zu arbeiten, und diese Tätigkeit finde ich immer noch sehr befriedi-
gend. Mit den Jahren sind mein Wissen und Selbstvertrauen, aber auch die
verfügbaren Computer und Programme, immer besser geworden. Was für ein
Gefühl, an Algorithmen zu arbeiten, die in Raumfahrt, Mikrochipentwicklung
und Satellitennavigation benutzt werden — und doch so nahe an eleganter
Mathematik zu sein!

Die numerische Analysis kann wie folgt beschrieben werden:

*Numerische Analysis ist die Untersuchung von Algorithmen
für Probleme der stetigen Mathematik.*

Es geht also um Probleme, in denen reelle oder komplexe und nicht nur ganze
Zahlen vorkommen. „Stetig" ist das Gegenteil von „diskret", und Algorithmen
für diskrete Probleme fühlen sich komplett anders an und werden von ganz
anderen Experten entwickelt. Wie alle wissenschaftlichen Gebiete erstreckt
sich die numerische Analysis vom Reinen bis ins Angewandte, so dass manche
Leute die meiste Zeit Algorithmen entwerfen und diese auf wissenschaftliche
Probleme loslassen, während andere sich eher für die strenge Analyse ihrer
Eigenschaften interessieren. Vor ein paar Jahrhunderten waren die führenden
reinen Mathematiker auch Meister der angewandten Mathematik, wie Newton, Euler und Gauß, aber seitdem ist die Mathematik enorm gewachsen,
und mittlerweile haben die beiden Gruppen nicht mehr viel miteinander zu

tun. Gemessen an der Anzahl der Spezialisten ist die numerische Analysis heutzutage einer der größten Bereiche der Mathematik.

Wir wollen zum Ende noch eines meiner Zehn-Stellen-Probleme betrachten. Angenommen, man hat drei identische regelmäßige Tetraeder mit Volumen 1. Was ist das Volumen der kleinsten Kugel, in die alle drei passen?

Alle Probleme sind verschieden. Dieses ist bis jetzt das einzige, für das ich mit Pappmodellen spielen musste! Ich baute drei Tetraeder und schüttelte sie dann, bis ich eine ungefähre Ahnung von der Optimalkonfiguration hatte. Durch das numerische Minimieren einer Funktion, deren Herleitung mich Stunden verzwickter Trigonometrie kostete, erhielt ich die Abschätzung

$$22{,}113167462973\ldots$$

Zufälligerweise meint nun mein Computer

$$256\pi(\sqrt{12} - \sqrt{10})^3 = 22{,}113167462973\ldots$$

Sind wir auf die richtige Antwort gestoßen? Ich denke schon, aber ich bin mir nicht sicher, und ich habe ganz bestimmt keinen Beweis. Und wie zum Himmel bin ich darauf gekommen, $256\pi(\sqrt{12} - \sqrt{10})^3$ auszurechnen?[1]

6 Epilog

Eilmeldung! Bei Problem 1, dem Problem der zwei Würfel, gibt es unerwartete Entwicklungen. Ich zeigte Prof. Bengt Fornberg von der Universität von Colorado, einem der besten numerischen Problemlöser dieser Welt, einen Entwurf dieses Beitrags, und er leckte sofort Blut. Das Problem ist so einfach und doch so verteufelt schwer!

Mit Stift, Papier und dem symbolischen Berechnungssystem Mathematica konnte Fornberg die Anzahl der Dimensionen von sechs auf fünf, dann vier verringern. Dann drei, dann zwei. Anders gesagt reduzierte er Problem 1 auf ein zweidimensionales Integral, das dann numerisch ausgewertet werden konnte. Die Formeln wurden immer komplizierter, je mehr Dimensionen er abspaltete, und er konnte ihre Komplexität nur mit aller Kraft im Zaum halten.

Eines Morgens teilte Fornberg mit, dass er in einer Dimension angelangt war. Also konnte das Problem zu fünf Sechsteln analytisch gelöst werden,

---

[1] Na gut, ich verrate es. Meine Berechnung lieferte die Abschätzung $R \approx 0.85368706$ für den Radius der kleinsten Kugel, die drei Tetraeder der Seitenlänge 1 umschließt. Ich gab diese Zahl in den Inverse Symbolic Calculator `http://oldweb.cecm.sfu.ca/projects/ISC/ISCmain.html` ein, und dieser spuckte den Vorschlag $R = 4(\sqrt{6} - \sqrt{5})$ aus. Die dritte Potenz dieser Zahl, multipliziert mit $4\pi/3$, ergibt nun das Volumen der Kugel, und teilt man dieses durch $\sqrt{2}/12$, das Volumen eines regelmäßigen Tetraeders mit Seitenlänge 1, so bekommt man $256\pi(\sqrt{12} - \sqrt{10})^3$.

und nur noch ein eindimensionales Integral musste numerisch ausgewertet werden. Wir waren erstaunt.

Am nächsten Morgen hatte Fornberg die exakte Lösung! Sie war absurd lang und kompliziert. Er arbeitete immer weiter, spielte trigonometrische, hyperbolische und logarithmische Funktionen gegen ihre Umkehrungen aus, vereinigte einige Terme und spaltete andere auf, um das Ergebnis elementarer zu machen. Und das bekam er heraus:

$$F = \frac{1}{3}\left(\frac{26\pi}{3} - 14 + 2\sqrt{2} - 4\sqrt{3} + 10\sqrt{5} - 2\sqrt{6} + 26\log(2) - \log(25)\right.$$
$$+ 10\log(1+\sqrt{2}) + 20\log(1+\sqrt{3}) - 35\log(1+\sqrt{5})$$
$$\left.+ 6\log(1+\sqrt{6}) - 2\log(4+\sqrt{6}) - 22\tan^{-1}(2\sqrt{6})\right).$$

Jetzt haben wir also so viele Stellen, wie wir nur wollen:

$$F \approx 0{,}925981260557291428093436687 0 \dots.$$

Die meisten Berechnungsprobleme haben keine exakten Lösungen, aber wenn ich Herausforderungen für das Problem Squad aushecke, hält mich mein Wunsch nach Eleganz nah an der Grenze des Machbaren. In diesem Fall hatten wir Glück.

Literaturverzeichnis

[1] Folkmar Bornemann, Dirk Laurie, Stan Wagon und Jörg Waldvogel, *The SIAM* 100-*Digit Challenge: A Study in High-Accuracy Numerical Computing*. SIAM, Philadelphia, 2004.

[2] Jonathan M. Borwein und David H. Bailey, *Mathematics by Experiment: Plausible Reasoning in the 21st Century*. A K Peters, Natick/MA, 2003.

[3] W. Timothy Gowers, June Barrow-Green und Imre Leader (Herausgeber), *The Princeton Companion to Mathematics*. Princeton University Press, Princeton/NJ, 2008.

[4] T. Wynn Tee und Lloyd N. Trefethen, *A rational spectral collocation method with adaptively transformed Chebyshev grid points*. SIAM Journal of Scientific Computing **28** (2006), 1798–1811.

[5] Lloyd N. Trefethen, *Ten digit algorithms*. Numerical Analysis Technical Report NA-05/13, Oxford University Computing Laboratory; `www.comlab.ox.ac.uk/oucl/publications/natr/`.

Regulär oder singulär?
Mathematische und numerische Rätsel
in der Strömungsmechanik

Robert M. Kerr und Marcel Oliver

Zusammenfassung In diesem Beitrag stellen wir die Grundgleichungen der Strömungsmechanik, die Euler- und Navier–Stokes-Gleichungen vor. Wir skizzieren die bis heute ungelöste mathematische Frage, bekannt insbesondere durch das „Navier–Stokes Milleniumsproblem", ob zunächst reguläre Lösungen Singularitäten entwickeln können. Dabei stellen wir insbesondere die Rolle von Computersimulationen als Motor für die Entwicklung neuer Mathematik dar.

1 Einleitung

Bei „Turbulenz" denkt man vielleicht an das plötzliche Rütteln des Flugzeugs während der letzten Flugreise oder an das unregelmäßige Heulen des Windes in einem Sturm. Turbulenz ist aber nicht immer ein Naturspektakel, sondern umgibt uns ständig. Ohne sie würde sich ein Zimmer nur extrem langsam aufheizen oder abkühlen lassen. Eine Hummel fliegt nur Dank der Turbulenz um ihre Flügel. Diese allgegenwärtige Turbulenz verstehen wir jedoch sehr viel weniger als die riesigen Wirbel und Wellen, die wir im Flugzeug als „Luftlöcher" spüren, oder die starken Scherwinde in einem Wirbelsturm.

Ein Grund hierfür ist, dass die Gleichungen der Strömungsmechanik zwar seit fast 200 Jahren bekannt sind, wir aber bis heute nicht wissen, ob sie grundlegende mathematische Kriterien erfüllen: Könnten Lösungen dieser

Robert M. Kerr
Department of Mathematics, School of Engineering, und Centre for Scientific Computing, University of Warwick, Gibbet Hill Road, Coventry CV4 7AL, UK.
E-mail: Robert.Kerr@warwick.ac.uk

Marcel Oliver
School of Engineering and Science, Jacobs University, 28759 Bremen, Deutschland.
E-mail: oliver@member.ams.org

Gleichungen plötzlich Unstetigkeitsstellen oder Singularitäten entwickeln? Wäre dies der Fall, so wäre die mathematische Beschreibung von Strömungen auf kleinsten Skalen unvollständig.

In diesem Beitrag soll die mathematische Seite dieses Problems einfach, aber präzise beschrieben werden. Des Weiteren stellen wir dar, wie sich Computersimulationen und mathematische Theorie gegenseitig ergänzen und weiterbringen. Wir beginnen mit einer Einführung in die Gleichungen der Strömungsmechanik. Danach, in Abschnitt 3, besprechen wir Erhaltungssätze, die sich wie ein roter Faden durch die Mathematik der Strömungsmechanik ziehen. Die zentrale offene Frage nach der globalen Regularität von Lösungen wird im Abschnitt 4 vorgestellt; im Abschnitt 5 erläutern wir die beiden Standpunkte der wissenschaftlichen Debatte mit heuristischen Argumenten für und wider das Auftreten von Singularitäten. Abschnitte 6 und 7 beschreiben, wie Theorie und numerische Experimente in einem iterativen Prozess zu Szenarien führen, die unser Verständnis über den Formationsprozess möglicher Singularitäten verfeinern. Schließlich bietet Abschnitt 8 eine Auswahl von Fragestellungen aus der aktuellen Forschung.

Zu diesem Beitrag gehören drei technische Anhänge. Für Leser, die noch nicht mit mehrdimensionaler Differential- und Integralrechnung vertraut sind, fasst Anhang A die wichtigsten Konzepte und Formeln kurz, aber intuitiv zusammen. Im Anhang B leiten wir sogenannte Energieabschätzungen her, die einen qualitativen Eindruck vom heutigen Kenntnisstand zur Regularität der Navier–Stokes-Gleichungen geben. Schließlich stellen wir in Anhang C spektrale und pseudospektrale numerische Verfahren vor.

Es ist nicht möglich, im Rahmen dieses Beitrages alle Originalarbeiten zu den hier vorgestellten Themengebieten angemessen zu würdigen. Wir verzichten daher ausdrücklich auf historische Vollständigkeit und verweisen den Leser statt dessen auf die exzellenten Übersichtsarbeiten [2, 4, 5, 6, 9, 10, 12, 15, 17] und hoffen, dass er diese als Ausgangspunkt für eigene Expeditionen durch die umfangreiche Fachliteratur nimmt.

2 Die Differentialgleichungen der Strömungsmechanik

Obwohl die Gleichungen der Strömungsmechanik auf den ersten Blick kompliziert wirken, ist die zugrundeliegende Konstruktion überraschend einfach: Man nehme das aus der klassischen Teilchenmechanik bekannte zweite Newtonsche Gesetz, verpacke es in der Sprache der Kontinuumsmechanik neu und wähle speziell ein Kraftgesetz, welches ein fließendes Medium charakterisiert.

Wir beginnen also mit Newtons Gleichung $F = ma$, die besagt, dass die auf eine Punktmasse wirkende Kraft gleich dem Produkt der Masse und ihrer Beschleunigung ist und die vermutlich aus der Schule bekannt ist. Die Beschleunigung ist die Änderungsrate der Geschwindigkeit v, mithilfe der Differentialrechnung können wir also $a(t) = \mathrm{d}v(t)/\mathrm{d}t$ schreiben; die Ge-

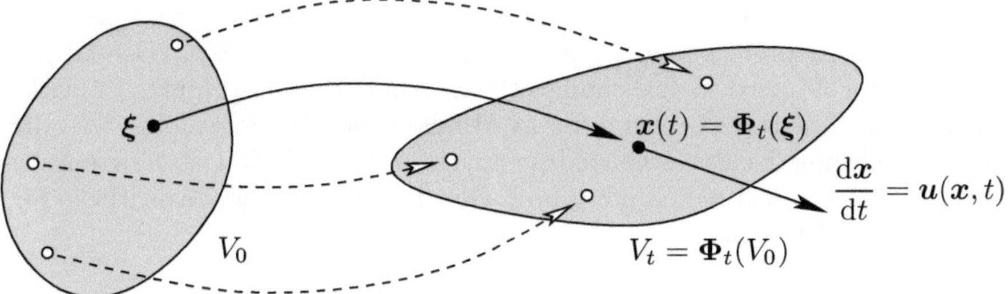

Abb. 1. Die Flussabbildung Φ_t bildet die Ausgangskonfiguration des Fluids auf seine Konfiguration zu einer späteren Zeit $t > 0$ ab und verformt z. B. ein Teilgebiet V_0 in V_t. Ein ausgezeichnetes „Fluidteilchen" wird dabei vom Ausgangsort ξ zur Stelle $x(t) = \Phi_t(\xi)$ transportiert und bewegt sich dort mit der Geschwindigkeit $u(x(t), t) = \mathrm{d}x/\mathrm{d}t$.

schwindigkeit ist wiederum die Änderungsrate des Aufenthaltsortes x, also $v(t) = \mathrm{d}x(t)/\mathrm{d}t$. Hängt die wirkende Kraft nur vom Ort x ab, so führt das Newtonsche Gesetz auf die Differentialgleichung $F(x(t)) = m\,\mathrm{d}^2x(t)/\mathrm{d}t^2$, wobei es die Bahnkurve $x(t)$ zu ermitteln gilt.

Eine Strömung kann man sich dann als Kontinuum punktförmiger, sich bewegender Teilchen vorstellen, die einen Behälter — ein *Gebiet* Ω als Teilmenge des $d = 2$- oder $d = 3$-dimensionalen Raumes — vollständig füllen. Ein ausgezeichnetes Teilchen, welches sich zum Zeitpunkt $t = 0$ am Ort $\xi \in \Omega$ befindet, beschreibt im Weiteren eine Bahnkurve, die mit $x(t)$ bezeichnet sei. Da nun aus jedem Punkt in Ω eine solche Kurve entspringt, definiert die Gesamtheit dieser Kurven für jedes feste $t \geq 0$ eine Abbildung Φ_t des Gebietes Ω auf sich selbst; siehe Abbildung 1. Man spricht von der *Flussabbildung* oder kurz dem *Fluss*.

Das Newtonsche Gesetz gilt für jedes dieser „Strömungsteilchen", genauer gesagt gilt es für die in einem Teilgebiet V_t enthaltene Masse im Grenzfall, dass die Ausdehnung des Teilgebietes gegen Null geht. In diesem Grenzwert geht es also nicht mehr um die Masse m, sondern um die *Massendichte* $\rho(x, t)$.[1] Das Newtonsche Gesetz trifft dementsprechend die Aussage, dass die wirkende *Kraft pro Volumen* identisch ρa sein muss.

Jetzt fehlt noch eine Annahme über die wirkende Kraft pro Volumen, denn das bisher Gesagte gilt für beliebige mechanische Kontinua wie z. B. auch elastische Festkörper. Ein Fluid, also eine Flüssigkeit oder ein Gas, ist dadurch charakterisiert, dass die Kraft, die ein Teilchen auf seine Nachbarn ausübt, richtungsunabhängig ist. Sie lässt sich daher durch eine einzige skalare Größe, den *Druck* $p(x, t)$ beschreiben. Der Druck hat die Einheit Kraft pro Fläche, und zwar aus folgendem Grund: Ein Teilchen wird nicht beschleunigt, wenn es aus allen Richtungen gleich starke Kräfte erfährt — es kann nur auf *Druckdifferenzen* ankommen. Im Grenzfall verschwindender Ausdehnung

---

[1] Die in einem endlichen Teilgebiet enthaltene Masse ist dann durch das Integral von ρ über dieses Teilgebiet gegeben.

des Teilgebietes ergibt sich die Kraft pro Volumen daher als Grenzwert eines Differenzenquotienten,[2] dem negativen Druckgradienten $-\nabla p$. (Der Gradientenoperator ∇ wird in Gleichung (15) in Anhang A eingeführt. Er wirkt hier nur auf die Ortsvariablen $\boldsymbol{x}$.) Das Minuszeichen ist notwendig, weil die Kraft in Richtung der Bereiche niedrigen Drucks wirken soll. Das Newtonsche Gesetz für Fluide ergibt sich nun durch Gleichsetzen der zwei Ausdrücke für die Kraft pro Volumen:

$$- \nabla p(\boldsymbol{x}(t), t) = \rho(\boldsymbol{x}(t), t) \, \frac{\mathrm{d}^2 \boldsymbol{x}(t)}{\mathrm{d}t^2} \, . \tag{1}$$

Im Prinzip ist dies bereits die gesuchte Gleichung. In dieser Form ist sie aber unhandlich, weil sie sogenannte *Eulersche* und *Lagrangesche Größen* vermischt. Man sagt, dass eine Größe Eulersch ist, wenn sie eine direkte Funktion des aktuellen Ortes $\boldsymbol{x}$ ist. Von einer Lagrangeschen Größe spricht man, wenn sie explizit von den Ausgangspositionen $\boldsymbol{\xi}$ der Teilchen abhängt. In (1) sind also Druck und Dichte Eulersch,[3] der Teilchenort $\boldsymbol{x}$ selbst, die Teilchengeschwindigkeit $\mathrm{d}\boldsymbol{x}/\mathrm{d}t$ und die Beschleunigung $\mathrm{d}^2\boldsymbol{x}/\mathrm{d}t^2$ hingegen Lagrangesch. Die Gleichung (1) ist oft praktischer, wenn sie komplett in Eulerschen Größen ausgedrückt wird. Wir bezeichnen die Geschwindigkeit, die ein *ruhender* Beobachter am Ort $\boldsymbol{x}$ zur Zeit t misst, mit $\boldsymbol{u}(\boldsymbol{x}, t)$. Dies ist aber genau die Geschwindigkeit des gerade vorbeikommenden Teilchens, daher muss gelten

$$\frac{\mathrm{d}\boldsymbol{x}(t)}{\mathrm{d}t} = \boldsymbol{u}(\boldsymbol{x}(t), t) \, . \tag{2}$$

Leiten wir diese Identität mithilfe der mehrdimensionalen Kettenregel, die in Anhang A erklärt ist, nach der Zeit ab, so erhalten wir einen rein Eulerschen Ausdruck für die Teilchenbeschleunigung, nämlich

$$\frac{\mathrm{d}^2 \boldsymbol{x}(t)}{\mathrm{d}t^2} = \frac{\partial \boldsymbol{u}}{\partial t}(\boldsymbol{x}(t), t) + \boldsymbol{u}(\boldsymbol{x}(t), t) \cdot \nabla \boldsymbol{u}(\boldsymbol{x}(t), t) \, . \tag{3}$$

Diesen Ausdruck setzen wir in (1) ein und lassen der Übersicht halber die Argumente weg. So erhalten wir mit

---

[2] Betrachte ein kleines quaderförmiges Teilgebiet, das in den drei Koordinatenrichtungen die Längen (a, b, c) hat. Die drei Komponenten der auf den Quader wirkenden Kraft seien F_1, F_2, und F_3. Dann ist F_1, die x_1-Komponente der auf den gesamten Quader wirkenden Kraft, gleich dem Druckunterschied zwischen dem linken und rechten Ende des Quaders multipliziert mit bc, der Fläche der linken und rechten Seite. In erster Ordnung ist diese Druckdifferenz $-a\,\partial p/\partial x_1$ und somit $F_1 \approx -abc\,\partial p/\partial x_1$. Analoge Betrachtungen für die anderen Koordinatenrichtungen führen auf $\boldsymbol{F} \approx -abc\,\nabla p$. Im Grenzwert $a, b, c \to 0$ sind die Fehler dieser Näherung von höherer Ordnung und verschwinden schneller, wodurch sich genau $-\nabla p$ als Druck pro Volumen ergibt.

[3] In (1) werden die Eulerschen Größen ∇p und ρ an der aktuellen Position $\boldsymbol{x}(t)$ eines Teilchens ausgewertet und könnten somit auch als Lagrangesche Größen interpretiert werden. Der Gradient wäre dann jedoch immer noch bezüglich der Ortskoordinaten $\boldsymbol{x}$ definiert, so dass man letztere nicht so einfach eliminieren kann.

$$\rho \left(\frac{\partial \boldsymbol{u}}{\partial t} + \boldsymbol{u} \cdot \boldsymbol{\nabla} \boldsymbol{u} \right) + \boldsymbol{\nabla} p = 0 \tag{4}$$

eine Form des Newtonschen Gesetzes, die erstmals 1757 von Euler formuliert wurde. Fluide, die sich entsprechend dieses Impulssatzes verhalten, bezeichnet man als *ideal*, da weder Reibungskräfte, die kinetische Energie in Wärme umwandeln können, noch die Molekularstruktur realer Materie berücksichtigt werden.

Die Beschreibung ist allerdings noch unvollständig, da (4) nur d Gleichungen, aber $d+2$ unbekannte Funktionen enthält, nämlich die d Komponenten von $\boldsymbol{u}$, p und ρ. Wir brauchen also zusätzliche Relationen aus der Physik. Konkret: Was passiert mit der Dichte, wenn sich der Druck ändert? Hier gibt es keine allgemeine Antwort, da sich z. B. ein Gas anders verhält als Wasser — es muss sich also um ein Materialgesetz handeln. In diesem Beitrag beschränken wir uns auf den Fall einer inkompressiblen Strömung: Das Volumen eines jeden Fluid-„Päckchens", das wie V_t in Abbildung 1 durch den Fluss herumgeschoben und deformiert wird, bleibt zeitlich konstant.[4] Die Änderungsrate des Volumens eines kleinen Päckchens ist bis auf Terme höherer Ordnung durch die *Divergenz* des Vektorfelds $\boldsymbol{u}$ gegeben, siehe Anhang A. Daher ist der Fluss von $\boldsymbol{u}$ genau dann inkompressibel, wenn div $\boldsymbol{u} = 0$.

Als letzte Vereinfachung nehmen wir an, dass das Fluid *homogen* sei. Das bedeutet, dass die Dichte auch räumlich konstant ist und daher auf $\rho = 1$ normiert werden kann.[5] Wir erhalten dann die vollständigen *Euler-Gleichungen* für ein homogenes inkompressibles ideales Fluid,

$$\frac{\partial \boldsymbol{u}}{\partial t} + \boldsymbol{u} \cdot \boldsymbol{\nabla} \boldsymbol{u} + \boldsymbol{\nabla} p = 0 \,, \tag{5a}$$

$$\mathrm{div}\, \boldsymbol{u} = 0 \,. \tag{5b}$$

Der Druck ist in einer inkompressiblen Strömung durch die Bedingung, dass sich jedes Teilgebiet konsistent zu seinen Nachbarn bewegen muss, eindeu-

---

[4] Bestimmte physikalische Effekte wie Schallwellen oder Schockwellen bei Überschallströmungen können nur mit einem kompressiblen Modell erklärt werden. Sind diese wichtig, muss das Modell anstelle der Inkompressibilitätbedingung mit den thermodynamischen Zustandsgleichungen für das entsprechende Material sowie Transportgleichungen für die thermodynamischen Größen ausgestattet werden; in diesem allgemeineren Fall ergeben sich die Druckkräfte durch lokale Schwankungen der inneren Energie oder der Temperatur. Der normale Fluss von Wasser und großskalige Luftströmungen sind jedoch in guter Näherung inkompressibel. Kompressibilitätseffekte wirken im Vergleich zu den dominanten Strömungsstrukturen gewöhnlich auf viel kleineren Zeit- und Raumskalen. Löst man diese Skalen in einer Simulation nicht korrekt auf (was oft sehr teuer ist), dann wird das numerische Verfahren unter Umständen selbst dann „instabil", wenn die kleinskaligen Effekte physikalisch eigentlich zu vernachlässigen sind. In diesem Fall rechnet man daher gerne gleich mit dem inkompressiblen Modell.

[5] Solange kein Vakuum entsteht, verhalten sich homogene und allgemein inkompressible Strömungen sehr ähnlich, so dass diese Annahme keine wesentliche Einschränkung darstellt.

tig bestimmt. Er koppelt dabei die nötigen Anpassungen instantan über die
gesamte Strömung hinweg.

In der bisherigen Diskussion haben wir Reibungskräfte vernachlässigt. Diese haben aber grundlegende Bedeutung für Theorie und Praxis, so dass sich
ihre detaillierte Darstellung nicht vermeiden lässt. Reibung vergrößert die
lokale Einheitlichkeit des Flusses, d. h. sie wirkt in jedem Punkt der Abweichung des Geschwindigkeitsfelds gegenüber seinem lokalen Mittel entgegen:
Wenn sich ein Teilchen schneller als der Durchschnitt seiner Nachbarn bewegt, wird es durch Reibung gebremst, bewegt es sich langsamer, wird es
mitgerissen. Die Abweichung des Mittelwertes einer Funktion über eine kleine Kugel von ihrem Wert am Mittelpunkt wird durch den *Laplace-Operator*
Δ gemessen, wie im Anhang A näher erklärt. Es ist also plausibel, dass Reibungskräfte proportional zu $\Delta \boldsymbol{u}$ sind. Ergänzen wir die Euler-Gleichungen
(5) um einen solchen Term, so erhalten wir die *Navier–Stokes-Gleichungen*
für ein homogenes inkompressibles Fluid,

$$\frac{\partial \boldsymbol{u}}{\partial t} + \boldsymbol{u} \cdot \boldsymbol{\nabla} \boldsymbol{u} + \boldsymbol{\nabla} p = \nu \, \Delta \boldsymbol{u} \,, \qquad (6a)$$

$$\operatorname{div} \boldsymbol{u} = 0 \,. \qquad (6b)$$

Den Proportionalitätsfaktor $\nu > 0$ bezeichnet man als *Viskositätskoeffizien-
ten.* Er beschreibt die Zähigkeit des Fluids und ist z. B. für Honig viel größer
als für Wasser. Ein Term der Form $\nu \Delta \boldsymbol{u}$ taucht aus beschriebenem Grund genauso bei der Modellierung von Wärmeflüssen oder Diffusion auf; ein solches
Beispiel findet man in L.N. Trefethens Beitrag in diesem Band [18].

Die partiellen Differentialgleichungen (5) und (6) sind *Anfangs-Randwert-
probleme*: Zur eindeutigen Bestimmung des Flusses auf beschränkten Gebieten müssen sowohl *Anfangs-* als auch *Randwerte* vorgegeben werden. Zur
Vereinfachung nehmen wir hier *periodische Randbedingungen* auf einem quaderförmigen Gebiet Ω an: Wir stellen uns vor, dass der gesamte $\mathbb{R}^d$ vollständig
mit exakten Kopien von Ω überdeckt ist, wobei die jeweils gegenüberliegenden
Seiten des Quaders miteinander identifiziert werden. Also scheint das, was aus
einer Seite von Ω hinausfließt, auf der gegenüberliegenden Seite wieder her-
einzukommen. Trotz dieser eigentlich unrealistischen Annahme verhalten sich
Strömungen mit periodischen Randbedingungen qualitativ wie Strömungen
mit physikalischen Randbedingungen, wenn man von Grenzschichteffekten in
Randnähe absieht.

Der Vollständigkeit halber sei bemerkt, dass übliche physikalische Randbedingungen den Massenfluss über den Rand spezifizieren. Bei den Navier–
Stokes-Gleichungen ist zudem die Vorgabe des sogenannten Impulsflusses und
damit der Reibungskraft am Rand notwendig, und zwar auch dann, wenn der
Energieverlust durch Reibung eigentlich vernachlässigbar klein ist. Dieser fun-
damentale Unterschied zwischen Euler- und Navier–Stokes Randbedingungen
spielt z. B. bei der Erklärung des Auftriebs an Flügeln eine entscheidende Rol-

le. Das Thema Grenzschichten bei Randwertproblemen möchten wir hier aber nicht weiter vertiefen.

3 Erhaltungssätze

In der klassischen Mechanik gibt es drei grundlegende Erhaltungsgrößen: Impuls, Energie und Drehimpuls. Jede dieser Größen hat eine ebenso fundamentale Entsprechung in der Strömungsmechanik. Die Impulserhaltung wird durch das zweite Newtonsche Gesetz ausgedrückt und ist damit bereits explizit enthalten. Für die kinetische Energie eines Punktteilchens kennen wir aus der Mechanik den Ausdruck $E = \frac{1}{2}m|\boldsymbol{v}|^2$. Beim Übergang zum Kontinuum geht die Masse m in die Dichte ρ über; entsprechend wird aus E die kinetische Energiedichte $\frac{1}{2}\rho|\boldsymbol{u}|^2$. Bei einer inkompressiblen Strömung ist die gesamte Energie kinetisch, so dass wir die Gesamtenergie E durch Integration der kinetischen Energiedichte über das Gebiet Ω erhalten. Mit $\rho = 1$ ist also

$$E = \frac{1}{2} \int_\Omega |\boldsymbol{u}|^2 \, \mathrm{d}\boldsymbol{x} \,. \tag{7}$$

Eine einfache Rechnung in Anhang B zeigt, dass eine Euler-Strömung E erhält, während E bei einer Navier–Stokes-Strömung mit der Zeit (durch Umwandlung von kinetischer Energie in Wärme) abnimmt.

Die dritte Erhaltungsgröße der Punktteilchenmechanik ist der *Drehimpuls*, der die Rotation des Systems um einen Referenzpunkt beschreibt. In der Strömungsmechanik benötigen wir statt eines Referenzpunktes eine geschlossene Referenzkurve C_0, die in der Strömung „mitschwimmt" und so eine zeitabhängige Kurvenschar $C_t = \boldsymbol{\Phi}_t(C_0)$ definiert. Bezüglich einer beliebigen Referenzkurve definieren wir dann die *Zirkulation* als das Kurvenintegral

$$\Gamma_t = \oint_{C_t} \boldsymbol{u} \cdot \mathrm{d}\boldsymbol{s} \,. \tag{8}$$

Das Kurvenintegral repräsentiert die (Riemann-)Summation der zur Kurve C_t tangentialen Geschwindigkeitskomponente entlang dieser Kurve, siehe Anhang A. Jedes so definierte Γ_t ist eine Erhaltungsgröße der Euler-Gleichungen. Mit dem Satz von Stokes, ebenfalls in Anhang A erläutert, kann man die Zirkulation auch als Flächenintegral

$$\Gamma_t = \int_{S_t} \boldsymbol{\omega} \cdot \mathrm{d}\boldsymbol{A} \tag{9}$$

ausdrücken. Dabei ist S_t eine beliebige orientierte Fläche mit Rand C_t, die sich ebenfalls mit der Strömung bewegt, und $\boldsymbol{\omega}$ ist die *Wirbelstärke*

Abb. 2. Illustration des Gedankenexperiments eines sich drehenden Ballons. Die Erhaltung der Zirkulation impliziert, dass sich die Geschwindigkeit entlang der Mitte beim Zusammenziehen des Lassos erhöht (durch rote Farben gekennzeichnet), während sich die Geschwindigkeit in den äußeren Blasen verringert (blau).

$$\boldsymbol{\omega} = \mathrm{rot}\,\boldsymbol{u} = \left(\frac{\partial u_3}{\partial x_2} - \frac{\partial u_2}{\partial x_3}, \frac{\partial u_1}{\partial x_3} - \frac{\partial u_3}{\partial x_1}, \frac{\partial u_2}{\partial x_1} - \frac{\partial u_1}{\partial x_2} \right). \qquad (10)$$

Die i-te Komponente des Wirbelstärkevektors ist gerade der Grenzwert der Zirkulation pro Einheitsfläche in der Ebene senkrecht zur x_i-Richtung. Intuitiv misst sie, wie stark sich ein vom Fluss mitgetragenes kleines Blatt um den i-ten Koordinatenvektor dreht. Ist die Strömung zweidimensional, etwa parallel der x_1-x_2-Ebene, so ist nur die dritte Komponente von (10) von Null verschieden und wir können die Wirbelstärke als skalare Größe $\partial u_2/\partial x_1 - \partial u_1/\partial x_2$ betrachten.

Die Zirkulationserhaltung erklärt einen grundlegenden Unterschied zwischen Strömungen in zwei und drei Raumdimensionen: In zwei Dimensionen ist „Volumen" mit Fläche gleichzusetzen, so dass Inkompressibilität die zeitliche Invarianz des Flächenmaßes von S_t impliziert. Lässt man dieses dann in (9) gegen Null gehen, so folgt aus der Erhaltung der Zirkulation die punktweise Erhaltung der Wirbelstärke entlang der Bahnkurven der Strömung, den *Flusslinien*. Mithilfe der punktweisen Erhaltung der Wirbelstärke kann man die Entwicklung von Singularitäten mathematisch ausschließen. In drei Dimensionen gibt es jedoch keinen Zusammenhang zwischen Volumen- und Flächenerhaltung, entsprechend auch keinen Zusammenhang zwischen Zirkulationserhaltung und der Länge des Wirbelstärkenvektors. Damit bleibt die Antwort auf die Frage nach Singularitäten offen, was wir im nächsten Abschnitt noch genauer besprechen.

Die Rolle von Wirbelstärke und Zirkulation für die Dynamik möglicher Singularitäten kann man mit einem einfachen Gedankenexperiment veranschaulichen. Man fülle einen Ballon mit einer inkompressiblen ruhenden Flüssigkeit und binde ein Lasso um dessen Mitte. Dieses zieht man in endlicher Zeit zu einem Punkt zusammen, so dass die „Taille" des Ballons langsam abgeschnürt wird, siehe Abbildung 2. Offensichtlich erzeugen wir mit der Trennung der beiden Blasen eine topologische Singularität, jedoch bleiben Geschwindigkeit und Wirbelstärke des Flusses beschränkt.

Wir wiederholen das Gedankenexperiment nun mit einer um die Symmetrieachse rotierenden Flüssigkeit. Der Geschwindigkeitsvektor ist stets tangential zum Lasso, so dass nach Definition des Kurvenintegrals die Zirkulation um das Lasso durch das Produkt aus skalarer Strömungsgeschwindigkeit und Umfang der Öffnung gegeben ist. Da die Zirkulation konstant bleibt, müssen Geschwindigkeit und Wirbelstärke unbeschränkt wachsen, sobald wir das Lasso zusammenziehen; siehe Abbildung 2. Dies ist vergleichbar mit einer Eiskunstläuferin, die sich umso schneller dreht, je näher sie ihre Körpermasse an die Drehachse ihrer Pirouette bringt, und so durch die Erhaltung des Drehimpulses angetrieben wird. Die Singularität mit Rotation ist also viel umfassender als ohne.

Die Frage ist nun, ob eine solche oder auch andere Singularität durch die Wechselwirkung der Strömung mit sich selbst auch ohne externe Zwangskräfte entstehen kann. Für die Euler-Gleichungen weiß man, dass jede Singularität notwendigerweise mit einer Singularität der Wirbelstärke einhergeht; hierauf wird in Abschnitt 7 näher eingegangen. Daher könnte das Abschnüren des sich drehenden Ballons möglicherweise die Bewegung eines Teilgebietes eines singulären Flusses sein, während das Abschnüren des sich nicht drehenden Ballons nicht als isolierte Singularität im Inneren einer Strömung auftreten kann.

Dieses Gedankenexperiment lässt sich nicht ohne weiteres auf die Navier–Stokes-Gleichungen übertragen, weil Reibung am Lasso eine Geschwindigkeitssingularität verhindern würde. Die allgemeine Fragestellung ist aber ähnlich der für die Euler-Dynamik und ebenso ungelöst, wie wir im Folgenden skizzieren.

4 Das Clay-Milleniums-Problem

Das elementarste mathematische Kriterium, das eine partielle Differentialgleichung wie (5) oder (6) erfüllen sollte, ist die *Wohlgestelltheit*. Dieser Begriff umfasst (i) die Existenz einer Lösung — der Zustand des Systems muss sich in die Zukunft entwickeln lassen, (ii) die Eindeutigkeit der Lösung — die Zukunft hängt nur von der Gegenwart ab, und (iii) die Stabilität der Lösung — zukünftige Zustände lassen sich beliebig genau aus den Anfangsdaten bestimmen, wenn diese hinreichend genau bekannt sind, d. h. die Zukunft hängt stetig von der Gegenwart ab.

Für die inkompressiblen Euler- und Navier–Stokes-Gleichungen sind diese Fragen noch nicht vollständig beantwortet. Es sind aber eine Reihe von Teilresultaten bekannt. Insbesondere sind beide Gleichungen *lokal wohlgestellt*: Lösungen mit glatten (also beliebig oft differenzierbaren) Anfangswerten hängen eindeutig und stetig von den Anfangswerten ab und bleiben mindestens über ein endliches, möglicherweise sehr kurzes Zeitintervall glatt. Dies beweist man etwa dadurch, dass man die Gleichungen als Fixpunktproblem in einem geeigneten Funktionenraum formuliert. Ein solcher Beweis vernachlässigt zwar einen Großteil der problemspezifischen Struktur, impliziert aber, dass es für die Fortsetzbarkeit der Lösung über das lokale Zeitintervall hinaus nur zwei Möglichkeiten gibt: Bezeichnet $[0, T^*)$ das maximale Zeitintervall, auf dem die Lösung existiert, so gilt entweder $T^* = \infty$ oder ein Maß der Lösung wie z. B. die maximale Wirbelstärke divergiert für $t \to T^*$. Ist letzteres der Fall, so sprechen wir von einer Singularität zum Zeitpunkt T^*. Will man zeigen, dass die Gleichung global wohlgestellt ist, so reicht es also, für beliebige $t > 0$ eine Schranke für die das entsprechende Maß der Lösung zu finden.

Die Frage, ob glatte Lösungen der inkompressiblen Navier–Stokes-Gleichungen in drei Raumdimensionen beliebig lange fortgesetzt werden können, ist nun eines der sieben Millenium-Probleme des Clay Mathematics Institute. Konkret ist es wie folgt gestellt [8]: *Man beweise, dass anfänglich glatte Lösungen mit periodischen Randbedingungen (oder im $\mathbb{R}^3$, wenn sie hinreichend stark gegen unendlich abfallen) beliebig lange glatt bleiben*, oder *man finde eine Lösung, die in endlicher Zeit singulär wird*. Die Frage, ob die dreidimensionalen Euler-Gleichungen global wohlgestellt sind, ist genauso offen, aber nicht „offizieller" Teil des Millenium-Problems.

In zwei Raumdimensionen bleibt, wie bereits im vorherigen Abschnitt geschildert, die Wirbelstärke von Euler-Lösungen entlang der Flusslinien erhalten. Dies reicht aus, um Singularitäten in endlicher Zeit auszuschließen. Für die zweidimensionalen Navier–Stokes Gleichungen ist der Beweis globaler Wohlgestelltheit sogar noch einfacher, da der Energieverlust durch Reibung stärker ist als die nichtlineare Selbstverstärkung des Flusses, so dass „Energieabschätzungen", die wir in Anhang B herleiten, bereits das gewünschte Ergebnis liefern.

Eine Lösung der dreidimensionalen Navier–Stokes-Gleichungen kann über den etwaigen Eintritt der ersten Singularität hinaus als „schwache Lösung" fortgesetzt werden.[6] Schwache Lösungen sind für alle Zeiten definiert, doch ihre physikalische Aussagekraft ist dadurch beschränkt, dass wir nichts über ihre Eindeutigkeit wissen. Für die dreidimensionalen Euler-Gleichungen kennt man schwache Lösungen nur in Spezialfällen und es gibt konkrete Beispiele für Nichteindeutigkeit.

Weiterhin weiß man, dass „kleine" Lösungen der Navier–Stokes-Gleichungen nicht singulär werden. Es gibt globale Lösungssätze z. B. unter Annahme kleiner Anfangsdaten, großer Viskosität, oder Nähe zu einer speziellen global existierenden Lösung oder Symmetrie; nach neuen Definitionen von „klein" wird bis heute geforscht. Physikalisch gesehen sind alle diese Fälle nichtturbulent, mathematisch ist die Situation dadurch charakterisiert, dass der lineare Diffusionsterm $\nu\Delta u$ die Nichtlinearität $u \cdot \nabla u$ dominiert. Anschaulich ausgedrückt könnten wir für jede Singularität, die vielleicht in einer Wasserströmung entsteht, das Wasser durch Honig ersetzen, und wenn dieser zäh genug ist, damit das Entstehen der Singularität unterdrücken. Solche Argumente

---

[6] Auch wenn eine solche Lösung unstetig oder sogar unbeschränkt wird, können Integrale der Lösung über kleine endliche Teilgebiete trotzdem stetig vom Anfangszustand abhängen. Fasst man die Wohlgestellheitsbedingung (iii) in diesem Sinne auf, so könnte sie also immer noch erfüllt sein.

lassen sich offensichtlich nicht auf die Euler-Gleichungen, die ja viskositäts-
frei sind, übertragen. Ebenfalls nur für die Navier–Stokes-Gleichungen gibt es
sogenannte partielle Regularitätssätze, die besagen, dass schwache Lösungen
nur wenige (in einem bestimmten maßtheoretischen Sinn) singuläre Punkte
haben können.

Zum Abschluss dieses Überblicks noch eine kleine Überraschung: Auf un-
beschränkten Gebieten sind durchaus singulär werdende Lösungen bekannt,
und zwar mit und ohne Viskosität und sogar in zwei Raumdimensionen. Doch
in allen diesen Fällen ist die kinetische Energie pro Volumen bereits in den
Anfangsdaten unbeschränkt. Es müssen also beliebig hohe Geschwindigkeiten
auftreten, was physikalisch Unsinn ist. Solche Beispiele werden daher nicht
als Lösungen des Clay-Millenium-Problems akzeptiert.

5 Regulär oder nicht regulär, das ist hier die Frage

Auch wenn die Antwort auf die Millenium-Frage noch aussteht, so gibt es
doch eine Reihe heuristischer Argumente für und wider das Auftreten von
Singularitäten. Eine so oft zitierte wie irreführende Analogie sind die Burgers-
Gleichungen mit und ohne Viskosität. Man kann sich diese Gleichungen als
Navier–Stokes bzw. Euler-Gleichungen ohne Druck vorstellen, also mit $p = 0$
und ohne Inkompressibilitätsbedingung, damit das System nicht überspe-
zifiziert wird. Die Gleichungen bilden dann keinen physikalischen Vorgang
mehr ab, sind aber als Modellproblem interessant, denn ihr Verhalten folgt
einem klaren Schema: Ohne Viskosität bewegt sich jedes Teilchen einfach un-
beschleunigt entsprechend seiner Anfangsgeschwindigkeit fort, es entstehen
also generische Singularitäten durch Teilchenkollisionen. Mit Viskosität kann
die Maximalgeschwindigkeit nicht größer als im ungebremsten Fall werden,
und die Wirkung der Reibung reicht dann aus, um das Auftreten von Singularitäten zu verhindern.

Man kann aber nicht erwarten, dass sich aus dem Verhalten der Burgers-
Gleichungen ein Prinzip ableiten lässt, das sich auf echte Strömungsmechanik
überträgt. Bei inkompressiblen Strömungen verlieren wir die direkte Kontrolle über die auftretenden Geschwindigkeiten, was daran liegt, dass der Druck
einen instantanen Anpassungprozess über das gesamte Gebiet hinweg koppelt. Daraus zu schließen, dass sich die strömungsmechanischen Gleichungen
strikt „schlechter" verhalten als die entsprechenden Burgers-Gleichungen ist
aber ebenso falsch. Der Druck scheint inkompressible Strömungen zu einem
gewissen Grad stabilisieren zu können, sonst hätten ja die Euler-Gleichungen
in zwei Dimensionen keine global regulären Lösungen. Wir müssen also auf
ganz andere Strukturinformationen zurückgreifen — im Zweidimensionalen
die Wirbelstärkenerhaltung, im Dreidimensionalen bleibt es offen.

Die Erwartung, dass Euler- oder Navier–Stokes-Flüsse Singularitäten entwickeln, ist aber in der Fachwelt weit verbreitet. Ein Grund hierfür hängt

mit der *kumulativen Energiedissipation*

$$\nu \int_0^t \int_\Omega |\nabla u|^2 \, \mathrm{d}x \, \mathrm{d}t \tag{11}$$

zusammen. Wie wir im Anhang B zeigen, misst sie die kinetische Energie, die im Zeitintervall $[0,t]$ durch Reibung verloren geht. Eigentlich würde man erwarten, dass diese Größe stetig von der Viskosität ν abhängt. Nun sprechen aber numerische und experimentelle Daten stark dafür, dass die kumulative Energiedissipation nicht verschwindet, wenn ν gegen Null geht. Man bezeichnet dieses Verhalten als *anormale Dissipation* [7]; die meisten Turbulenztheorien setzen es als gegeben voraus. Mathematisch bedeutet anormale Dissipation, dass typische Lösungen der Euler-Gleichungen nicht glatt sein können. Dies impliziert zwar nicht zwingend Singularitäten auch in Lösungen der Navier–Stokes-Gleichungen, aber es spricht einiges dafür. Nehmen wir nämlich an, nur Lösungen der Euler-Gleichungen würden nach endlicher Zeit singulär, dann müsste der Regularisierungsmechanismus essentiell mit dem Reibungsterm zusammenhängen. Dieser ist aber als linearer Operator sehr gut verstanden und nach allem was wir wissen nicht stark genug, um der Nichtlinearität Einhalt zu gebieten. (So gibt etwa L.N. Trefethen in [18] ein nachvollziehbares Beispiel, wie der Diffusionsterm gegen eine Nichtlinearität verliert.)

Auf der anderen Seite der Debatte gibt es Stimmen, die die globale Regularität der Euler- und Navier–Stokes-Gleichungen erwarten, und zwar aus zwei Gründen. Zunächst lassen bisherige Computerberechnungen trotz allem Aufwands keine eindeutigen Schlüsse zu. Verfechter beider Ansichten können sich zwar auf Simulationen stützen [3, 11, 13, 15], jedoch kann bisher niemand eine robuste Beschreibung einer Singularität bieten, wie sie für andere Modelle zum wissenschaftlichen „State-of-the-Art" gehört. Zum zweiten ist nicht klar, welche Physik den Gleichungen überhaupt fehlen sollte (so man denn die Kontinuumsbeschreibung als „physikalisch" akzeptiert). Hierfür spricht insbesondere der weithin überzeugende Erfolg der Navier–Stokes-Gleichungen als empirische Theorie.

6 Wirbelschläuche als Testfall

Wir wollen nun die Rolle von Computersimulationen zur Lösung des Singularitätproblems diskutieren. Simulationen sind Experimente wie in einem wirklichen Labor; sie müssen ebenso sorgfältig geplant werden, um mit der verfügbaren Hardware und Algorithmik den maximalen Erkenntnisgewinn zu erzielen.

Um Singularitäten zu finden, benötigen wir Anfangskonfigurationen, aus denen sich ein lokal extrem schneller Fluss entwickelt. Wir können dann nach

Abb. 3. Bei einer Eruption des Südostkraters des Vulkans Ätna im Jahr 2000 ausge-
stoßener Rauchring, der sich selbstinduziert fortbewegt. Man beachte, wie der Schatten
des Rings über den Hang des Bergs wandert. Photos von Juerg Alean auf `http://www.`
`swisseduc.ch/stromboli/etna/etna00/etna0002photovideo-en.html?id=4.`

Indizien für das Entstehen einer Singularität oder nach Anzeichen für ein
Nachlassen der nichtlinearen Rückkopplung suchen. Die ersten Experimente dieser Art benutzten zufällige Anfangsdaten. Man bemerkte aber schnell,
dass Höchstgeschwindigkeiten meist innerhalb von *Wirbelschläuchen* auftreten. Wirbelschläuche sind röhrenartige Strukturen, die sich um ihre Symmetrieachse drehen. Sie werden auch in der Natur oft beobachtet, etwa als Tor-
nados oder Mesozyklone bei starken Gewittern. Normalerweise ist es nicht
einfach, Wirbelschläuche zu sehen. Manchmal führt der niedrige Druck im
Kern zu Kondensation, in Laborversuchen kann man Wirbelschläuche auch
durch hereingesaugte Blasen oder injizierte Farbe sichtbar machen.

Zwei weitere Beobachtungen sind durch Simulation und Experiment ebenfalls gut belegt. Wirbel in turbulenten Strömungen verstärken sich durch
Streckung in Richtung der Rotationsachse, so wie im Gedankenexperiment
bei dem sich drehenden Ballon im Abschnitt 3. Und die heftigsten, wenn auch
seltenen Ereignisse entstehen regelmäßig beim Zerfall von zwei parallelen, sich
entgegengesetzt drehenden („antiparallelen") Wirbelschläuchen. Daher nimmt
man solche Paare gerne als Anfangsdaten und versucht, durch Einbringen ge-
zielter Störungen möglichst singuläres Verhalten auszulösen [15]. Eine Alter-
native sind glatte, hochsymmetrische Anfangsdaten, die in hoch auflösenden
Simulationen auf scheinbar ähnliche Weise zusammenbrechen [11]. Simulationen mit Zufallsdaten spielen bei Untersuchungen zur statistischen Turbulenztheorie weiterhin eine große Rolle; zur Erkundung der lokalen Struktur
möglicher Singularitäten sind sie aber zu „verrauscht".

In einer Strömung ohne Reibung bewegen sich zwei vollständig gerade
antiparallele Wirbelschläuche mit konstanter Geschwindigkeit in Normalen-

Abb. 4. Wirbel an den Flügelspitzen einer Boeing 727, ein Indiz für die um die Flügel herrschende Zirkulation, die für die Erzeugung von Auftrieb notwendig ist. Die Wirbel wurden durch Rauchgeneratoren an den Flügelspitzen sichtbar gemacht. (NASA-Fotografie ECN-3831.)

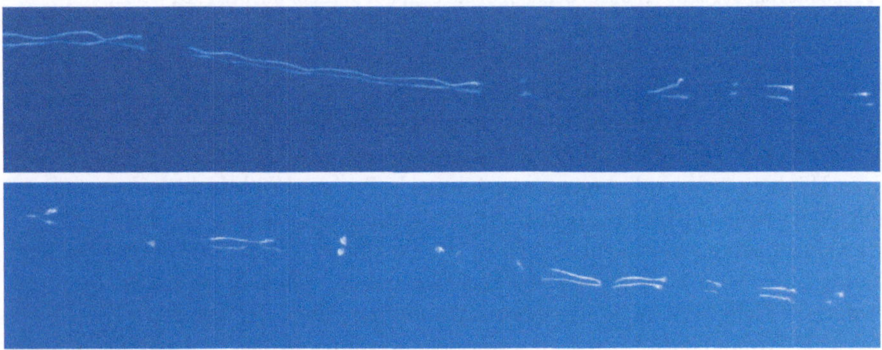

Abb. 5. Zerfall der Wirbelschleppen eines Flugzeuges durch die sogenannte Crow-Instabilität, die durch Wechselwirkung der Wirbel mit den Kondensstreifen der Düsen-abgase sichtbar wird. Die untere Hälfte des Bilds setzt die obere Hälfte rechts fort. Aus `http://commons.wikimedia.org/wiki/File:The_Crow_Instability.jpg`.

richtung zu der durch ihre Achsen aufgespannten Ebene fort (vergl. Abbildung 6). Diese selbstinduzierte Fortbewegung findet man ähnlich bei Wirbelringen, die man als Rauchringe gut beobachten kann. Durch die Rotation des Ringes wird Fluid durch seine Mitte gesaugt und zieht den Ring mit; siehe Abbildung 3. Ein weiteres Beispiel sind die von den Flügelspitzen eines Flugzeuges ausgehenden Wirbelschleppen. Manchmal sind sie in tieferen Luftschichten als Kondensationsstreifen sichtbar, da Wasserdampf durch den Druck- und Temperaturabfall im Kern kondensiert; man kann sie auch, wie in der in Abbildung 4 gezeigten NASA–Untersuchung, mit künstlichem Rauch sichtbar machen. (Die Streifen, die man fast überall alltäglich am Himmel

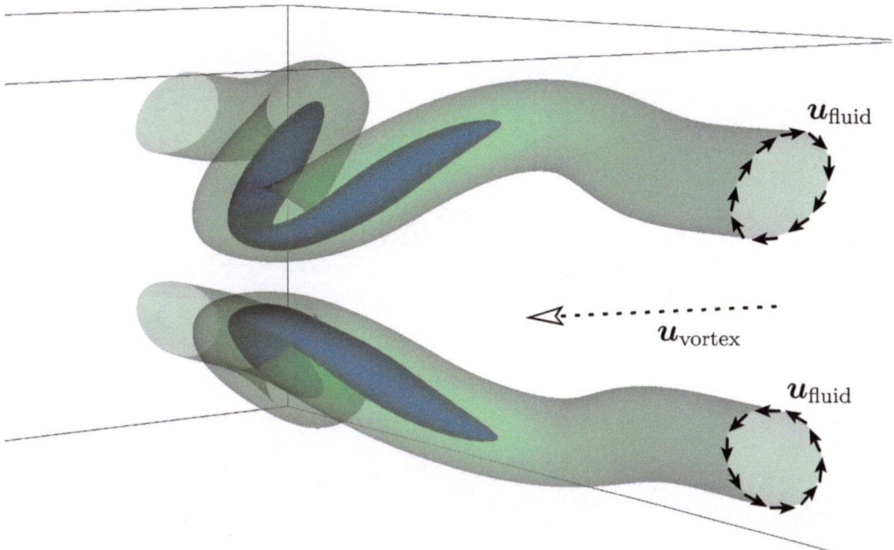

Abb. 6. Zwei antiparallele Wirbelschläuche. Die reale Strömungsgeschwindigkeit ist als u_{fluid} eingezeichnet, die Richtung, in die sich die Wirbelstruktur scheinbar fortbewegt als u_{vortex}. Die farbigen Oberflächen entsprechen einer Wirbelstärke von 60% bzw. 90% des Maximalwertes. Aus [3].

sieht, entstehen durch Kondensation der Triebwerksabgase; sie werden nach einiger Zeit ebenfalls in die Wirbelschleppen der Flügel eingesogen.) Im weiteren Verlauf setzt die sogenannte Crow-Instabilität ein; siehe Abbildung 5. Die röhrenartigen Strukturen verbiegen sich und beginnen, sich gegenseitig anzuziehen. An manchen Stellen berühren sich die beiden Stränge und rekombinieren. Schließlich löst sich die Struktur in kleinskaliger Turbulenz auf.

Den Mechanismus der Crow-Instabilität kann man ansatzweise folgendermaßen verstehen. Stellen wir uns vor, dass wir ein Paar exakt paralleler Wirbelschläuche leicht stören, so dass beide Röhren etwas entlang ihrer Achse gestreckt werden. Ist die Strömung inkompressibel, muss sie dies durch Kompression in den beiden senkrecht zur Achse stehenden Richtungen kompensieren. Die Röhren werden länger und dünner, fast wie wenn man Kaugummi lang zieht, und bewegen sich aufeinander zu; siehe Abbildung 6. Dieser Vorgang unterliegt einer positiven Rückkopplung und führt so sehr schnell zu flachen, daher kleinskaligen Strukturen wie in Abbildung 7. Gleichzeitig steigen Komplexitätsindikatoren, insbesondere Wirbelstärke und Druckgradient rasch an. Was dann passiert, ist die eigentliche Frage: setzt sich dieser Prozess selbstverstärkend fort oder gibt es Sättigungseffekte, die mögliche Singularitäten durch Abstoßung oder Auflösung der Wirbel verhindern? Abhängig von den Anfangsbedingungen und, mysteriöserweise, vom Fortschritt der Zeitentwicklung wurden beide Tendenzen beobachtet.

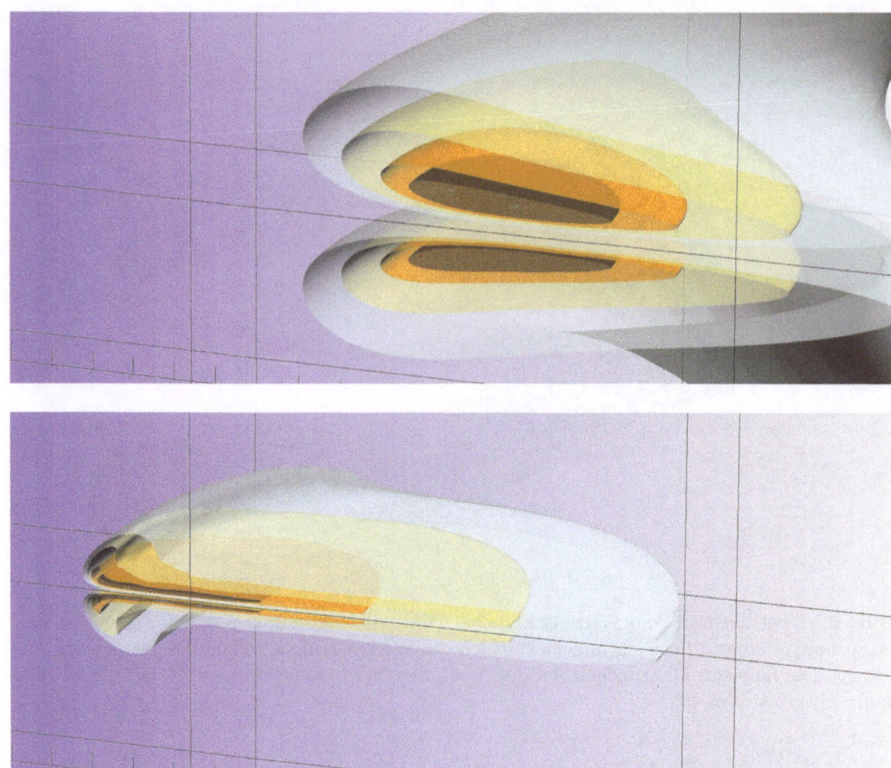

Abb. 7. Kollaps zweier antiparalleler Wirbelschläuche. Gezeigt sind Momentaufnahmen zu $t = 5.6$ und $t = 8.1$ bei einer vermuteten Singularitätszeit $T^* \approx 11$. Aus [3].

7 Numerische Fehler

In manchen Gebieten der Mathematik wie Zahlentheorie oder diskreter Mathematik können Computerprogramme die mathematischen Strukturen exakt repräsentieren und so etwa Beispiele oder Gegenbeispiele finden (siehe etwa der Beitrag von Stoll in diesem Buch). Teilweise sind sogar computergestützte Beweise möglich. Im Gegensatz dazu spielt die Strömungsmechanik in einem Raum-Zeit-Kontinuum, dem sich ein Computerprogramm bestenfalls auf einem Raum-Zeit-Gitter mit Gleitkommazahlen endlicher Genauigkeit nähern kann. Daher ist es prinzipiell unmöglich, mithilfe eines Computers zu *beweisen*, dass die Euler- oder Navier–Stokes-Gleichungen wohlgestellt sind. (Wüssten wir dies bereits, so könnten wir andersherum zeigen, dass mit hinreichend hohem Rechenaufwand der Rechenfehler beliebig klein wird.) Trotzdem können wir im Zusammenspiel zwischen Numerik und mathematischer Analysis unser Verständnis des Singularitätsproblems erweitern: Simulationen können etwa neue Vermutungen inspirieren, Erwartungen bestätigen oder die Eigenschaften von Ungleichungen testen.

In der Strömungsmechanik gibt es eine Vielzahl numerischer Näherungsmethoden, jede mit spezifischen Vor- und Nachteilen. So benutzen Ingenieure meist adaptive Verfahren, die das Berechnungsgitter in den interessantesten Teilgebieten automatisch verfeinern. Für Prinzipstudien kann man aber auch Anfangsdaten suchen, die ein vorgegebenes Gitter optimal ausnutzen, auf dem dann einfache wie schnelle Verfahren, etwa die in Anhang C vorgestellten Spektralmethoden, zur Anwendung kommen.

Unabhängig von der Wahl des Verfahrens wird die Strömung in der Nähe einer Singularität immer kleinskalige Strukturen ausbilden, die dann nicht mehr mithilfe einer vorgegebenen endlichen Anzahl von Freiheitsgraden repräsentiert werden können. Es entstehen Rechenfehler, die sich mit der Zeit aufschaukeln, so dass es unabdingbar ist, die Genauigkeit einer numerischen Rechnung sorgfältig zu kontrollieren. Die beste Kontrolle besteht im Prinzip darin, die Rechnung auf immer feineren Gittern zu wiederholen. Hierfür benötigt man jedoch immer größere Computer, was natürlich in der Praxis unmöglich ist. Man begnügt sich daher normalerweise damit, Erhaltungsgrößen zu überprüfen und in einigen wenigen Rechnungen auf verfeinerten Gittern nach starkem Wachstum kleinskaliger Strukturen zu suchen. Wenn man hierbei vorsichtig vorgeht, kann man die Qualität der Simulation recht gut abschätzen.

Die Bestätigung numerischer Ergebnisse wird also einfacher, wenn die Gleichungen Symmetrien und Erhaltungsgrößen besitzen. Aus diesem Grund wird die numerische Suche nach Strömungssingularitäten bevorzugt an den Eulergleichungen durchgeführt. (Es kommt hinzu, dass sich der ebenfalls nicht vollständig verstandene Mechanismus der Wirbelstreckung vermutlich leichter ohne Reibungswechselwirkungen beschreiben und verstehen lässt.)

Ob eine so validierte Rechnung potentiell singuläres Verhalten zeigt, ist eine zweite, diffizilere Frage. Das wichtigste Kriterium hierfür ist die Beale–Kato–Majda-Schranke für die Euler-Gleichungen [1], die besagt, dass

$$\int_0^{T^*} \max_{\boldsymbol{x}\in\Omega} |\boldsymbol{\omega}(\boldsymbol{x},t)| \, \mathrm{d}t = \infty \tag{12}$$

hinreichend und notwendig für eine Singularität zur Zeit T^* ist. Dieses Kriterium ist aus zwei Gründen wichtig. Erstens erlaubt es uns abzuschätzen, wie schnell sich eine Singularität ausbildet: Die maximale Wirbelstärke muss mindestens wie $(T^* - t)^{-1}$ divergieren. Zweitens ergibt sich aus dem Beweis, dass höhere Ableitungen der Geschwindigkeit nur dann singulär werden können, wenn die Wirbelstärke selbst divergiert. Als erste Ableitung der Geschwindigkeit lässt sich diese meist noch zuverlässig berechnen.

Mit der Veröffentlichung dieses Tests im Jahr 1984 begann ein Jahrzehnt intensiver Bemühungen, entweder singuläre Lösungen zu finden oder Mechanismen zu identifizieren, die Singularitäten ausschließen. Im Ergebnis stand mindestens eine Simulation [14], die mit der Entwicklung einer durch ein Potenzgesetz beschriebenen Singularität einigermaßen im Einklang steht und hinreichende Auflösung in allen drei Raumrichtungen aufweist. Andererseits ist ebenso klar geworden, dass das Beale–Kato–Majda-Kriterium nicht ausreicht, um zu einer eindeutigen Interpretation der Simulationsdaten zu gelangen. Die wissenschaftliche Debatte ging damit in die nächste Runde: es wurden weitere unabhängige Singularitätskriterien vorgeschlagen, die ebenfalls der praktischen Berechnung zugänglich sind [2, 5, 13, 16]. Bisher reichte die Qualität der Simulationsdaten allerdings nicht aus, um Konsistenz mit diesen mathematischen Schranken zweifelsfrei belegen zu können. Im zweiten Jahrzehnt des 21. Jahrhunderts besteht aber, vielleicht erstmalig, durch konzertierten Einsatz moderner Hochleistungsrechner, den besten adaptiven Gittermethoden und weiterer, eventuell algorithmischer Optimierung der Anfangsdaten die Möglichkeit, Vermutungen über Potenzgesetze bei der Ausbildung von Singularitäten zuverlässig — wenn auch nicht im Sinne eines mathematischen Beweises — verifizieren zu können, oder aber negative Rückkopplungseffekte, die das Ausbilden von Singularitäten unterdrücken, klar zu identifizieren und zu beschreiben.

8 Eine Einladung zur Forschung

Neue Singularitätskriterien würden uns enorm weiterbringen — sowohl besonders robuste als auch besonders raffinierte. Numerisch robuste Tests würden nur von Integralen oder Mitteln abhängen. Ein vielversprechender Kandidat könnte die Enstrophie, das Integral über das Quadrat der Wirbelstärke, sein, obwohl es hierfür nach gegenwärtigem Verständnis keine theoretische Basis gibt. In [3] scheint die Euler-Enstrophie etwa einem Potenzgesetz zu folgen, das zu der besten bekannten oberen Schranke für ihr Wachstum in den Navier–Stokes-Gleichungen passt. Ob dies Zufall ist oder ein tieferer Zusammenhang besteht, steht noch in den Sternen. Raffiniertere Kriterien könnten explizit auf die lokale Geometrie von Wirbellinien und -strukturen eingehen.

Die Beziehung zwischen Euler- und Navier–Stokes-Gleichungen ist bis heute noch nicht vollständig klar. So verstehen wir etwa den Grenzwert verschwindender Viskosität in Gebieten mit Rändern, in deren Nähe sich Grenzschichten bilden, noch immer nicht genau [2]. Außerdem bleibt es ein Rätsel, ob ein Beweis globaler Regularität für die Euler-Gleichungen auch Regularität der Navier–Stokes-Gleichungen impliziert, wie man naiv annehmen könnte, da Reibung die Bildung von Singularitäten noch zusätzlich ausbremsen sollte [5]. Grundsätzlich sind wir der Ansicht, dass ein wissenschaftlicher Durchbruch zum Navier–Stokes-Problem einen Durchbruch zum Euler-Problem voraussetzt — auf der mathematischen Seite, weil die Navier–Stokes-Reibung zwar gut verstanden ist, wir aber nicht wissen, wie sie die Nichtlinearität kontrollieren sollte, und auf der numerischen Seite, weil die Qualität von Euler-Simulationen über ihre Erhaltungsgrößen viel zuverlässiger kontrolliert werden kann.

Unabhängig von diesen schwierigen Fragen lohnt es sich immer, Ideen an kleineren Beispielproblemen zu entwickeln, die man vielleicht später auf die dreidimensionalen Navier–Stokes- und Euler-Gleichungen übertragen kann. Oft ist es möglich, Existenz oder Ausbleiben von Singularitäten numerisch vorherzusagen. Die hierfür benutzten Spezialfälle, oft das Ergebnis endloser numerischer Experimente, bilden die Inspiration für neue mathematische Methoden, um die Numerik rigoros zu bestätigen.

In praktischen Anwendungen kann man die rechnerisch nicht mehr auflösbaren Skalen oft „modellieren". In „Large Eddy"- oder Grobstruktursimulationen wird etwa der Reibungsterm der Navier–Stokes-Gleichungen durch eine sogenannte Eddy-Viskosität ersetzt, die den durchschnittlichen Effekt der Reibung über eine Berechnungszelle darstellt. Für globale Wettervorhersagen müssen so fast alle Skalen modelliert werden. Ziel der Grobstruktursimulation ist, die wesentlichen statistischen Eigenschaften der Lösung korrekt zu repräsentieren. Die mathematische Untersuchung solcher Methoden ist jedoch erst am Anfang. Dabei muss insbesondere ein Genauigkeitsbegriff entwickelt werden, der dem Übergang von deterministischer Genauigkeit auf makroskopischen Skalen in einen schwächeren statistischen Sinn von Genauigkeit auf kleinen Skalen Rechnung trägt.

Wir hoffen, trotz der notwendig beschränkten Detailtiefe dem Leser einen Eindruck verschafft zu haben, wie sich die mathematische Strömungsmechanik (und allgemeiner die Theorie partieller Differentialgleichungen) im Zusammenspiel von Analysis, Physik und Informatik weiterentwickelt. Komplizierte Mathematik geht fließend in anwendungsorientierte Probleme über. Und an diesem Punkt in seiner langen Geschichte ist das Gebiet lebendiger denn je.

Anhang A. Im Schnellschritt durch die Vektoranalysis

Für Funktionen einer Veränderlichen ist die *lokale Änderungsrate*, die Steigung, durch die Ableitung $f' = \mathrm{d}f/\mathrm{d}x$ gegeben. Die lokale Änderungsrate hängt mit der globalen Änderung $f(b) - f(a)$ auf einem Intervall $[a, b]$ über den Fundamentalsatz der Differenzial- und Integralrechnung zusammen. In der Strömungsmechanik treten nun Funktionen mehrerer Veränderlicher auf, für die wir analoge Konzepte benötigen. Lokale Änderungsraten werden hier durch Richtungsableitungen beschrieben, mit deren Hilfe wir vier elementare Differentialoperatoren definieren — Gradient, Divergenz, Rotation und den Laplace-Operator. Genau wie im Eindimensionalen besteht ein Zusammenhang zwischen lokalen Änderungsraten und globalen Eigenschaften einer Funktion über die Sätze von Gauß und Stokes. Im Folgenden stellen wir diese Konzepte informell und ohne Beweise vor, wobei wir Grundkenntnisse der eindimensionale Analysis und der analytischen Geometrie voraussetzen. Eine umfassendere und mathematisch vollständige Darstellung findet sich in zahllosen Büchern und Beiträgen im Internet. Es lohnt sich, zu stöbern!

Richtungsableitung, Gradient und Kettenregel

Sei $U \subset \mathbb{R}^n$ eine offene Menge, $f \colon U \to \mathbb{R}$ eine Funktion und $\boldsymbol{x} = (x_1, \ldots, x_n) \in U$ ein ausgezeichneter Punkt. (Fettgedruckte Symbole bezeichnen Vektoren oder vektorwertige Funktionen; normal gedruckte Symbole sind Skalaren oder skalarwertigen Funktionen vorbehalten.) Wir können nun eine lokale Änderungsrate (oder Steigung) von f definieren, indem wir das Argument von f in Richtung eines Vektors $\boldsymbol{v} = (v_1, \ldots, v_n) \in \mathbb{R}^n$ variieren. Dies ist aber gerade die gewohnte Ableitung der Funktion $t \mapsto f(\boldsymbol{x} + t\boldsymbol{v})$ einer Veränderlichen, die für kleine t wohldefiniert ist. Diese lokale Änderungsrate

$$\frac{\mathrm{d}f(\boldsymbol{x} + t\boldsymbol{v})}{\mathrm{d}t}\bigg|_{t=0} = \lim_{t \to 0} \frac{f(\boldsymbol{x} + t\boldsymbol{v}) - f(\boldsymbol{x})}{t}, \tag{13}$$

falls sie existiert, bezeichnet man als *Richtungsableitung* von f am Punkt $\boldsymbol{x}$ in Richtung $\boldsymbol{v}$.[7]

Die Richtungsableitung in Richtung des i-ten Einheitsvektors bezeichnet man als die i-te *partielle Ableitung*. Für sie schreibt man kurz $\partial f / \partial x_i$ oder $\partial_i f$. Man kann sie berechnen, indem man die gewohnte Ableitung von f bezüglich der Komponente x_i bestimmt und alle anderen Komponenten von $\boldsymbol{x}$ als konstant betrachtet.

Wir können die lokale Änderungsrate von f natürlich nicht nur entlang einer Geraden wie in (13), sondern auch entlang einer beliebigen glatten Kurve berechnen, die durch eine Funktion $\boldsymbol{\phi} \colon (a, b) \to U$ parametrisiert sei. Bezeichnen wir die Vektorkomponenten von $\boldsymbol{\phi}$ mit $\phi_1, \ldots, \phi_n$, so berechnet man die Änderungsrate entlang der parametrisierten Kurve mit der mehrdimensionalen *Kettenregel*

$$\frac{\mathrm{d}}{\mathrm{d}t} f(\boldsymbol{\phi}(t)) = \sum_{i=1}^{n} \frac{\mathrm{d}\phi_i(t)}{\mathrm{d}t} \frac{\partial f}{\partial x_i}\bigg|_{\boldsymbol{x} = \boldsymbol{\phi}(t)}. \tag{14}$$

Die Summe in diesem Ausdruck kann als Skalarprodukt zwischen $\mathrm{d}\boldsymbol{\phi}/\mathrm{d}t = (\mathrm{d}\phi_1/\mathrm{d}t, \ldots, \mathrm{d}\phi_n/\mathrm{d}t)$, der Geschwindigkeit eines sich entlang der Kurve bewegenden Punktes, und dem Vektor der partiellen Ableitungen

$$\boldsymbol{\nabla} f \equiv (\partial f/\partial x_1, \ldots, \partial f/\partial x_n), \tag{15}$$

dem *Gradienten* von f, schreiben. Mit der bekannten Punktnotation für Skalarprodukte $\boldsymbol{u} \cdot \boldsymbol{v} = u_1 v_1 + \cdots + u_n v_n$ schreibt man die Kettenregel (14) kurz

$$\frac{\mathrm{d}}{\mathrm{d}t} f(\boldsymbol{\phi}(t)) = \frac{\mathrm{d}\boldsymbol{\phi}(t)}{\mathrm{d}t} \cdot \boldsymbol{\nabla} f\big|_{\boldsymbol{x} = \boldsymbol{\phi}(t)}. \tag{16}$$

---

[7] Der vertikale Strich in (13) wie auch später bedeutet, dass zunächst die Ableitung ausgerechnet und dann der angegebene Wert eingesetzt wird.

Diese Form erinnert an die Kettenregel $(f(\phi(t)))' = \phi'(t)\,f'(\phi(t))$ für Funktionen einer Veränderlichen. Im mehrdimensionalen Fall ergibt sich also die lokale Änderungsrate als Summe der partiellen Änderungsraten in jede Raumrichtung.

Wenden wir die Kettenregel mit $\phi(t) = x + tv$ an, dann ist $d\phi/dt = v$ und wir stellen fest, dass die Richtungsableitung von f in Richtung v durch den Ausdruck $v \cdot \nabla f$ gegeben ist. Damit ist bei festgehaltener Länge von v die Richtungsableitung $v \cdot \nabla f$ genau dann maximal, wenn v und ∇f parallel sind. Der Gradient ist also der Vektor, der in Richtung des stärksten Anstiegs von f zeigt und dessen Länge der Steigung von f in dieser Richtung entspricht. In der Praxis ist es oft bequem, ∇ als Vektor von Ableitungssymbolen formal zu manipulieren, so dass man z. B. den Ausdruck $v \cdot \nabla$ als „Richtungsableitungs-Operator" in Richtung v lesen kann.

Ein *Vektorfeld* ist eine Funktion $u \colon U \to \mathbb{R}^n$, die jedem $x \in U$ einen Vektor zuweist. So besitzt etwa eine Strömung an jedem Punkt einen Geschwindigkeitsvektor $u(x)$. Wir können Richtungsableitungen auch für Vektorfelder definieren, indem wir jede Komponente einzeln ableiten, d. h. $v \cdot \nabla u = (v \cdot \nabla u_1, \ldots, v \cdot \nabla u_n)$.

In der Strömungsmechanik treten oft zeitabhängige Funktionen und Vektorfelder auf, so dass wir die Ortsvariablen von der Zeit unterscheiden müssen. Wir schreiben üblicherweise $x \in \Omega \subset \mathbb{R}^d$ (normalerweise $d = 2$ oder $d = 3$), um einen Ort in der Strömung und $t \in (a, b)$, um einen Punkt in der Zeit zu bezeichnen. Entsprechend bezeichnet $\nabla = (\partial_1, \ldots, \partial_d)$ den auf die Ortsvariablen beschränkten Gradienten und ∂_t die partielle Ableitung nach der Zeit.

Die Kettenregel (14) für eine Funktion $f \colon \Omega \times (a, b) \to \mathbb{R}$ und $\psi \colon (a, b) \to \Omega$ mit $n = d + 1$ lautet dann

$$\frac{d}{dt} f(\psi(t), t) = \partial_t f\big|_{x=\psi(t)} + \frac{d\psi(t)}{dt} \cdot \nabla f\big|_{x=\psi(t)}. \tag{17}$$

Der erste Term auf der rechten Seite ist der Beitrag zur Änderungsrate von f, der direkt auf die Zeitabhängigkeit von f zurückgeht. Der zweite Term beschreibt den Beitrag zur Änderungsrate, der von der gleichzeitigen Bewegung entlang der Kurve ψ herrührt. Diese Form der Kettenregel ist ein Spezialfall von (16): Setze $U = \Omega \times (a, b)$ und $\phi(t) = (\psi(t), t)$, also $d\phi(t)/dt = (d\psi_1(t)/dt, \ldots, d\psi_d(t)/dt, 1)$. Der Vektor der partiellen Ableitungen von f ist dann $(\partial_1 f, \ldots, \partial_d f, \partial_t f) = (\nabla f, \partial_t f)$.

Quellenstärke und Divergenz eines Vektorfelds

Für ein gegebenes Teilgebiet, etwa einen kleinen Quader Q mit Rand S, sei der *Fluss* von u aus Q durch das Oberflächenintegral

$$\mathrm{Fl} = \int_S u \cdot dA \tag{18}$$

definiert.[8] Dieses Integral können wir uns als (Riemann-)Summe über die auf dem Rand S senkrecht stehenden Anteile von $\boldsymbol{u}$ vorstellen. Es misst das Strömungsvolumen, das S pro Einheitszeit netto durchfließt.

Unterteilen wir Q in zwei Teilgebiete Q_1 und Q_2, so ist der Fluss aus Q die Summe der Flüsse aus Q_1 und Q_2, da sich die Flüsse über den gemeinsamen Rand gerade aufheben. Durch weitere Unterteilung können wir den Fluss als Summe von Beiträgen immer kleinerer Teilgebiete schreiben. Schließlich sei die *Divergenz* div $\boldsymbol{u}$ von $\boldsymbol{u}$ im Punkt $\boldsymbol{x}$ der Fluss aus Q geteilt durch das Volumen von Q im Grenzwert immer kleinerer $\boldsymbol{x}$ enthaltender Teilgebiete Q. Die Divergenz misst also, wie viel Fluss pro Volumen erzeugt wird,

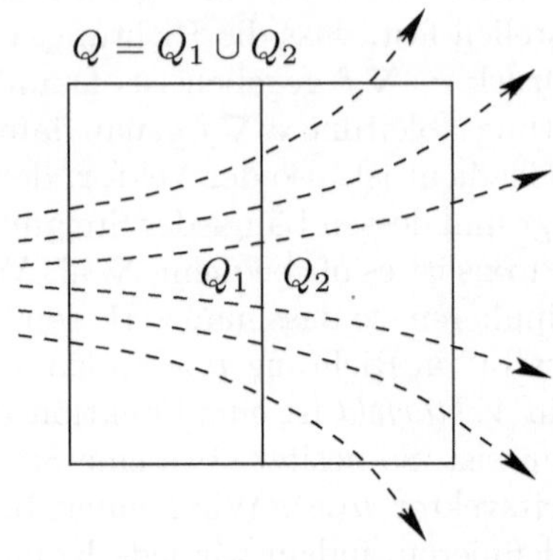

und wird deshalb als „Quellendichte" oder „Quellenstärke" bezeichnet. Aus diesem Zusammenhang folgt sofort, dass der Fluss aus Q das Volumenintegral der Quellenstärke über Q ist. Symbolisch schreiben wir

$$\int_S \boldsymbol{u} \cdot \mathrm{d}\boldsymbol{A} = \int_Q \operatorname{div} \boldsymbol{u} \,\mathrm{d}\boldsymbol{x}\,. \tag{19}$$

Diesen Ausdruck bezeichnet man als *Gaußschen Divergenzsatz*. Auf einem quaderförmigen Gebiet zeigt dann eine einfache Rechnung, dass

$$\operatorname{div} \boldsymbol{u} = \partial_1 u_1 + \cdots + \partial_n u_n\,; \tag{20}$$

symbolisch schreibt man auch div $\boldsymbol{u} = \boldsymbol{\nabla} \cdot \boldsymbol{u}$. (Üblicherweise definiert man die Divergenz durch (20) und muss dann den Gaußschen Divergenzsatz beweisen. Anschaulicher ist es jedoch, wie hier ausgeführt, genau andersherum.)

Gilt div $\boldsymbol{u}(\boldsymbol{x}) > 0$ an einem Punkt $\boldsymbol{x}$, so besagt der Satz von Gauß insbesondere, dass mehr Strömungsvolumen aus einem kleinen Gebiet um $\boldsymbol{x}$ heraus- als hereinfließt. Es gibt also eine „Quelle" bei $\boldsymbol{x}$ — das Fluid dehnt sich aus. Ist andererseits div $\boldsymbol{u}(\boldsymbol{x}) < 0$, so fließt mehr Strömungsvolumen herein als heraus — das Fluid zieht sich zusammen. Ist überall div $\boldsymbol{u} = 0$, so heben sich die Volumenflüsse in beide Richtungen stets auf — die Strömung ist volumenerhaltend.

---

[8] Nicht zu verwechseln mit der Flussabbildung $\boldsymbol{\Phi}_t$, die man ebenfalls oft kurz als Fluss bezeichnet.

Abweichungen vom Mittel und der Laplace-Operator

Der Laplace-Operator misst, wie stark der Wert einer reellwertigen Funktion f in n Veränderlichen an einem Punkt $\boldsymbol{x}$ vom Mittel von f über kleine Kugelschalen um $\boldsymbol{x}$ abweicht: Sei $S_\varepsilon(\boldsymbol{x})$ die Kugel mit Radius ε mit Mittelpunkt $\boldsymbol{x}$ und $\mathrm{Av}(f, S_\varepsilon(\boldsymbol{x}))$ der Mittelwert von f über diese Kugel. Dann definieren wir

$$\Delta f = 2n \lim_{\varepsilon \to 0} \frac{\mathrm{Av}(f, S_\varepsilon(\boldsymbol{x})) - f(\boldsymbol{x})}{\varepsilon^2}\,. \tag{21}$$

Nach einiger Rechnung, die auf dem Gaußschen Divergenzsatz basiert, kann man den Laplace-Operator als Differentialoperator identifizieren, nämlich

$$\Delta f = \partial_1 \partial_1 f + \cdots + \partial_n \partial_n f\,. \tag{22}$$

Symbolisch schreiben wir $\Delta f = \boldsymbol{\nabla} \cdot \boldsymbol{\nabla} f$; den Laplace-Operator für Vektorfelder definieren wir wieder komponentenweise durch $\Delta \boldsymbol{u} = (\Delta u_1, \ldots, \Delta u_n)$.

Im eindimensionalen Fall ist die Äquivalenz von (21) und (22) elementar zu verstehen: Betrachte die affine Funktion $f(x) = ax + b$, so dass $\mathrm{d}^2 f/\mathrm{d}x^2 = 0$ und $f(x) = (f(x - \varepsilon) + f(x + \varepsilon))/2$. Also ist $f(x)$ der Mittelwert aller Funktionswerte an Punkten, die Abstand ε von x haben; wir schreiben $f(x + \varepsilon) + f(x - \varepsilon) - 2f(x) = 0$. Für nichtaffine f stimmt dies natürlich nicht, es gilt aber im Grenzfall, dass

$$\frac{\mathrm{d}^2 f}{\mathrm{d}x^2} = \lim_{\varepsilon \to 0} \frac{f(x + \varepsilon) + f(x - \varepsilon) - 2f(x)}{\varepsilon^2}\,. \tag{23}$$

Dieser Ausdruck entspricht genau (21) mit $n = 1$.

Zirkulation und Rotation eines Vektorfelds

Unser letzter Differentialoperator, die Rotation, lässt sich am leichtesten in Dimension 3 einführen. Benutzt man jedoch die elegante, aber abstraktere Theorie der Differentialformen, kann man ihn auch verallgemeinern; zudem reduzieren sich dann die Sätze von Gauß (19) und Stokes (wird noch eingeführt) auf eine einfache gemeinsame Form.

Sei $C \subset \mathbb{R}^3$ eine glatte Kurve, die durch $\boldsymbol{s}\colon [a, b] \to C$ parametrisiert wird. Die Kurve sei *geschlossen*, also $s(a) = s(b)$. Zudem sei angenommen, dass die Parametrisierung die Kurve genau einmal durchläuft. Wir definieren dann die *Zirkulation* von $\boldsymbol{u}$ entlang C als Kurvenintegral

$$\oint_C \boldsymbol{u} \cdot \mathrm{d}\boldsymbol{s} = \int_a^b \boldsymbol{u}(\boldsymbol{s}(r)) \cdot \boldsymbol{s}'(r)\,\mathrm{d}r\,. \tag{24}$$

(Der kleine Kreis im linken Integralzeichen bedeutet, dass die Integrationskurve geschlossen ist.) Das Kurvenintegral können wir uns als (Riemann-) Summe über die Tangentialkomponenten von $\boldsymbol{u}$ entlang C vorstellen; man zeigt leicht, dass es nicht von der gewählten Parametrisierung abhängt. Die

Zirkulation misst also die Stärke einer Strömung entlang der Kurve C. (Lässt man z. B. Wasser aus einer Wanne ab, so bildet sich meist eine Strömung mit starker Zirkulation um den Abfluss.)

Wir nehmen nun an, C sei der Rand einer Fläche S, so dass wir (24) auch als „Zirkulation um S" verstehen können. Was passiert nun, wenn wir S in zwei Teilflächen S_1 und S_2 aufteilen? Berechnen wir die Zirkulation um S_1 und S_2 getrennt, so durchqueren wir die gemeinsame Randkurve im inneren von S zweimal, aber in entgegengesetzter Richtung. In der Summe heben sich diese Beiträge zur Gesamtzirkulation also auf und es bleibt nur der Beitrag des Randes von S. Wir können so-

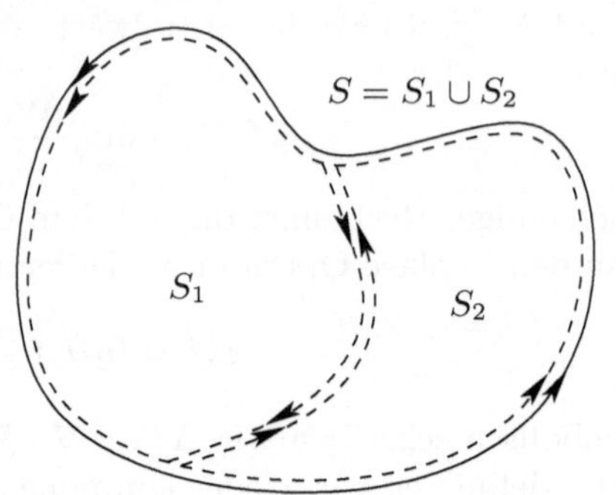

mit durch immer feinere Unterteilungen immer genauer bestimmen, welcher Teil der Fläche wie viel zur Zirkulation beiträgt. In diesem Grenzprozess werden die Flächenelemente relativ zu ihrer Größe immer ebener, so dass der Grenzwert schließlich die Zirkulation pro Fläche für ein ebenes Flächenelemente beschreibt. Entsprechend definiert die Gesamtheit dieser Grenzwerte ein Vektorfeld rot $\boldsymbol{u}$, die *Rotation* von $\boldsymbol{u}$, auf folgende Weise: die am Punkt $\boldsymbol{x}$ senkrecht auf einer Ebene P stehende Komponente von rot $\boldsymbol{u}$ ist genau die Zirkulation von $\boldsymbol{u}$ um eine kleine $\boldsymbol{x}$ enthaltende Fläche $S \subset P$ geteilt durch den Flächeninhalt von S — und zwar im Grenzwert, dass dieser gegen Null geht. Daher gilt

$$\int_S \text{rot}\, \boldsymbol{u} \cdot \mathrm{d}\boldsymbol{A} = \oint_C \boldsymbol{u} \cdot \mathrm{d}\boldsymbol{s}, \tag{25}$$

wobei das linke Integral der Fluss von rot $\boldsymbol{u}$ durch die Fläche S ist. Diese Identität ist als *Satz von Stokes* bekannt. Um die drei Komponenten der Rotation zu bestimmen, reicht es, den Grenzwert der Zirkulation pro Fläche in den drei Koordinatenebenen zu bilden. Eine Rechnung, die im Detail dem Leser angetragen sei, liefert

$$\text{rot}\, \boldsymbol{u} = (\partial_2 u_3 - \partial_3 u_2, \partial_3 u_1 - \partial_1 u_3, \partial_1 u_2 - \partial_2 u_1), \tag{26}$$

was man symbolisch auch als Kreuzprodukt $\nabla \times \boldsymbol{u}$ schreibt. Ist $\boldsymbol{u}$ das Geschwindigkeitsfeld eines Fluids, so bezeichnet man $\boldsymbol{\omega} = \text{rot}\, \boldsymbol{u}$ als *Wirbelstärke*. So beschreibt ihre dritte Komponente etwa, wie stark die Strömung eingeschränkt auf die (x_1, x_2)-Ebene um die Achse durch $\boldsymbol{x}$ in x_3-Richtung rotiert.

Anhang B. Energieabschätzungen

Wir leiten nun einfache Abschätzungen für glatte Lösungen der Navier–Stokes-Gleichungen mit periodischen Randbedingungen her, die in prinzipieller Hinsicht den besten bekannten Schranken bemerkenswert nahe kommen. Das erste Resultat ist eine Energiebilanzgleichung, die besagt, dass die Gesamtenergie für Lösungen der Euler-Gleichungen konstant und für Lösungen der Navier–Stokes-Gleichungen monoton fallend ist. Ein zweites Resultat liefert Schranken für Ableitungen der Lösung und zeigt, warum es schwer ist, in drei Raumdimensionen Schranken für beliebig lange Zeiten zu finden.

Die Energie fällt monoton

Wir bilden das Skalarprodukt der Navier–Stokes-Impulsgleichung (6a) mit $\boldsymbol{u}$ und integrieren über das Gebiet Ω:

$$\int_\Omega \boldsymbol{u} \cdot \frac{\partial \boldsymbol{u}}{\partial t}\, \mathrm{d}\boldsymbol{x} + \int_\Omega \boldsymbol{u} \cdot (\boldsymbol{u} \cdot \boldsymbol{\nabla}\boldsymbol{u})\, \mathrm{d}\boldsymbol{x} + \int_\Omega \boldsymbol{u} \cdot \boldsymbol{\nabla} p\, \mathrm{d}\boldsymbol{x} = \nu \int_\Omega \boldsymbol{u} \cdot \Delta \boldsymbol{u}\, \mathrm{d}\boldsymbol{x}\,. \quad (27)$$

Mit

$$|\boldsymbol{u}|^2 = \sum_{i=1}^d |u_i|^2 \quad \text{und} \quad |\boldsymbol{\nabla}\boldsymbol{u}|^2 = \sum_{i,j=1}^d |\partial_i u_j|^2\,, \quad (28)$$

den Identitäten $\partial |\boldsymbol{u}|^2/\partial t = 2\,\boldsymbol{u} \cdot \partial \boldsymbol{u}/\partial t$ und $\boldsymbol{u} \cdot \boldsymbol{\nabla}|\boldsymbol{u}|^2 = 2\,\boldsymbol{u} \cdot (\boldsymbol{u} \cdot \boldsymbol{\nabla}\boldsymbol{u})$ und durch Herausziehen der Zeitableitung aus dem ersten Integral erhalten wir

$$\frac{1}{2}\frac{\mathrm{d}}{\mathrm{d}t}\int_\Omega |\boldsymbol{u}|^2\, \mathrm{d}\boldsymbol{x} + \frac{1}{2}\int_\Omega \boldsymbol{u} \cdot \boldsymbol{\nabla}|\boldsymbol{u}|^2\, \mathrm{d}\boldsymbol{x} + \int_\Omega \boldsymbol{u} \cdot \boldsymbol{\nabla} p\, \mathrm{d}\boldsymbol{x} = \nu \int_\Omega \boldsymbol{u} \cdot \Delta \boldsymbol{u}\, \mathrm{d}\boldsymbol{x}\,. \quad (29)$$

Bezeichnet f eine skalarwertige Funktion und $\boldsymbol{v}$ ein Vektorfeld, dann ist $\mathrm{div}(f\boldsymbol{v}) = f\,\mathrm{div}\,\boldsymbol{v} + \boldsymbol{v} \cdot \boldsymbol{\nabla} f$. Indem wir nun den Satz von Gauß (19) auf $f\boldsymbol{v}$ anwenden und beachten, dass das Integral über den Rand auf der linken Seite von (19) verschwindet, da sich die Beiträge gegenüberliegender Seiten dank der periodischen Randbedingung gegenseitig aufheben, so erhalten wir die mehrdimensionale „partielle Integrations-Formel"

$$\int_\Omega \boldsymbol{v} \cdot \boldsymbol{\nabla} f\, \mathrm{d}\boldsymbol{x} = -\int_\Omega f\,\mathrm{div}\,\boldsymbol{v}\, \mathrm{d}\boldsymbol{x}\,. \quad (30)$$

Wenden wir diese Formel auf den zweiten und dritten Term von (29) an, dann tritt in den resultierenden Integranden jeweils der Faktor $\mathrm{div}\,\boldsymbol{u}$ auf, der identisch Null ist. Schreiben wir $\Delta \boldsymbol{u} = \boldsymbol{\nabla} \cdot \boldsymbol{\nabla}\boldsymbol{u}$, so können wir den letzten Term von (29) ebenfalls mittels (30) partiell integrieren und erhalten insgesamt

$$\frac{1}{2}\frac{\mathrm{d}}{\mathrm{d}t}\int_\Omega |\boldsymbol{u}|^2\, \mathrm{d}\boldsymbol{x} = -\nu \int_\Omega |\boldsymbol{\nabla}\boldsymbol{u}|^2\, \mathrm{d}\boldsymbol{x}\,. \quad (31)$$

Integration in der Zeit ergibt schließlich die Energiebilanzgleichung

$$E(t) \equiv \frac{1}{2} \int_\Omega |u(t)|^2 \, \mathrm{d}x = E(0) - \nu \int_0^t \int_\Omega |\nabla u(s)|^2 \, \mathrm{d}x \, \mathrm{d}s \,. \tag{32}$$

Da der Integrand im letzten Term nichtnegativ ist, kann erstens die Energie E nicht anwachsen und bleibt zweitens die kumulative Energiedissipation (11) durch die Anfangsenergie $E(0)$ beschränkt. Für die Euler-Gleichungen mit $\nu = 0$ ist die Energie eine Erhaltungsgröße, aber es ergibt sich dann keine Schranke für $|\nabla u|^2$.

Schranken für Ableitungen

Wir wollen nun mit der Energiebilanzgleichung auch die Ableitungen von u kontrollieren. Von besonderem Interesse ist dabei eine Schranke für das Ortsintegral von $|\nabla u|^2$, die punktweise in der Zeit gilt, also stärker ist als das Raum-Zeit-Integral der kumulativen Energiedissipation. Aus einem solchen Resultat kann man Schranken für beliebige Ableitungen mit Standardargumenten herleiten.

Wir bilden also das Skalarprodukt von (6a) mit Δu und integrieren wie zuvor in den Ortskoordinaten, so dass

$$\int_\Omega \Delta u \cdot \partial_t u \, \mathrm{d}x + \int_\Omega \Delta u \cdot (u \cdot \nabla u) \, \mathrm{d}x + \int_\Omega \Delta u \cdot \nabla p \, \mathrm{d}x = \nu \int_\Omega |\Delta u|^2 \, \mathrm{d}x \,. \tag{33}$$

Durch partielle Integration erkennt man, dass der erste Term die negative Zeitableitung des gesuchten Ortsintegrals ist. Der Beitrag des Drucks verschwindet wie vorher. Der zweite Term, der Beitrag der Navier–Stokes-Nichtlinearität, verschwindet jedoch nicht, man kann ihn aber als Summe von Produkten erster Ableitungen schreiben und erhält

$$\frac{1}{2} \frac{\mathrm{d}}{\mathrm{d}t} \int_\Omega |\nabla u|^2 \, \mathrm{d}x + \sum_{i,j,k=1}^d \int_\Omega \partial_i u_j \, \partial_i u_k \, \partial_k u_j \, \mathrm{d}x = -\nu \int_\Omega |\Delta u|^2 \, \mathrm{d}x \,. \tag{34}$$

Der zweite Term ist kompliziert und wir wissen insbesondere nichts über sein Vorzeichen. Wir können jedoch, wenig subtil, jeden der vorkommenden Gradienten durch seine euklidische Länge abschätzen. Mit $\nu > 0$ und $d = 2, 3$ schätzen wir dann wie folgt ab:

$$\left| \sum_{i,j,k=1}^d \int_\Omega \partial_i u_j \, \partial_i u_k \, \partial_k u_j \, \mathrm{d}x \right| \leq \int_\Omega |\nabla u|^3 \, \mathrm{d}x$$

$$\leq c_1 \left(\int_\Omega |\Delta u|^2 \, \mathrm{d}x \right)^{\frac{d}{4}} \left(\int_\Omega |\nabla u|^2 \, \mathrm{d}x \right)^{\frac{6-d}{4}}$$

$$\leq \nu \int_\Omega |\Delta u|^2 \, \mathrm{d}x + c_2 \left(\int_\Omega |\nabla u|^2 \, \mathrm{d}x \right)^d \,. \tag{35}$$

Hierbei sind c_1 und $c_2 = c_2(\nu)$ bekannte Konstanten. Der Beweis der zweiten Ungleichung erfordert etwas Rüstzeug aus der mehrdimensionalen Integration; die auftretenden Exponenten sind jedoch notwendig durch die Bedingung festgelegt, dass die physikalischen Einheiten auf beiden Seiten der Ungleichung übereinstimmen müssen. Die dritte Ungleichung in (35) geht auf die Ungleichung vom arithmetischen und geometrischen Mittel zurück. Insgesamt folgt, dass

$$\frac{1}{2}\frac{\mathrm{d}}{\mathrm{d}t}\int_\Omega |\boldsymbol{\nabla}\boldsymbol{u}|^2\,\mathrm{d}\boldsymbol{x} \le c_2\left(\int_\Omega |\boldsymbol{\nabla}\boldsymbol{u}|^2\,\mathrm{d}\boldsymbol{x}\right)^d. \tag{36}$$

Für $d = 2$ kann man einen der Faktoren auf der rechten Seite als Ableitung eines Eulerschen Multiplikators schreiben und (36) so wie eine lineare nichtautonome Differentialungleichung lösen. Da dieser Multiplikator dank der Energiebilanzgleichung beschränkt bleibt, erhält man für jedes $t \ge 0$ eine Schranke für das Ortsintegral von $|\boldsymbol{\nabla}\boldsymbol{u}|^2$. Für $d = 3$ ist die Differentialungleichung (36) jedoch fundamental nichtlinear, so dass die abgeleitete Schranke in endlicher Zeit divergiert. Die aus (32) gewonnenen Schranken für Energie und kumulative Energiedissipation reichen also nicht aus, um das Anwachsen kleinskaliger Strömungsstrukturen zu kontrollieren.

Mit geringfügigen Modifikationen kann man jedoch auch für $d = 3$ globale Schranken herleiten, wenn nur die Anfangsdaten hinreichend klein, die Viskosität hinreichend groß oder die Anfangsdaten den Anfangsdaten einer bekannten globalen Lösung hinreichend ähnlich sind. Durch Weiterbasteln auf dieser Ebene oder Suche nach „besseren" Funktionenräumen können wir jedoch die dimensionsbehaftete Skalierung der Terme der Gleichung nicht ändern und stoßen daher letztendlich immer auf gleichartige Schwierigkeiten. Man sagt, die Gleichung ist „überkritisch" — die Nichtlinearität ist „stärker" als die Dissipation. Es gibt auch über die Energiebilanzgleichung hinaus keine weiteren bekannten Erhaltungsgrößen, die als Basis für eine Abschätzungskaskade dienen könnten.

Die beste Chance auf eine schärfere Abschätzung haben wir bereits in der ersten Zeile von (35) verspielt, indem wir jegliche dreidimensionale Richtungsinformation aufgegeben haben. Diese, oder auch die Geometrie der Wirbelstreckung könnten Schlüssel zu neuen Ergebnissen sein. Die Schwierigkeit, solche Informationen nutzbar zu machen, liegt allerdings darin, dass sie sich nicht in der Begrifflichkeit von stetigen und kompakten Abbildungen zwischen topologischen Vektorräumen ausdrücken lassen, die das Grundgerüst der Theorie partieller Differentialgleichungen bildet.

Anhang C. Spektral- und Pseudospektralmethoden

In diesem letzten Anhang stellen wir kurz numerische Spektralverfahren vor, die in der rechnergestützten Grundlagenforschung häufig zum Einsatz kommen. Im Vergleich mit anderen Verfahren sind Spektralmethoden schnell und genau. Sie sind mathematisch einfach zu verstehen, weil auch in der Theorie früher oder später meist Spektralzerlegungen zum Einsatz kommen. Spektralmethoden können ihre Vorteile aber nur auf einfachen, im Wesentlichen quaderförmigen Gebieten ausspielen und lassen sich kaum adaptiv verfeinern, wenn stark lokalisierte Strukturen entstehen, wie es in der Nähe von potentiellen Singularitäten der Fall ist.

Spektralmethoden basieren im einfachsten Fall auf der Fourierzerlegung einer Funktion. So lässt sich z.B. das Geschwindigkeitsfeld u unter recht schwachen Annahmen eindeutig durch die *Fourierreihe*

$$u(x, t) = \sum_{k \in \mathbb{Z}^d} u_k(t)\, \mathrm{e}^{\mathrm{i}k \cdot x} \tag{37}$$

darstellen, wobei wir unser quaderförmiges Gebiet der Einfachheit halber auf den Würfel $\Omega = [0, 2\pi]^d$ skaliert haben. Jeder *Fourierkoeffizient* u_k ist ein d-dimensionaler Vektor aus komplexen Zahlen; den Index k nennt man *Wellenvektor*, seine Länge *Wellenzahl*. Bilden wir den Gradienten auf beiden Seiten von (37), so sehen wir, dass diesem auf der Fourierseite die Multiplikation mit $\mathrm{i}k$ entspricht:

$$\nabla u(x, t) = \sum_{k \in \mathbb{Z}^d} \mathrm{i}k\, u_k(t)\, \mathrm{e}^{\mathrm{i}k \cdot x}\,. \tag{38}$$

Nehmen wir an, dass nur die Koeffizienten u_k mit $|k| < n/2$ für ein festes n von Null verschieden sind, so besteht die Fourierreihe nur aus n^d Summanden und wir erhalten direkt eine numerische Methode, die insbesondere die linearen Terme in (5) und (6) exakt durch algebraische Operationen auf dieser endlichen Menge von Koeffizienten darstellt. Eine erste Schwierigkeit besteht darin, dass eine direkte Auswertung des nichtlinearen Terms in der Fourierdarstellung etwa n^{2d} Operationen benötigt. Das ist verglichen mit der Auswertung der anderen Terme, die nur etwa n^d Operationen benötigt, viel zu aufwändig.

Ein zweites Problem ist, dass sich die Anzahl der von Null verschiedenen Koeffizienten in jedem Zeitschritt um den Faktor 2^d erhöht. Der Speicherbedarf für eine exakte Berechnung der Nichtlinearität steigt damit exponentiell mit der Zeit. Physikalisch ist das nicht überraschend: In der Zeitentwicklung der Strömung entstehen immer kleinere Strukturen, die nur durch Fourierkoeffizienten mit immer höheren Wellenzahlen repräsentiert werden können. In der Turbulenztheorie spricht man von einer „Kaskade". Im Fourier-Raum sind diese Kaskaden einfach zu beschreiben, aber in Ortsraumkoordinaten kann man sie nur schwer erkennen.

Beide Schwierigkeiten bei der Berechnung des nichtlinearen Terms kann man umgehen, indem man die *diskrete Fouriertransformation* als Bijektion zwischen den n^d Fourierkoeffizienten und n^d Funktionswerten an äquidistanten Gitterpunkten benutzt. Multiplikationen berechnet man dann effizient auf dem räumlichen Gitter, Ableitungen hingegen schnell im Fourierraum. Die

Transformation selbst benötigt in Form der *schnellen Fouriertransformation* oder FFT nur etwa $n^d \ln n$ Operationen und kann so ebenfalls ohne bedeutenden Geschwindigkeitsverlust berechnet werden. Wird die Berechnung auf diese Weise aufgeteilt, spricht man von einem Pseudospektralverfahren.

Sind räumliche Ableitungen und Multiplikation erst einmal geeignet approximiert, dann reduziert sich das Problem auf ein System gekoppelter gewöhnlicher Differentialgleichungen, dessen Zeitentwicklung mit einer Vielzahl bekannter Methoden numerisch gelöst werden kann.

Es sei noch bemerkt, dass eine pseudospektrale Näherung immer gefiltert werden muss, d. h. Fourier-Koeffizienten mit bestimmten hohen Wellenzahlen müssen nach Berechnung der Nichtlinearität auf Null gesetzt werden. Man spricht von „De-Aliasing". Diese Notwendigkeit ergibt sich aus der Nichtäquivalenz von diskreter und kontinuierlicher Fourier-Transformation; die Details würden diesen Beitrag sprengen. Bei einer korrekt gefilterten Rechnung bleiben quadratische Erhaltungsgrößen wie die Energie der Eulergleichungen konstant. Trotzdem entstehen natürlich Fehler auf Gitterskalen, also in den abgeschnittenen Fourierkoeffizienten, und in nichtquadratischen Erhaltungsgrößen wie der Zirkulation, so dass wir hierdurch wiederum die Genauigkeit der Berechnung überprüfen können [3, 11, 15].

Letztendlich erfordert eine höhere Genauigkeit mehr Ressourcen, also erneute Berechnungen auf feineren Gittern. Praktisch bedeutet dies, dass wir für Simulationen an der Grenze der verfügbaren Auflösung sowohl die Eigenheiten des gewählten numerischen Verfahrens als auch die Eigenschaften der zugrunde liegenden partiellen Differentialgleichung gut verstehen müssen. Davon losgelöst ist oft die mathematische Untersuchung des numerischen Verfahrens an sich sinnvoll und interessant.

Literaturverzeichnis

[1] J. Thomas Beale, Tosio Kato und Andrew J. Majda, *Remarks on the breakdown of smooth solutions for the 3-D Euler equations.* Communications in Mathematical Physics **94** (1984), 61–66.

[2] Claude Bardos und Edriss S. Titi, *Euler equations for incompressible ideal fluids.* Russian Mathematical Surveys **62** (2007), 409–451.

[3] Miguel D. Bustamante und Robert M. Kerr, *3D Euler about a 2D symmetry plane.* Physica D: Nonlinear Phenomena **237** (2008), 1912–1920.

[4] Marco Cannone und Susan Friedlander, *Navier: blow-up and collapse.* Notices of the American Mathematical Society **50** (2003), 7–13.

[5] Peter Constantin, *On the Euler equations of incompressible fluids.* Bulletin of the American Mathematical Society **44** (2007), 603–621.

[6] Charles R. Doering, *The 3D Navier–Stokes problem.* Annual Review of Fluid Mechanics **41** (2009), 109–128.

[7] Gregory L. Eyink, *Dissipative anomalies in singular Euler flows.* Physica D: Nonlinear Phenomena **237** (2008), 1956–1968.

[8] Charles L. Fefferman, *Existence & Smoothness of the Navier–Stokes Equation.* Clay Mathematics Institute, 2000; `http://www.claymath.org/millennium/Navier-Stokes_Equations/navierstokes.pdf`.

[9] Ciprian Foias, Oscar P. Manley, Ricardo M. S. Rosa und Roger M. Temam, *Navier–Stokes Equations and Turbulence*. Cambridge University Press, Cambridge, 2001.

[10] John D. Gibbon, *The three-dimensional Euler equations: Where do we stand?* Physica D: Nonlinear Phenomena **237** (2008), 1894–1904.

[11] Tobias Grafke, Holger Homann, Jürgen Dreher und Rainer Grauer, *Numerical simulations of possible finite time singularities in the incompressible Euler equations: comparison of numerical methods*. Physica D: Nonlinear Phenomena **237** (2008), 1932–1936.

[12] John G. Heywood, *Remarks on the possible global regularity of solutions of the three-dimensional Navier–Stokes equations*. In: *Progress in Theoretical and Computational Fluid Mechanics*, Giovanni P. Galdi, Josef Málek und Jindřich Nečas (Herausgeber), Paseky 1993, Pitman Research Notes in Mathematics Series Vol. 308, Pitman, London, 1994, 1–32.

[13] Thomas Y. Hou und Ruo Li, *Dynamic depletion of vortex stretching and non-blowup of the 3-D incompressible Euler equations*. Journal of Nonlinear Science **16** (2006), 639–664.

[14] Robert M. Kerr, *Evidence for a singularity of the three-dimensional, incompressible Euler equations*. Physics of Fluids A **5** (1993), 1725–1746.

[15] Robert M. Kerr, *Computational Euler history*. Preprint, 19. Juli 2006, 20 Seiten; `http://arxiv.org/abs/physics/0607148v2`.

[16] Andrew J. Majda und Andrea L. Bertozzi, *Vorticity and Incompressible Flow*. Cambridge University Press, Cambridge, 2002.

[17] Terence Tao, *Why global regularity for Navier–Stokes is hard*, 2007; `http://terrytao.wordpress.com/2007/03/18/why-global-regularity-for-navier-stokes-is-hard/`.

[18] Lloyd N. Trefethen, *Zehnstellige Probleme*. In: *Eine Einladung in die Mathematik* (dieses Buch).

Über die Hardy-Ungleichung

Nader Masmoudi

Zusammenfassung Die Hardy-Ungleichung wurde schon vor langem entdeckt, und seitdem wurden zahlreiche Varianten von ihr entwickelt. Zusammen mit den Sobolev-Ungleichungen ist sie eine der meistgenutzten Ungleichungen der Analysis. In diesem Beitrag stellen wir einige Aspekte ihrer Geschichte sowie einige Verallgemeinerungen und Anwendungen vor. Dies ist ein sehr aktives Forschungsgebiet.

1 Ungleichungen

Ungleichungen gehören zu den wichtigsten Werkzeugen der Mathematik und können viele verschiedene Rollen ausüben. Sie reichen von sehr klassischen· Ungleichungen (die in allen Bereichen der Mathematik angewendet werden), wie etwa der Cauchy-Schwarz-Ungleichung oder der Ungleichung zwischen arithmetischem und geometrischem Mittel, zu sehr viel spezialisierteren. Ungleichungen können für sich selbst wichtig sein, oder sie können in einem anderen mathematischen Feld sozusagen für den „Oscar" des besten Nebendarstellers nominiert werden. In der Tat ist eine Ungleichung in der Forschung oft nicht selbst das Ziel, sondern dient als Werkzeug, um einen anderen Satz zu zeigen. Dieser Grundsatz lässt sich bereits in Schülerwettbewerben beobachten: Oft muss man eine bekannte Ungleichung benutzen, um ein Problem zu lösen. Manchmal ist das Problem aber, eine neue Ungleichung zu zeigen. In diesem Fall ist diese selbst das Ziel, und um es zu erreichen, muss man diverse Methoden zum Beweis von Ungleichungen kennen.

Selbstverständlich kann eine Ungleichung, die irgendwo in der Mathematik benötigt wird, ein eigenes Leben anfangen; und andersherum kann eine nur

Nader Masmoudi
Courant Institute, New York University, 251 Mercer St, New York NY 10012, USA.
E-mail: masmoudi@cims.nyu.edu

um ihrer selbst Willen betrachtete Ungleichung an einem anderen Ort, vielleicht unerwartet, eine Anwendung finden. Ein interessantes solches Beispiel ist, wie wir sehen werden, die Hardy-Ungleichung. Sie wurde beim Versuch, den Beweis einer anderen Ungleichung zu vereinfachen, entdeckt, danach als eigenständiger Satz untersucht und dabei auf verschiedene Weisen verallgemeinert. Schließlich stellte sie sich in der Theorie der partiellen Differentialgleichungen als extrem nützlich heraus.

Die meisten Ungleichungen haben drei Formen: endlich, unendlich und als Integral. Die *Hölder–Ungleichung* (eine Verallgemeinerung der Cauchy-Schwarz-Ungleichung) hat beispielsweise die folgenden drei verschiedenen Formen:

$$\sum_{i=1}^{n} a_i b_i \leq \left(\sum_{i=1}^{n} a_i^p \right)^{1/p} \left(\sum_{i=1}^{n} b_i^{p'} \right)^{1/p'}$$

$$\sum_{i=1}^{\infty} a_i b_i \leq \left(\sum_{i=1}^{\infty} a_i^p \right)^{1/p} \left(\sum_{i=1}^{\infty} b_i^{p'} \right)^{1/p'} \tag{1}$$

$$\int_a^b f(x)g(x)\, dx \leq \left(\int_a^b f(x)^p\, dx \right)^{1/p} \left(\int_a^b g(x)^{p'}\, dx \right)^{1/p'}$$

für $\frac{1}{p} + \frac{1}{p'} = 1$. Hier und im Folgenden werden alle Integrale als Lebesgue-Integrale verstanden. Der Leser, der mit diesem Begriff nicht vertraut ist, kann annehmen, dass f und g auf (a, b) definierte (stückweise) stetige Funktionen sind. Diejenigen, die Integrale überhaupt nicht kennen, können sich auf die Reihen-Versionen konzentrieren.

In diesem Beitrag sollen alle Funktionen und Reihen stets reelle, nichtnegative Werte annehmen, auch wenn wir dies nicht nochmals explizit fordern. Dabei soll (1) (und alle weiteren Ungleichungen) wie folgt verstanden werden: Wenn die rechte Seite endlich ist, so ist auch die linke Seite endlich, und die Ungleichung gilt. Wenn die rechte Seite unendlich ist, sagt die Ungleichung nichts aus. Daher kann man immer davon ausgehen, dass die rechte Seite endlich ist. Außerdem wird im gesamten Beitrag p für eine reelle Zahl mit $1 < p < \infty$ und p' für die positive reelle Zahl mit $\frac{1}{p} + \frac{1}{p'} = 1$ stehen.

Teilweise können verschiedene Ungleichungen den gleichen Namen tragen. Diese Ungleichungen hängen dann meist auf eine bestimmte Weise zusammen. Der Name *Minkowski-Ungleichung* (in der Integralform und für $p > 1$) steht zum Beispiel normalerweise für

$$\left[\int_a^b (f + g)^p\, dx \right]^{1/p} \leq \left[\int_a^b f^p\, dx \right]^{1/p} + \left[\int_a^b g^p\, dx \right]^{1/p} \tag{2}$$

mit Gleichheit genau dann, wenn f und g proportional sind. Der Name Minkowski wird jedoch auch mit der folgenden Ungleichung für Doppelintegrale

$$\left[\int_{I_2}\left(\int_{I_1} F(x_1, x_2)\, dx_1\right)^p dx_2\right]^{1/p} \leq \int_{I_1}\left(\int_{I_2} F(x_1, x_2)^p\, dx_2\right)^{1/p} dx_1 \quad (3)$$

assoziiert, wobei I_1 und I_2 zwei beliebige Intervalle seien. Die Integrale in (2) tauchen in der Analysis oft als *p-Normen* $\|f\|_p := \left[\int_a^b f^p\, dx\right]^{1/p}$ auf, und (2) ist einfach die Dreiecksungleichung für diese Norm: $\|f + g\|_p \leq \|f\|_p + \|g\|_p$. Die Räume der Funktionen mit endlichen p-Normen werden L^p-Räume genannt.

Die beiden Ungleichungen (2) und (3) können als Spezialfälle einer allgemeineren Aussage über Maßräume S_1 und S_2 interpretiert werden, nämlich dass $L_{x_2}^p(L_{x_1}^1) \supset L_{x_1}^1(L_{x_2}^p)$ für $p \geq 1$. Hieraus erhält man (2), indem man für S_1 eine zweielementige Menge mit dem Zählmaß wählt.

Einige Ungleichungen können sich umkehren, wenn man von der unendlichen zur Integralform übergeht. Ein Beispiel:

$$\left(\sum_{i=1}^{\infty} a_i^p\right)^{1/p} \leq \sum_{i=1}^{\infty} a_i \,,$$

während

$$\int_a^b f(x)\, dx \leq (b-a)^{1-\frac{1}{p}} \left(\int_a^b f(x)^p\, dx\right)^{1/p} ,$$

wobei (a, b) ein endliches Intervall ist. Für die mit Lebesgue-Räumen vertrauten Leser sind dies nur die Inklusionen $\ell^1 \subset \ell^p$ für Folgenräume und $L^p(a, b) \subset L^1(a, b)$ für Funktionenräume. Natürlich können diese beiden Ungleichungen als Erweiterungen verschiedener Seiten der folgenden zwei Ungleichungen für endliche Summen angesehen werden:

$$\left(\sum_{i=1}^{N} a_i^p\right)^{1/p} \leq \sum_{i=1}^{N} a_i \leq N^{\frac{p-1}{p}} \left(\sum_{i=1}^{N} a_i^p\right)^{1/p} .$$

Wir müssen *strikte* Ungleichung, die das Zeichen $<$ verwenden, von nichtstrikten unterscheiden, in denen zwei Terme bezüglich $\leq$ verglichen werden. Taucht in der Ungleichung eine Konstante auf, so ist es oft nötig, die beste Konstante zu finden und den Fall zu untersuchen, in dem beide Seiten gleich sind. Im Fall der Hölder-Ungleichung (1) für positive Werte tritt dieser beispielsweise ein, wenn $a_i^p = \lambda b_i^{p'}$ für alle $i \in \mathbb{N}$ ($f(x)^p = \lambda g(x)^{p'}$ für alle $x \in (a, b)$ im Integralfall) für eine feste nichtnegative reelle Zahl λ. Insbesondere stellen wir für später fest, dass wir für jede Funktion g mit $\int_a^b g(x)^{p'}\, dx < \infty$

$$\sup_f \int_a^b f(x)g(x)\,dx = \left(\int_a^b g(x)^{p'}\,dx\right)^{1/p'} \tag{4}$$

erhalten, wobei sich das Supremum über alle f mit $\int_a^b f(x)^p\,dx = 1$ erstreckt. In (4) wird das Supremum bei $f(x) = \dfrac{g(x)^{p'/p}}{\left(\int_a^b g(x)^{p'}dx\right)^{1/p}}$ angenommen.

Die Beweise der meisten klassischen Ungleichungen basieren auf der Konvexität einer bestimmten Funktion wie $x^p, \exp(x), \dots$, auf partieller Integration (oder Summation) oder auf der Betrachtung der Maxima und Minima einer bestimmten Funktion (wie im Beweis von Theorem 2 weiter unten).

Das Ziel dieses Beitrags ist es eine dieser Ungleichungen, und zwar die Hardy-Ungleichung (siehe [4, Chapter 9] und [2, 3] für frühere Versionen) zu betrachten:

Theorem 1 (Die Hardy-Ungleichung).
1) Für $A_n = a_1 + a_2 + \cdots + a_n$ gilt

$$\sum_{n=1}^{\infty}\left(\frac{A_n}{n}\right)^p < \left(\frac{p}{p-1}\right)^p \sum_{n=1}^{\infty} a_n^p, \tag{5}$$

außer wenn alle a_n Null sind. Die Konstante ist bestmöglich.
Für $F(x) = \int_0^x f(t)\,dt$ gilt

$$\int_0^{\infty}\left(\frac{F(x)}{x}\right)^p dx < \left(\frac{p}{p-1}\right)^p \int_0^{\infty} f(x)^p\,dx, \tag{6}$$

außer wenn $f \equiv 0$. Die Konstante ist bestmöglich.

Hierbei verstehen wir $f \equiv 0$ im Sinne von Lebesgue. Dieser Ausdruck bedeutet also nicht, dass $f = 0$ überall gilt, sondern nur auf dem Komplement einer (Lesbesgue-)Nullmenge. Für stetige Funktionen macht dies natürlich keinen Unterschied.

Man sollte dabei die Ähnlichkeit der zwei Ungleichungen (5) und (6) beachten. In der Tat ist $\frac{A_n}{n}$ das arithmetische Mittel der Folge a bis zum Index n (dies wird auch das Cesàro-Mittel der Folge (a_n) genannt und oft in der Summierbarkeitstheorie verwendet), und $\frac{F(x)}{x}$ ist der Mittelwert von f über dem Intervall (a, b). Außerdem bedeuten (5) und (6), wie schon nach (1) erwähnt wurde, dass falls die rechte Seite endlich ist, die linke Seite auch endlich ist und die Ungleichung gilt.

2 Geschichte der Hardy-Ungleichung

Die ursprüngliche Motivation von Hardy [2] war es, einen einfacheren Beweis der Hilbert-Ungleichung (siehe unten) zu finden. Wie in [4] festgestellt wird, wurde Satz 1 entdeckt, während man versuchte, die existierenden Beweise von Hilberts Satz zu vereinfachen. In einer Fußnote steht dort: „Es dauerte beträchtlich lange, bis irgendein wirklich einfacher Beweis des Hilbertschen Doppelreihensatzes gefunden wurde". Hier ist, ohne Beweis, die Hilbert-Ungleichung:

Theorem 2 (Die Hilbert-Ungleichung).
1) Für $\sum a_m^p \leq A$, $\sum b_n^{p'} \leq B$, wobei sich die Summe von 1 bis ∞ erstreckt, gilt

$$\sum_{m,n=1}^{\infty} \frac{a_m b_n}{m+n} < \frac{\pi}{\sin(\pi/p)} A^{1/p} B^{1/p'}, \tag{7}$$

außer falls alle a_m oder alle b_n Null sind. Die Konstante ist bestmöglich.
2) Für $\int_0^\infty f(t)^p \, dt \leq A$, $\int_0^\infty g(t)^{p'} \, dt \leq B$ gilt

$$\int_0^\infty \int_0^\infty \frac{f(x)g(y)}{x+y} \, dx \, dy < \frac{\pi}{\sin(\pi/p)} A^{1/p} B^{1/p'}, \tag{8}$$

außer falls $f \equiv 0$ oder $g \equiv 0$. Die Konstante ist bestmöglich.

Die bestmögliche Konstante und die Integralform wurden von Schur bestimmt. Wir geben nur für den Fall $p = 2$ und $a = b$ einen elementaren Beweis von (7) (hierbei schreiben wir immer a und b für endliche oder unendliche Folgen (a_n) und (b_n), so dass $a = b$ für $a_n = b_n$ für alle n steht). Unser Beweis baut auf der Theorie der Maxima und Minima von Funktionen mehrerer Variablen auf (siehe [4, Appendix III]; für einen vollständigen Beweis siehe Chapter 9). Wir werden eine etwas stärkere Version von (7) zeigen, nämlich

$$\sum_{m,n=0}^{\infty} \frac{a_m a_n}{m+n+1} \leq \pi \sum_{n=0}^{\infty} a_n^2 \, . \tag{9}$$

Wir dürfen annehmen, dass mehr als eines der a_n von Null verschieden ist, da die Ungleichung sonst trivial ist. Betrachte die beiden Funktionen

$$F(a) = \sum_{m,n=0}^{N} \frac{a_m a_n}{m+n+1} \, , \qquad G(a) = \sum_{n=0}^{N} a_n^2$$

definiert für endliche Folgen $a = (a_0, a_1, \ldots, a_N) \in [0, +\infty)^{N+1}$. Wir wollen zeigen, dass $F(a) < \pi G(a)$ für alle $a \neq 0$. Für jedes $t > 0$ maximieren wir die Funktion F auf der Menge aller Folgen a mit $G(a) = t$. Diese Menge ist offensichtlich kompakt, und daher nimmt F sein Maximum $F^* = F^*(t)$ an einem Punkt a an.

Hieraus wollen wir nun eine Euler-Lagrange-Gleichung ableiten. Daher müssen wir zunächst zeigen, dass alle a_n positiv sind, so dass a nicht auf dem Rand seines Bereichs liegt. Falls nun $a_n = 0$ für irgendein n, so ergibt eine kleine Vergrößerung δ in a_n eine Vergrößerung von δ^2 in G und von Ordnung δ in F. Daher sehen wir mit $b = \sqrt{\frac{t}{t+\delta^2}}\,(a + \delta e_n)$, wobei $e_n = (0,...,1,0,...)$ mit 1 an der n-ten Stelle, dass $G(b) = t$ und $F(b) > F(a)$.

Also sind alle a_n positiv, und wir schließen aus der Maximalität von $F(a)$ auf die Existenz eines Euler-Lagrange-Multiplikators[1] λ, der

$$\frac{\partial F}{\partial a_n} - \lambda \frac{\partial G}{\partial a_n} = 0 \tag{10}$$

für alle $n \leq N$ erfüllt. Daher haben wir für alle $n \leq N$

$$\sum_{m=0}^{N} \frac{a_m}{m + n + 1} = \lambda a_n \ . \tag{11}$$

Indem wir diese Gleichungen mit a_n durchmultiplizieren und zusammenzählen, erhalten wir $F(a) = \lambda t$.

Sei $a_m \sqrt{m + \frac{1}{2}}$ maximal für $m = m_0$. Wenn wir nun in (11) $n = m_0$ setzen, erhalten wir

$$\lambda a_{m_0} = \sum_{m=0}^{N} \frac{a_m}{m + m_0 + 1} \leq a_{m_0} \sqrt{m_0 + \frac{1}{2}} \sum_{m=0}^{N} \frac{1}{(m + m_0 + 1)\sqrt{m + \frac{1}{2}}}$$

$$\leq a_{m_0} \sqrt{m_0 + \frac{1}{2}} \int_{-1/2}^{N+1/2} \frac{dx}{(x + m_0 + 1)\sqrt{x + \frac{1}{2}}}$$

$$= a_{m_0} \int_{0}^{\sqrt{\frac{N+1}{m_0+\frac{1}{2}}}} \frac{2\,dy}{y^2 + 1} < a_{m_0} \int_{0}^{\infty} \frac{2\,dy}{y^2 + 1} = \pi a_{m_0} \ .$$

---

[1] Die Idee hinter Euler-Lagrange-Multiplikatoren ist einfach: In jedem Punkt a zeigt der Vektor der partiellen Ableitungen $\left(\frac{\partial F}{\partial a_0}, \frac{\partial F}{\partial a_1}, \ldots, \frac{\partial F}{\partial a_N} \right)$, auch *Gradient* genannt, in die Richtung (im Raum aller Folgen a) des stärksten Anstiegs von F. Dasselbe gilt für G. Da wir nur Folgen a mit $G(a) = t$ betrachten, ist a auf eine N-dimensionale Hyperfläche (ähnlich zu einer 2-dimensionalen Fläche im normalen 3-dimensionalen Raum) eingeschränkt. Der Gradient von G steht senkrecht auf dieser Hyperfläche (da in jedem Punkt die Richtung des maximalen Anstiegs von G senkrecht zur Hyperfläche der konstanten Werte ist). Würde der Gradient von F nicht auch senkrecht auf dieser Hyperfläche stehen, dann gäbe es eine Richtung entlang der Hyperfläche, in der F ansteigen könnte, und das ist ein Widerspruch zur Maximalität von $F(a)$. Daher müssen die Gradienten von F und G beide senkrecht zur Hyperfläche stehen und demzufolge (bis auf Vorzeichen) parallel sein, und die Existenz von λ folgt. Diejenigen, die nicht mit partiellen Ableitungen wie $\partial F/\partial a_n$ oder mit dem Gradienten vertraut sind, können Anhang A.1 im Beitrag [6] in diesem Buch zu Rate ziehen.

Hierbei benutzten wir in der zweiten Zeile, dass $\left((x + m_0 + 1)\sqrt{x + \frac{1}{2}}\right)^{-1}$ konvex in x ist; zwischen der zweiten und dritten Zeile benutzten wir den Koordinatenwechsel $y = \sqrt{(x + \frac{1}{2})/(m_0 + \frac{1}{2})}$, und für das letzte Integral eine bekannte Formel (die man durch den Koordinatenwechsel $y = \tan z$ erhält).

Aus der obigen Ungleichung schließen wir $\lambda < \pi$, und daher gilt $F(a) < \pi G(a)$ für alle $a \neq 0$. Indem wir nun N gegen unendlich schicken, folgern wir die unendliche Reihenversion, also dass (9) gilt. Dies liefert auch (7) (in unserem Spezialfall), wenn man a_n durch a_{n-1} ersetzt und $\frac{1}{m+n} < \frac{1}{m+n-1}$ nutzt. $\qquad\square$

3 Beweis der Hardy-Ungleichung

Hier geben wir einen Beweis von Satz 1 an. Für Reihen stammt dieser Beweis von Elliott. Es sei $\alpha_n = A_n/n$ und $\alpha_0 = 0$.

Wir haben

$$
\begin{aligned}
\alpha_n^p - \frac{p}{p-1} a_n \alpha_n^{p-1} &= \alpha_n^p - \frac{p}{p-1}\left[n\alpha_n - (n-1)\alpha_{n-1}\right]\alpha_n^{p-1} \\
&= \alpha_n^p\left(1 - \frac{np}{p-1}\right) + \frac{(n-1)p}{p-1}\alpha_n^{p-1}\alpha_{n-1} \\
&\leq \alpha_n^p\left(1 - \frac{np}{p-1}\right) + \frac{n-1}{p-1}\left[(p-1)\alpha_n^p + \alpha_{n-1}^p\right] \quad (12) \\
&= \frac{1}{p-1}\left[(n-1)\alpha_{n-1}^p - n\alpha_n^p\right],
\end{aligned}
$$

wobei wir in der dritten Zeile die *Young-Ungleichung* benutzten, also $xy \leq \frac{x^p}{p} + \frac{y^{p'}}{p'}$ mit $y = \alpha_n^{p-1}$ und $x = \alpha_{n-1}$.

Durch Aufsummieren von 1 bis N erhält man auf der rechten Seite eine Teleskopsumme, und somit

$$
\sum_{n=1}^{N} \alpha_n^p - \frac{p}{p-1}\sum_{n=1}^{N} \alpha_n^{p-1} a_n \leq -\frac{N\alpha_N^p}{p-1} \leq 0 \qquad (13)
$$

und wir erhalten daher mit der Hölder-Ungleichung:

$$
\sum_{n=1}^{N} \alpha_n^p \leq \frac{p}{p-1}\sum_{n=1}^{N} \alpha_n^{p-1} a_n \leq \frac{p}{p-1}\left(\sum_{n=1}^{N} a_n^p\right)^{1/p}\left(\sum_{n=1}^{N} \alpha_n^p\right)^{1/p'}. \qquad (14)
$$

Im endlichen Fall sind wir nun fertig, wenn wir durch den letzten Faktor teilen (wenn dieser Null ist, ist nichts zu zeigen) und das Ergebnis in die p-te

Potenz heben. Insbesondere sehen wir, dass $\sum_{n=1}^{\infty} \alpha_n^p$ endlich ist, falls $\sum_{n=1}^{\infty} a_n^p$ endlich ist. Wenn wir nun in (13) und (14) N durch ∞ ersetzen, erhalten wir

$$\sum_{n=1}^{\infty} \alpha_n^p \le \frac{p}{p-1} \left(\sum_{n=1}^{\infty} a_n^p \right)^{1/p} \left(\sum_{n=1}^{\infty} \alpha_n^p \right)^{1/p'} \tag{15}$$

und die Ungleichung ist strikt, es sei denn a_n^p und α_n^p sind proportional, d. h. $a_n = C\alpha_n$, wobei C nicht von n abhängt. Ohne Beschränkung der Allgemeinheit können wir $a_1 \neq 0$ annehmen. Sonst können wir a_{n+1} durch a_n ersetzen, und die Ungleichung wird schwächer. Also ist $C = 1$ und wir schließen, dass $A_n = na_n$, was nur möglich ist, wenn alle a_n gleich sind, aber $\sum \alpha_n^p$ konvergiert. Also gilt (5).

Um zu zeigen, dass die Konstante optimal ist, wählen wir $a_n = n^{-1/p}$ für $n \le N$ und $a_n = 0$ für $n > N$, wobei N eine natürliche Zahl ist, die weiter unten festgelegt wird. Also ist $\sum_{n=1}^{N} a_n^p = \sum_{n=1}^{N} \frac{1}{n}$ und

$$A_n = \sum_{k=1}^{n} k^{-1/p} > \int_1^n x^{-1/p}\, dx = \frac{p}{p-1}\left[n^{\frac{p-1}{p}} - 1 \right] \quad (n \le N)\,,$$

somit

$$\left(\frac{A_n}{n} \right)^p > \left(\frac{p}{p-1} \right)^p \frac{1-\varepsilon_n}{n} \quad (n \le N)\,,$$

wobei ε_n nur von n (und nicht von N) abhängt und ε_n gegen 0 geht, wenn n gegen unendlich geht.

Es sei nun $\varepsilon > 0$ gegeben und n_0 eine natürliche Zahl mit $\varepsilon_n < \varepsilon$ für $n > n_0$. Wähle N so, dass $\sum_{n=1}^{N} \frac{1}{n} > \frac{1}{\varepsilon} \sum_{n=1}^{n_0-1} \frac{1}{n}$ (dies ist möglich, weil die harmonische Reihe divergiert). Wir erhalten dann für die oben definierte Folge a_n

$$\sum_{n=1}^{\infty} \left(\frac{A_n}{n} \right)^p > \sum_{n=n_0}^{N} \left(\frac{A_n}{n} \right)^p > \left(\frac{p}{p-1} \right)^p \sum_{n=n_0}^{N} \frac{1-\varepsilon_n}{n} > \left(\frac{p}{p-1} \right)^p \sum_{n=n_0}^{N} \frac{1-\varepsilon}{n}$$

$$= (1-\varepsilon) \left(\frac{p}{p-1} \right)^p \sum_{n=n_0}^{N} \frac{1}{n} > (1-\varepsilon)^2 \left(\frac{p}{p-1} \right)^p \sum_{n=1}^{N} \frac{1}{n}$$

$$= (1-\varepsilon)^2 \left(\frac{p}{p-1} \right)^p \sum_{n=1}^{\infty} a_n^p\,.$$

Wenn wir ε gegen 0 gehen lassen, zeigt dies, dass die Konstante $\left(\frac{p}{p-1} \right)^p$ optimal ist. Alternativ kann man auch $a_n = n^{-1/p-\varepsilon}$ für alle n wählen und ε gegen 0 schicken.

Wir wenden uns nun dem Beweis der Integralungleichung zu. Durch partielle Integration erhalten wir

$$\int_0^X \left(\frac{F(x)}{x}\right)^p dx = -\frac{1}{p-1} \int_0^X F(x)^p \frac{d}{dx}(x^{1-p}) \, dx$$

$$= \left[-\frac{x^{1-p}F(x)^p}{p-1}\right]_0^X + \frac{p}{p-1} \int_0^X \left(\frac{F(x)}{x}\right)^{p-1} f(x) \, dx$$

$$\leq \frac{p}{p-1} \int_0^X \left(\frac{F(x)}{x}\right)^{p-1} f(x) \, dx \, ,$$

da der Integrand (der erste Term der zweiten Zeile), wenn wir f als auf $[0,\infty)$ stetig annehmen, für $x = 0$ gemäß $F(x) = O(x)$ verschwindet. Dies erhalten wir auch, wenn wir nur annehmen, dass f^p integrierbar ist: Aufgrund der Hölder-Ungleichung gilt $F(x) \leq (\int_0^x f(t)^p \, dt)^{1/p} x^{\frac{p-1}{p}}$, und $\int_0^x f(t)^p \, dt$ geht gegen 0, wenn x gegen 0 geht.

Wenn wir nun X gegen ∞ schicken und die Hölder-Ungleichung benutzen, erhalten wir wie im Beweis für Reihen, dass die strikte Ungleichung (6) gilt, falls $x^{-p}F^p$ und f^p nicht proportional sind, was unmöglich ist, da dann f eine Potenz von x und somit $\int f^p \, dx$ divergent wäre. Um zu beweisen, dass die Konstante optimal ist, können wir $f_\varepsilon(x) = 0$ für $x < 1$ und $f_\varepsilon(x) = x^{-1/p-\varepsilon}$ für $x \geq 1$ betrachten und dann ε gegen 0 schicken. Alternativ kann man auch $g_\varepsilon(x) = 0$ für $x \geq 1$ und $g_\varepsilon(x) = x^{-1/p+\varepsilon}$ für $x < 1$ oder $h_\varepsilon(x) = x^{-1/p}$ für $x \in (\varepsilon, \frac{1}{\varepsilon})$ und $h_\varepsilon(x) = 0$ sonst wählen und jeweils ε gegen 0 schicken. $\square$

Anmerkung 1. Die partielle Integration wird in (12) ähnlich wie bei der Abel-Transformation angewandt.

Anmerkung 2. Im Grenzwert $p \to 1$ sind die Ungleichungen in Satz 1 aussagenlos, da beide Seiten unendlich sind, es sei denn a oder f sind identisch 0. Falls nämlich $a_k > 0$ ist, so folgt $A_n \geq a_k$ für $n \geq k$, und wir erhalten eine divergierende harmonische Reihe als untere Schranke. Auf der rechten Seite geht offensichtlich $p/(p-1)$ gegen unendlich.

4 Varianten der Hardy-Ungleichung

Der Fall einer monoton fallenden Funktion. Wenn wir in Theorem 1 annehmen, dass f monoton fällt, so erhalten wir die zweiseitige Ungleichung

$$\left(\frac{p}{p-1}\right) \int_0^\infty f(x)^p \, dx \leq \int_0^\infty \left(\frac{F(x)}{x}\right)^p dx < \left(\frac{p}{p-1}\right)^p \int_0^\infty f(x)^p \, dx \, .$$

$$(16)$$

Um die linke Ungleichung zu zeigen, beachten wir

$$\frac{d}{dt}\left[F(t)^p\right] = pf(t)F(t)^{p-1} \geq pf(t)^p t^{p-1},$$

wobei wir benutzten, dass f monoton fällt. Durch Integration von 0 bis x erhalten wir

$$F(x)^p \geq p \int_0^x f(t)^p t^{p-1}\, dt.$$

Also ist

$$\int_0^\infty \left(\frac{F(x)}{x}\right)^p dx \geq p \int_0^\infty x^{-p} \int_0^x f(t)^p t^{p-1}\, dt\, dx$$

$$= p \int_0^\infty \left(\int_t^\infty x^{-p}\, dx\right) f(t)^p t^{p-1}\, dt$$

$$= \frac{p}{p-1} \int_0^\infty f(t)^p\, dt.$$

Die gewichtete Hardy-Ungleichung.

Theorem 3 (Die gewichtete Hardy-Ungleichung).
Für $p > 1$ und $r \neq 1$ sei $F(x) = \int_0^x f(t)\, dt$ falls $r > 1$, $F(x) = \int_x^\infty f(t)\, dt$ falls $r < 1$. Dann gilt

$$\int_0^\infty x^{-r} F(x)^p\, dx \leq \left(\frac{p}{|r-1|}\right)^p \int_0^\infty f(x)^p x^{p-r}\, dx \qquad (17)$$

und die Konstante ist bestmöglich.

Hierbei bedeutet (17) wieder, dass die linke Seite endlich ist und die Ungleichung gilt, falls die rechte Seite endlich ist.

Wir geben den Beweis nur für $r > 1$ an. Im zweiten Fall ist der Beweis sehr ähnlich. Der Beweis benutzt die Minkowski-Ungleichung (3):

$$\left(\int_0^\infty x^{-r} \left(\int_0^x f(t)\, dt\right)^p dx\right)^{1/p} = \left(\int_0^\infty x^{p-r} \left(\int_0^1 f(sx)\, ds\right)^p dx\right)^{1/p}$$

$$\leq \int_0^1 \left(\int_0^\infty f(sx)^p x^{p-r}\, dx\right)^{1/p} ds$$

$$= \int_0^1 s^{-\frac{1+p-r}{p}} \left(\int_0^\infty f(y)^p y^{p-r}\, dy\right)^{1/p} ds$$

$$= \frac{p}{r-1} \left(\int_0^\infty f(y)^p y^{p-r}\, dy\right)^{1/p}.$$

Hierbei haben wir in der ersten Zeile $t = sx$ und in der dritten $y = sx$ substituiert. Dies ergibt (17). Beachte, dass dies für $r = p$ ein weiterer Beweis der ursprünglichen Hardy-Ungleichung ist. Der geneigte Leser möge selbst überprüfen, dass die Konstante optimal ist. Wir heben außerdem hervor, dass für $p = 1$ eine einfache partielle Integration zeigt, dass in (17) stets Gleichheit gilt. $\qquad\square$

Der nächste Satz ist insofern eine Verallgemeinerung von (17), als dass er hinreichende und notwendige Bedingungen an die nichtnegativen Funktionen u und v angibt, so dass die gewichtete Hardy-Ungleichung (18) gilt [8]. Hierbei werden u und v wieder als nichtnegative messbare Funktionen auf dem Intervall $(0, b)$ angenommen. Der Leser, der mit diesem Begriff nicht vertraut ist, kann annehmen, dass beide Funktionen auf dem offenen Intervall $(0, b)$ stetig sind.

Theorem 4 (Die verallgemeinerte gewichtete Hardy-Ungleichung). *Sei $p > 1$ und $0 < b \leq \infty$. Die Ungleichung*

$$\int_0^b \left(\int_0^x f(t)\, dt \right)^p u(x)\, dx \leq C \int_0^b f(x)^p v(x)\, dx \qquad (18)$$

gilt für beliebige messbare (oder nur stetige) Funktionen $f(x) \geq 0$ auf $(0, b)$ genau dann, wenn

$$A = \sup_{r \in (0,b)} \left(\int_r^b u(x)\, dx \right)^{1/p} \left(\int_0^r v(x)^{1-p'}\, dx \right)^{1/p'} < \infty . \qquad (19)$$

Für die beste Konstante C in (18) gilt außerdem $A \leq C^{1/p} \leq p^{1/p}(p')^{1/p'} A$.

Wir zeigen nur, dass die Bedingung notwendig ist, und überlassen den anderen Teil dem Leser.

Angenommen, dass (18) für beliebige f mit $\int_0^b f(x)^p v(x)\, dx < \infty$ gilt. Wenn wir für ein solches f (18) auf $f_r = f\chi_{(0,r)}$ anwenden, erhalten wir

$$\int_r^b u(x)\, dx \left(\int_0^r f(t)\, dt \right)^p \leq C \int_0^r f(x)^p v(x)\, dx . \qquad (20)$$

Es sei

$$M = \sup_f \int_0^r f(t)\, dt , \qquad (21)$$

wobei sich das Supremum über alle Funktionen f mit $\int_0^r f(x)^p v(x)\, dx = 1$ erstreckt. Mit (4) folgern wir sofort

$$M = \left(\int_0^r v^{1-p'}\, dt \right)^{1/p'} .$$

Setzt man nämlich $h(t) = f(t)v(t)^{1/p}$, so sieht man

$$M = \sup_h \int_0^r h(t)v(t)^{-1/p}\,dt\,,$$

wobei sich das Supremum über alle h mit $\int_0^r h(t)^p\,dt = 1$ erstreckt. Der Leser, der gewichtete L^p-Räume kennt, kann dies auch direkt ableiten.

Somit folgern wir aus (20), dass

$$\int_r^b u(x)\,dx \left(\int_0^r v^{1-p'}\,dt\right)^{p/p'} \leq C\,. \tag{22}$$

Daher sehen wir, dass (19) gilt und außerdem $A^p \leq C$.

Der Beweis, dass die Bedingung (19) hinreichend ist und dass die optimale Konstante C die Ungleichung $C^{1/p} \leq p^{1/p}(p')^{1/p'}A$ erfüllt, wird dem Leser überlassen. $\qquad\square$

Die Grenzwerte $p \to 1$ und $p \to \infty$. Wie in Anmerkung 2 festgestellt wurde, gilt die Hardy-Ungleichung (6) nicht für $p = 1$. Allerdings kann (18) auf den Fall $p = 1$ ausgeweitet werden, indem man den zweiten Term auf der rechten Seite von (19) durch $\displaystyle\sup_{x \in (0,r)} \frac{1}{v}$ ersetzt. Auch dies wird dem Leser als Übung überlassen.

Als nächstes wollen wir den Grenzwert $p \to \infty$ in (5) und (6) betrachten. Es gilt der folgende Satz:

Theorem 5 (Die Hardy-Ungleichung für $p = \infty$).
Für $a_n \geq 0$ gilt

$$\sum_{n=1}^\infty (a_1 a_2 ... a_n)^{1/n} < e \sum_{n=1}^\infty a_n \tag{23}$$

falls nicht alle a_n Null sind. Die Konstante ist bestmöglich.
Für $f(x) \geq 0$ gilt

$$\int_0^\infty \exp\left(\frac{1}{x}\int_0^x \log f(t)\,dt\right)\,dx < e \int_0^\infty f(x)\,dx \tag{24}$$

falls $f \not\equiv 0$. Die Konstante ist bestmöglich.

Wir können durch Übergang zum Grenzwert (23) mit $\leq$ statt $<$ zeigen. Wenn wir in (5) a_n^p durch a_n ersetzen, erhalten wir

$$\sum_{n=1}^\infty \left(\frac{a_1^{1/p} + a_2^{1/p} + ... + a_n^{1/p}}{n}\right)^p < \left(\frac{p}{p-1}\right)^p \sum_{n=1}^\infty a_n\,. \tag{25}$$

Schicken wir nun hier p gegen unendlich, so folgern wir, dass (23) mit $\leq$ gilt. Dass wirklich $<$ gilt, falls nicht alle a_n Null sind, benötigt einen anderen Beweis [4].

Für den Beweis von (24) benutzen wir dieselbe Idee, indem wir in (6) f^p durch f ersetzen und dann p gegen unendlich schicken. Wir müssen nur beachten, dass

$$\lim_{p \to \infty} \left(\frac{1}{x} \int_0^x f(t)^{1/p} \, dt \right)^p = \exp \left(\frac{1}{x} \int_0^x \log f(t) \, dt \right), \qquad (26)$$

was beispielsweise aus der L'Hôpital'schen Regel folgt. $\qquad\square$

5 Anwendungen

Insbesondere im Bereich der partiellen Differentialgleichungen (PDGs) sind Ungleichungen, darunter auch die Hardy-Ungleichung in ihren verschiedenen Formen, unabdingliche Werkzeuge. Partielle Differentialgleichungen sind Gleichungen, die Ableitungen einer unbekannten, von mehr als einer Variablen abhängenden Funktion enthalten; viele Probleme in Mathematik, Physik, Ingenieurswesen und ähnlichen Disziplinen sind im Grunde genommen PDGs. Die Bestimmung der Existenz und Eindeutigkeit einer PDG ist eine Grundfrage der Mathematik. Mehr oder weniger alle solche Sätze werden von Ungleichungen angetrieben, und hier wird die Hardy-Ungleichung oft sinnvoll verwendet.

Viele wichtige PDGs beschreiben die zeitliche Entwicklung (Evolution) interessanter Größen. In solchen Fällen stellt sich außerdem die Frage, ob die Lösungen dieser Gleichungen beliebig lange existieren oder in endlicher Zeit „explodieren", d. h. dass einige dieser Größen unendlich werden und Lösungen danach aufhören zu existieren. Ein einfacher Fall eines solchen „Blow-Ups" in endlicher Zeit wird von Nick Trefethen in diesem Buch beschrieben [10, Abschnitt 4 „Blow-Up"]. Wie wichtig diese Frage in der Fluiddynamik ist, wird in Bob Kerrs und Marcel Olivers Beitrag dargestellt [6], insbesondere in den Abschnitten 4 und 5; ihr Anhang B zeigt explizit, wie Ungleichungen ins Spiel kommen.

Wir wollen nun einige bestimmte Anwendungen der Hardy-Ungleichungen in der Theorie der partiellen Differentialgleichungen angeben. Dieser Abschnitt soll nur eine grobe Skizze übermitteln; Leser, die einen Begriff oder Hintergrund nicht kennen, mögen ihn wie „Science Fiction" lesen.

Randspuren nicht-glatter Funktionen. In der Theorie der partiellen Differentialgleichungen ist es oft sinnvoll, die Klasse der möglichen Lösungen über diejenigen Funktionen hinaus zu erweitern, für die alle auftauchenden partiellen Ableitungen existieren und stetig sind. Um der Gleichung trotzdem noch einen Sinn geben zu können, müssen wir fordern, dass sie auf eine bestimmte durchschnittliche oder „schwache" Weise erfüllt ist. Eine oft verwendete erweiterte Klasse von Funktionen $f \colon \Omega \to \mathbb{R}$ ist der Lebesgueraum $L^p(\Omega)$

(wie gesagt sind L^p-Funktionen nur „fast überall" definiert), eine andere ist der Sobolevraum

$$W^{1,p}(\Omega) := \{f \in L^p(\Omega) \mid \nabla f \in L^p(\Omega)\}\,,$$

wobei ∇f der Gradient von f ist (siehe [6, Anhang A.1] in diesem Buch); der obere Index 1 in $W^{1,p}$ sagt aus, dass wir die Funktion f und ihre ersten Ableitungen auf dem Bereich Ω im L^p-Sinn kontrollieren wollen (obwohl f auf einer Nullmenge undefiniert sein kann, ist es immer noch möglich, in einem gewissen Sinne die Ableitung, eine „Distribution", zu definieren; wir fordern, dass diese Ableitungen alle L^p-Funktionen sind).

Wenn das von der PDG beschriebene System auf einem Bereich Ω mit glattem Rand $\partial\Omega$ definiert ist, müssen meistens zusätzlich noch Randwerte hinzugefügt werden, etwa indem man die Werte der Lösung auf dem Rand angibt. Daher müssen wir Funktionen (aus einem bestimmten Raum), die auf dem ganzen Bereich definiert sind, und ihre Einschränkungen auf den Rand in Beziehung setzen. Hierfür benutzt man einen *Spuroperator* γ, der für glatte Funktionen auf Ω einfach die Einschränkung auf den Rand ist. Für Funktionen $f \in L^p(\Omega)$ ist die Spur jedoch nicht wohldefiniert, da der Rand eine Lebesgue-Nullmenge ist und somit von der L^p-Norm nicht „gesehen" wird. Andererseits lässt sich γ zu einem stetigen Operator von $W^{1,p}(\Omega)$ in einen gewissen Raum, den wir hier nicht definieren werden (ein „Besovraum fraktionaler Ordnung") fortsetzen. Der Beweis basiert auf der Tatsache, dass für $f \in L^p(\Omega)$

$$\frac{f(x) - \gamma f(\pi(x))}{d(x)} \in L^p(\Omega) \tag{27}$$

gilt, wobei $d(x)$ der Abstand von x zum Rand des Bereichs und $\pi(x)$ der am nächsten zu x liegende Randpunkt von Ω (definiert für x in der Nähe vom Rand) sein möge. Dies lässt sich aus der Hardy-Ungleichung ableiten, wenn man sie in senkrechter Richtung zum Rand anwendet.

Komprimierbare Eulergleichung mit entarteter Dichte. Wenn in partiellen Differentialgleichungen Koeffizienten auftauchen, die am Rand von Ω gegen Null gehen, so müssen wir oft Größen wie $f(x)/d(x)$ kontrollieren, die divergieren, wenn x gegen den Rand konvergiert. In allen solchen Fällen muss man für eine Abschätzung von $f(x)/d(x)$ in geeigneten Funktionenräumen eine gewisse Kontrolle über die Ableitungen von f haben, und hierfür benutzt man Hardy- oder Hardy-Sobolev-Abschätzungen.

Ein solches Beispiel taucht bei der Untersuchung von Schallwellen in einer vom Vakuum umgebenen Blase aus einem komprimierbaren Fluid auf. Im Allgemeinen wird die Dynamik eines reibungslosen Fluids durch die Euler-Gleichungen beschrieben. Diese werden, vor allem in ihrer unkomprimierbaren Form, im Beitrag [6] von Bob Kerr und Marcel Oliver in diesem Buch behandelt. Die komprimierbaren Euler-Gleichungen beschreiben die Bewegung eines Gases, dessen Dichte zur Zeit t und Position $\boldsymbol{x}$ durch $\rho(\boldsymbol{x}, t)$, dessen Geschwindigkeit durch $u(x, t)$ und dessen Druck durch $p(x, t)$ bezeichnet wird. Wenn man die Gleichungen in solchen sogenannten Eulerschen Variablen aufschreibt, erhält man

$$\rho\, \frac{\partial u}{\partial t} + \rho\, u \cdot \operatorname{grad} u + \operatorname{grad} p = 0 \;, \tag{28a}$$

$$\frac{\partial \rho}{\partial t} + \operatorname{div}(\rho u) = 0 \;. \tag{28b}$$

Die erste Gleichung ist die gleiche wie (5a) in [6]. Die zweite Gleichung (28b) drückt die Massenerhaltung aus: Wenn in die Umgebung eines Punktes mehr Fluid hinein- als herausfließt, dann erhöht sich die Dichte. Für einen unkomprimierbaren homogenen Fluss mit $\rho = \text{const}$ reduziert sie sich zu $\operatorname{div} u = 0$, siehe auch [6].

Im Vergleich zum unkomprimierbaren Eulersystem gibt es eine weitere Unbekannte, die Dichte ρ. Dementsprechend wird eine weitere Bedingung benötigt, die man zum Beispiel unter Annahme der Zustandsgleichung für ein isentropisches Gas $p = K\rho^{\gamma}$ erhält, wobei $\gamma > 1$ der adiabatische Exponent und K eine Proportionalitätskonstante ist.

Wenn wir nun eine von Vakuum umgebene Gasblase betrachten, so verschwindet die Dichte außerhalb der Blase — die Gleichung „entartet" an ihrem Rand.

Das System lässt sich recht gut mit der *Flussabbildung* $\boldsymbol{\Phi}(\boldsymbol{\xi}, t)$ beschreiben, die die Position eines zur Zeit $t = 0$ an Position $\boldsymbol{\xi}$ gestarteten Teilchens angibt. Nachdem wir „Eulersche" durch „Lagrangesche" Variablen ersetzt haben, sieht die erhaltene Gleichung (die wir nicht angeben) wie eine nichtlineare Wellengleichung aus. (Die lineare Wellengleichung ist eine der bekanntesten PDGs. Sie beschreibt etwa die Ausbreitung von Licht- und Schallwellen in Luft unter typischen Bedingungen.) In dieser Form wird die anfängliche Dichte zu einem externen Parameter. Nehmen wir an, dass sich die Blase in einem Vakuum befindet, verhält sie sich in der Nähe des Randes wie $d(x)$ und verursacht somit die Entartung.

Diese Entartung lässt sich am besten an einem vereinfachten linearen System erklären: die Gleichung in nur einer Raumvariable $x \in (0, 1) \subset \mathbb{R}$

$$w^{\alpha}\, \frac{\partial^2 \Phi}{\partial t^2} + \frac{\partial}{\partial x}\left(w^{1+\alpha}\, \frac{\partial \Phi}{\partial x} \right) = 0 \;, \tag{29}$$

wobei $w = x(1 - x)$, $\alpha = 1/(\gamma - 1) > 0$, und $\Phi(x, t) \in \mathbb{R}$ die (eindimensionale) Flussabbildung ist. Für einen erfahrenen PDG–Spezialisten ist dies eine sehr einfache Gleichung. Beachte wiederum, dass diese Gleichung entartet, wenn x sich dem Rand $\{0, 1\}$ nähert (da dann w gegen Null geht). Sogar um diese recht einfache partielle Differentialgleichung zu lösen, benötigt man die gewichtete Hardy-Ungleichung; siehe [5].

Aus der Physik und anderen Bereichen gibt viele weitere Beispiele für partielle Differentialgleichungen, die die Hardy-Ungleichung benötigen. Darunter sind Gleichungen, die dünne Filme oder poröse Medien beschreiben [1], oder sogenannte „Fokker-Planck-Gleichungen" für Polymere [9].

6 Fazit

In diesem Beitrag haben wir verschiedene Aspekte der Hardy-Ungleichung und ihrer Verallgemeinerungen dargestellt. Die Geschichte dieser Ungleichung ist so lang wie interessant. Sie ist ein Musterbeispiel für eine Ungleichung, die zuerst für den Beweis einer anderen (der Hilbertschen) Ungleichung betrachtet wurde, bis Anwendungsmöglichkeiten, insbesondere für partielle Differentialgleichungen, ihre Nützlichkeit aufzeigten und ihr eine wichtige Rolle in der Mathematik zuwiesen. Dieses Prinzip, für konkrete Anwendungen neue Ungleichungen zu finden, stellt definitiv eine sehr aktive Forschungsrichtung dar.

Literaturverzeichnis

[1] Lorenzo Giacomelli, Hans Knüpfer und Felix Otto, *Smooth zero-contact-angle solutions to a thin-film equation around the steady state.* Journal of Differential Equations **245** 6 (2008), 1454–1506.

[2] Godfrey H. Hardy, *Notes on some points in the integral calculus. XLI. On the convergence of certain integrals and series.* Messenger of Mathematics **45** (1915), 163–166.

[3] Godfrey H. Hardy, *Notes on some points in the integral calculus. LX. An inequality between integrals.* Messenger of Mathematics **54** (1925), 150–156.

[4] Godfrey H. Hardy, John E. Littlewood und George Pólya, *Inequalities.* Cambridge Mathematical Library, Cambridge University Press, Cambridge, 1988; Neudruck der Auflage von 1952.

[5] Juhi Jang und Nader Masmoudi, *Well-posedness of compressible Euler equations in a physical vacuum.* Preprint, 24. Mai 2010, 35 Seiten; `http://arxiv.org/abs/1005.4441`.

[6] Robert M. Kerr und Marcel Oliver, *Auf der Suche nach der kritischen Zeit.* In: *Eine Einladung in die Mathematik* (dieses Buch).

[7] Alois Kufner, Lech Maligranda und Lars-Erik Persson, *The prehistory of the Hardy inequality.* American Mathematical Monthly **113** 8 (2006), 715–732.

[8] Alois Kufner, Lech Maligranda und Lars-Erik Persson, *The Hardy inequality. About its history and some related results.* Vydavatelský Servis, Plzeň, 2007.

[9] Nader Masmoudi, *Well-posedness for the FENE dumbbell model of polymeric flows.* Communications on Pure and Applied Mathematics **61** 12 (2008), 1685–1714.

[10] Lloyd N. Trefethen, *Zehnstellige Probleme.* In: *Eine Einladung in die Mathematik* (dieses Buch).

Der Löwe und der Christ, und andere Verfolgungs- und Fluchtspiele

Béla Bollobás

Zusammenfassung In diesem Beitrag zeigen wir, wie eine spielerische Frage aus der Unterhaltungsmathematik schnell zu mathematischen Ergebnissen und ungelösten Problemen führen kann.

1 Eine römische Arena

Abb. 1. Ein betagter Löwe und ein flinker junger Christ in der Arena.

Béla Bollobás
Department of Pure Mathematics and Mathematical Statistics, University of Cambridge, Cambridge CB3 0WB, UK; and Department of Mathematical Sciences, University of Memphis, Memphis TN 38152, USA. E-mail: B.Bollobas@dpmms.cam.ac.uk

Es war ein schöner Frühlingstag im zweiten Jahr der Herrschaft von Marcus Ulpius Nerva Traianus, dem Kaiser von Rom. Der Kaiser hatte Decebalus, den König von Dakien, besiegt und dem römischen Kaiserreich sein gesamtes Herrschaftsgebiet einverleibt; seit sechzig Tagen waren Gladiatorenspiele in vollem Gang, und zur Freude der guten römischen Bürger war ihr Ende noch lange nicht in Sicht. Das erst vor wenigen Jahren erbaute, atemberaubende Kolosseum war wie immer fast gefüllt, und die Ränge fieberten dem sie erwartenden Vergnügen entgegen.

Alles fing gut an: Die Gladiatoren waren großartig — alle kämpften geschickt und sehr tapfer um ihr Leben, und manch ein Kämpfer wurde vom Kaiser in die Freiheit entlassen. Das Spektakel wurde erst getrübt, als die Krönung des Schauspiels, *Mensch gegen Bestie*, angekündigt wurde: Nur ein Löwe und ein Christ betraten die Arena. Der Löwe war zwar groß und furchteinflößend, doch auf den zweiten Blick sah man, dass seine besten Jahre schon weit hinter ihm lagen, während der junge Christ in Topform war. Nach kurzer Zeit stellte sich heraus, dass Löwe und Christ gleich schnell waren, und die guten römischen Bürger begannen sich zu fragen, ob der Löwe den Christen je fangen könnte.

Anstatt sich dieses erbärmliche Schauspiel länger anzusehen, dachten sich die Hobbymathematiker auf den Rängen das folgende Problem aus; sie waren sich sicher, dass sie es in den nächsten Minuten lösen könnten.

Das Problem des Löwen und des Christen. *Ein (jeweils punktförmiger) Löwe und Christ bewegen sich mit der gleichen Maximalgeschwindigkeit in einer abgeschlossenen Kreisscheibe. Kann der Löwe den Christen in endlicher Zeit fangen?*

Das Problem ist schwerer als es aussieht, wie sich noch zeigen wird: es steht exemplarisch für die große Familie von *Verfolgungs- und Fluchtproblemen*. In dieser Arbeit sollen einige Aspekte dieser Probleme dargestellt werden.

Die Bürger mussten die Situation, wie in Mathematik und Physik üblich, vereinfachen, um ihre Kopfnuss in ein mathematisches Problem zu übersetzen: Der Löwe und der Christ sind jetzt *Punkte*, und das Kolosseum ist eine *kreisförmige* Scheibe, obwohl die Arena eher wie ein Oval aussieht. Die Scheibe soll *abgeschlossen* sein, der Löwe und der Christ dürfen sich also auf dem sie begrenzenden Kreis aufhalten. Und vielleicht am wichtigsten, der Christ muss in *endlicher Zeit* gefangen werden. (Wir gehen natürlich davon aus, dass sich Löwe und Christ zu Beginn des Spiels nicht am gleichen Ort aufhalten.) In der Frage geht es um einen „klugen" Löwen und einen „klugen" Christen: Beide spielen so gut wie nur möglich.

Trotz der schönen Geschichte wurde diese Frage nicht vor zweitausend Jahren in Rom, sondern in den 1930er Jahren vom deutsch–britischen Mathematiker Richard Rado erfunden, der sie das *Löwe-und-Mensch*-Problem nannte. Die zweite von uns gegebene Lösung sollte zwanzig Jahre lang die Standardantwort bleiben, bis der russisch–britische Mathematiker Abram S. Besikowitsch, der Rouse–Ball–Professor in Cambridge, eine brillante und unerwartete Lösung (die wir als dritte angeben) fand. Der Allgemeinheit wurden diese Frage und die Antwort von „Bessie", wie Besikowitschs Freunde ihn liebevoll nannten, im Buch *Miscellany* [6] des großen britischen Mathematikers John E. Littlewood, Bessies Vorgänger als Rouse–Ball–Professor, zugänglich gemacht (siehe auch [2]).

Im nächsten Abschnitt stellen wir drei Lösungen dieses Problems vor; anschließend geht es um Erweiterungen dieses Spiels, im vierten Abschnitt um Finessen der Verfolgungs- und Fluchtspiele, und im letzten Abschnitt reden wir über weitere Ergebnisse und offene Probleme.

2 Lösungen

Wir werden drei Lösungen des LC-Problems geben, die verschiedene Endergebnisse liefern.

Erste Lösung: Verfolgungskurve. Offensichtlich ist die beste Strategie für den Löwen, direkt auf den Christen zuzulaufen. Was sollte dieser tun? Er rennt mit höchster Geschwindigkeit um den Rand der Scheibe. Dann folgt der Löwe der „Verfolgungskurve", während der Christ um den Kreis läuft. Obwohl wir diese Kurve nur schwer explizit beschreiben können, selbst wenn wie in Abbildung 2 der Löwe in der Mitte und der Christ am Rand der Scheibe startet, kann man zeigen, dass der Löwe dem Christen beliebig nahe kommt *ohne ihn je zu fangen.*

Schlussfolgerung. *Der Christ gewinnt das LC-Spiel.*   □

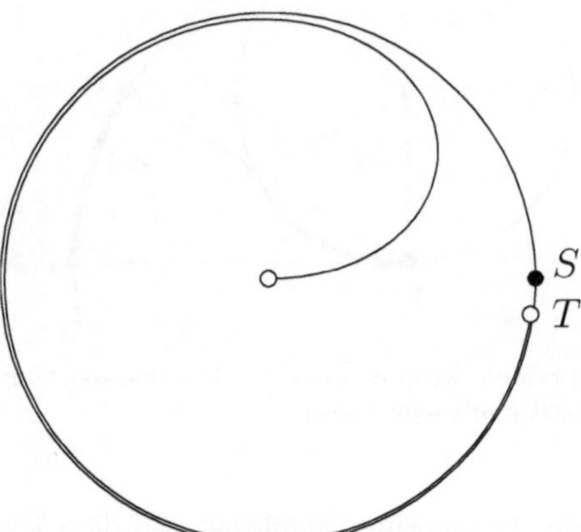

Abb. 2. Die Verfolgungskurve, wenn der Löwe in der Mitte startet und der Christ von *S* aus einmal um den Kreis läuft. Als er zu *S* zurückkehrt, ist der Löwe bereits bei *T*.

Die Mathematik beschäftigt sich seit fast drei Jahrhunderten mit *Verfolgungskurvenproblemen* wie dem obigen, wobei Verfolger und Verfolgter unterschiedliche Geschwindigkeiten haben können. Normalerweise stellt man solche *reinen Verfolgungsprobleme* für einen Hund, der auf sein durch ein Feld gehendes Herrchen zuläuft. (Siehe Puckette [8] und Nahin [7].)

Für die beiden anderen Lösungen führen wir zunächst einige Begriffe ein. Es sei B die Position der 'Bestie', des Löwen, und C die des Christen, ohne dass wir uns um die Abhängigkeit dieser Punkte von der Zeit kümmern. Wir können und werden annehmen, dass es sich um die Einheitsscheibe D mit Mittelpunkt O handelt und dass das Höchsttempo der Wettstreiter 1 ist. Des weiteren sei D *abgeschlossen*, enthält also seinen Rand. (Es stellt sich heraus, dass es keinen großen Unterschied macht, ob D abgeschlossen ist oder nicht. Von Zeit zu Zeit, wie in den ersten beiden Lösungen, ist es aber nützlich, den Randkreis als Teil der Scheibe D zu betrachten.)

Zweite Lösung: Auf dem Radius bleiben. Da der Löwe in der ersten Lösung keinen Erfolg hatte, beschließt er nicht ganz so gierig zu sein. Stattdessen folgt er der gerissenen Strategie, *auf der Strecke OC* zu bleiben und unter dieser Einschränkung mit Höchsttempo auf den Christen zuzulaufen. Was passiert, wenn der Christ wie zuvor so schnell wie möglich um den Rand von D läuft? Der Christ starte der Einfachheit halber an einem Punkt S auf dem großen Kreis (mit Radius 1) und laufe entgegen dem Uhrzeigersinn. Der Löwe starte im Mittelpunkt O.

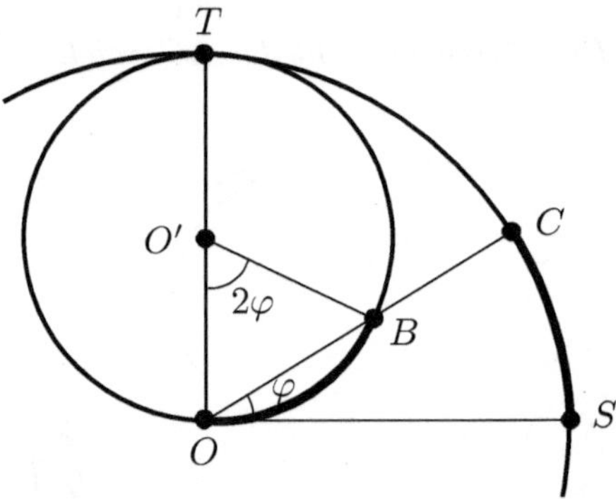

Abb. 3. Der Pfad des Löwen, wenn er von der Mitte und der Christ von S losläuft. Der Christ erreicht T gleichzeitig mit dem Löwen.

Behauptung. Folgt der Löwe seiner Strategie, auf dem Radius zu bleiben, so rennt er um den kleinen Kreis (mit Radius 1/2), der die Linie OS in O und den großen Kreis in T berührt, wobei der Bogen ST des großen Kreises wie in Abbildung 3 ein Viertelkreis sei. Zusätzlich ist für C auf dem Bogen ST des großen Kreises B der Schnitt der Strecke OC mit dem kleinen Kreis. Insbesondere erreichen der Löwe und der Christ T gleichzeitig.

Wir müssen für den Beweis dieser Behauptung nur zeigen, dass die Länge des Bogens SC des großen Kreises die Länge des Bogens OB des kleinen Kreises (mit Mittelpunkt O') ist. Dies ist aber klar, da a) die Linie OS Tangente des kleinen Kreises, also der Winkel $BO'O$ das Doppelte des Winkels COS ist, und b) der Radius des großen Kreises das Doppelte des Radius des kleinen Kreises ist.

Schlussfolgerung. *Der Löwe gewinnt das LC-Spiel.* $\square$

Diese Lösung zeigt, dass wir in der Annahme, die beste Strategie des Löwen sei es, direkt auf den Christen zuzulaufen, voreilig waren. Wie wir gesehen haben, gibt es nämlich eine bessere, wenn auch obskurere Strategie: Er versucht, dem Christen den Weg abzuschneiden, indem er zu seiner zukünftigen Position läuft.

Der Leser mag nun denken, dass wir ihn an der Nase herumführen wollen, da der Christ ja auch einfach in die andere Richtung den Kreis entlanglaufen kann. Darin täuscht man sich aber: da der Löwe sich auf dem zum Christen führenden Radius befindet, macht es für ihn keinen Unterschied, in welche Richtung dieser läuft. Durch Richtungswechsel gewinnt der Christ also nichts, da der Löwe seiner Strategie folgend einfach auf dem Radius bleibt und somit zur selben Seite wie der Christ läuft. Somit kann der Christ so oft er will die Richtung wechseln, er wird in genau der gleichen Zeit gefangen, solange er mit Höchsttempo den Rand entlangläuft. Und wird er langsamer, rückt sein Ende nur näher.

Das Problem schien für ungefähr zwanzig Jahre gelöst: Der Löwe gewinnt schnell, wenn er auf dem Radius bleibt. Das ist zwar ganz nett, aber doch eher langweilig; ein Mathematiker würde sich so etwas kaum nochmals ansehen. Doch in den 1950er Jahren stellte Besikowitsch diesen Zustand mit dem folgenden schönen Argument auf den Kopf. Wir wissen nicht, warum sich Besikowitsch nochmals mit diesem Problem beschäftigte: Vielleicht wollte er es nach dem Abendessen seinen Studenten im Trinity College stellen.

Dritte Lösung: Entlang eines polygonalen Wegs unendlicher Länge laufen. In dieser Lösung beschreiben wir eine Strategie für den Christen. Trivialerweise dürfen wir annehmen, dass der Christ in $C_1 \neq O$ und der Löwe in $B_1 \neq C_1$ startet, wobei die Länge $\overline{OC_1}$ gleich r_1 mit $0 < r_1 < 1$ sei.

Behauptung. Angenommen, es gibt positive Zahlen t_1, t_2, $\ldots$, so dass $\sum_i t_i = \infty$, aber $\sum_i t_i^2 < 1 - r_1^2$. Dann kann der Christ entkommen.

Hierzu teilen wir die (unendliche) zur Verfügung stehende Zeit in eine Folge von Intervallen der Längen $t_1, t_2, \ldots$ auf. Zu den Zeiten $s_i = \sum_{j=1}^{i-1} t_j$, $i = 1, 2, \ldots$, „bewerten wir die Situation neu", und die Zeit zwischen s_i und $s_{i+1} = s_i + t_i$ sei der i-te *Schritt*. Zudem setzen wir $t_0 = r_1$, so dass $\sum_{i=0}^{\infty} t_i^2 < 1$.

Zur Zeit s_i befinde sich der Christ am Punkt $C_i \neq O$, der Löwe in $B_i \neq C_i$, und der Abstand von C_i zum Mittelpunkt sei $r_i = \overline{OC_i}$, wobei $r_i^2 =$

$\sum_{j=0}^{i-1} t_j^2 < 1$. (Dies ist im Einklang mit unseren bisherigen Annahmen, da der Christ in C_1 startet. Die Bedingung $C_i \neq O$ lässt sich leicht eliminieren; wir brauchen sie nur, um die folgende Beschreibung zu vereinfachen.) Sie ℓ_i die Gerade durch O und C_i. Im i-ten Schritt läuft der Christ für die Zeit t_i eine auf ℓ_i senkrecht stehende Gerade in die Richtung, die ihn am weitesten von B_i wegbringt, entlang. Liegt B_i also nicht auf ℓ_i, sondern auf einer der von ihr beschränkten Halbebenen, so läuft der Christ in die andere Richtung, sonst (also falls $B_i \in \ell_i$) ist die Richtung egal. Während dieses Schritts läuft der Christ von der Geraden ℓ_i weg; da der Löwe entweder auf ℓ_i oder auf der „falschen Seite" startet, kann er in diesem Schritt den Christen nicht fangen (siehe Abbildung 4). Insbesondere gilt $C_{i+1} \neq B_{i+1}$ und $C_{i+1} \neq O$.

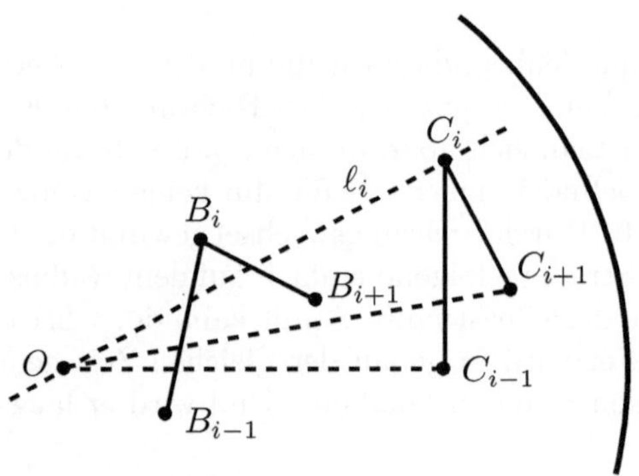

Abb. 4. Der polygonale Weg des Christen

Wie weit ist der Christ zur Zeit s_{i+1} von der Mitte entfernt? Das Quadrat dieses Abstands $\overline{OC}_{i+1}$ ist nach Satz des Pythagoras gerade $r_i^2 + t_i^2 = \sum_{j=0}^{i} t_j^2 = r_{i+1}^2 < 1$. Also läuft der Christ auf dem *unendlich* langen polygonalen Weg $C_1 C_2 \ldots$, der komplett in der Scheibe enthalten ist, und wird während dieses Laufs nicht gefangen, womit unsere Behauptung bewiesen wäre.

Schließlich ergibt die Behauptung eine Gewinnstrategie des Christen, da man leicht eine entsprechende Folge $t_1, t_2, \ldots$ finden kann. Ein Beispiel ist $t_i = 1/(i + r)$ für ein hinreichend großes r, da $\sum_{i=1}^{\infty} 1/i = \infty$ und $\sum_{i=1}^{\infty} 1/i^2$ endlich ist.

Schlussfolgerung. *Der Christ gewinnt das LC-Spiel.*   □

Offensichtlich ist hier „Ende im Gelände". Bessies Lösung ist in der Tat richtig: Ganz egal was der Löwe macht, der Christ kann mit seiner Strategie stets entkommen. In der ersten „Lösung" nahmen wir irrtümlich an, dass der Löwe auf den Christen zurennen muss; in der zweiten, dass der Christ am besten am Rand entlangläuft. Die dritte *richtige* Lösung zeigt, dass der

Christ wie ein in den Seilen hängender Boxer durch Einschränkung seiner Bewegungen seinen Vorteil verspielt.

Wir können die Strategie in der dritten Lösung noch leicht modifizieren, um die Situation für den Christen zu „verbessern": im i-ten Schritt laufe er senkrecht zur Geraden $B_i C_i$ in die Richtung, die ihn anfangs näher zu O bringt. Wenn B_i, C_i und O nicht kollinear sind, ist dies insofern besser für den Christen, als dass er weiter vom Rand entfernt bleibt.

3 Variationen

Das LC-Spiel lässt sich auf vielfältige Weisen abändern. Wir stellen einige Möglichkeiten vor, überlassen aber dem Leser die exakte Formulierung. Die erste Frage ergibt sich quasi automatisch aus unserer bisherigen Diskussion.

1. Welchen Einfluss hat die Form der Arena? *Würde der Löwe in einer echten römischen Arena, die eher oval ist, gewinnen? Oder vielleicht in einer dreieckigen Arena? Könnte der Löwe den Christen in eine Ecke treiben und dort verspeisen?*

Hat man etwas genauer über Bessies Strategie nachgedacht, durchschaut man diese Fragen natürlich sofort.

Von Croft [4] stammen die beiden folgenden, weniger trivialen Varianten.

2. Vögel, die eine Fliege fangen *Eine Fliege und mehrere Vögel fliegen mit der gleichen Geschwindigkeit durch die d-dimensionale Einheitskugel. Wie viele Vögel sind mindestens nötig, um die Fliege zu fangen?*

Abb. 5. Vögel, die eine Fliege fangen.

Dank Bessies Lösung des LC-Spiels wissen wir, dass für $d = 2$ ein Vogel nicht ausreicht; man sieht jedoch leicht, dass die Fliege von zwei Vögeln stets gefangen werden kann. Allgemein reichen d, aber nicht $d - 1$ Vögel.

3. Gleichmäßig beschränkte Krümmung. *Der Löwe kann das LC-Spiel gewinnen, wenn der Christ entlang einer Kurve gleichmäßig beschränkter Krümmung laufen muss.*

Dies besagt moralisch, dass der Löwe den Christen fangen kann, wenn dieser nicht beliebig schnell die Richtung wechseln darf.

Was passiert, wenn viele Löwen einen Christen auf der ganzen Ebene und nicht in einer beschränkten Arena jagen? Dies wurde von Rado und Rado [9] und Janković [5] gelöst.

4. Viele Löwen auf einer Ebene. *Endlich viele Löwen können den Christen genau dann in endlicher Zeit fangen, wenn dieser sich in der konvexen Hülle der Löwen befindet.*

Zuletzt stoßen wir auf ein bis jetzt ungelöstes Problem.

5. Zwei Löwen auf einem Golfplatz. *Können zwei Löwen den Christen in einem Golfplatz mit endlich vielen rektifizierbaren Seen fangen?*
Wir nehmen dabei natürlich an, dass weder der Christ noch der Löwe in die Seen laufen dürfen, und dass die Ufer der Seen auf eine bestimmte technische Weise „schön" sind (siehe Abbildung 6).

Abb. 6. Löwen versuchen, einen Christen zu fangen.

4 Mathematischer Formalismus

Nachdem wir nun drei „Lösungen" vorgestellt haben, wird sich der Leser fragen, ob wir den Begriff „Gewinnstrategie" wirklich definieren können. Dies ist kein Problem, wenn beide Spieler abwechselnd ziehen; ausgehend vom aktuellen Zustand entscheidet sich der Spieler für den nächsten Zug. Insbesondere ist eine Gewinnstrategie eine Methode, so zu ziehen, dass der Gegner den eigenen Sieg nicht verhindern kann. Dieser naive Ansatz führt in unserem Fall jedoch nicht zum Ziel, da unsere Spiele kontinuierlich ablaufen. Wie wollen wir überhaupt eine Strategie im kontinuierlichen LC-Spiel definieren? Hierfür benötigen wir zunächst einige Definitionen. Es sei $|x|$ die Norm oder Länge eines Vektors x. Insbesondere ist für $x, y \in D$ der Abstand zweier Punkte x und y gerade $|x - y|$.

Der Löwe starte in x_0, der Christ in y_0. Die Maximalgeschwindigkeit sei jeweils 1. Ein *Löwenweg* ist eine Abbildung $f : [0, \infty) \to D$ mit $f(0) = x_0$ und $|f(t) - f(t')| \leq |t - t'|$ für alle Zeiten $t, t' \geq 0$. (Die letzte Eigenschaft nennt man „Lipschitz-Stetigkeit" mit Konstante 1.) Analog definieren wir Christenwege. Der dem Weg f folgende Löwe ist zur Zeit t in $f(t)$, und der g folgende Christ ist zu dieser Zeit in $g(t)$.

Es sei $\mathcal{B}$ die Menge der Löwen- oder Bestienwege. Die Menge der Christenwege sei $\mathcal{C}$. Eine *Strategie* des Christen ist dann eine Abbildung $\Phi : \mathcal{B} \to \mathcal{C}$ derart, dass falls $f_1, f_2 \in \mathcal{B}$ bis zur Zeit t_0 übereinstimmen (d. h. $f_1(t) = f_2(t)$ für alle $0 \leq t \leq t_0$) auch $\Phi(f_1)$ und $\Phi(f_2)$ auf $[0, t_0]$ übereinstimmen. Diese „nicht-in-die-Zukunft-schauen"-Bedingung besagt, dass $\Phi(f)(t)$ nur von der Einschränkung von f auf $[0, t]$ abhängt. Analog definieren wir Löwenstrategien $\Psi : \mathcal{C} \to \mathcal{B}$. Eine Christenstrategie Φ heiße *Gewinnstrategie*, falls $\Phi(f)(t) \neq f(t)$ für alle Wege $f \in \mathcal{B}$ und alle $t \geq 0$. Genauso heiße eine Löwenstrategie Ψ *Gewinnstrategie*, wenn es für jeden Weg $g \in \mathcal{C}$ des Christen eine Zeit $t \geq 0$ mit $\Psi(g)(t) = g(t)$ gibt.

Diese Definitionen sind „richtig", da wir Strategien *ohne Verzögerung* wie die „Verfolgungskurve"- und „auf-dem-Radius-bleiben"-Strategie des Löwens zulassen wollen.

Diese Definitionen lassen sich leicht verallgemeinern. So können wir für die Arena jede Teilmenge der Ebene oder des Raums nehmen, oder sogar einen beliebigen metrischen Raum (eine Menge, auf der wir „Abstände" messen können). Daher lassen sich Verfolgungs- und Fluchtspiele auf diese verallgemeinern. Damit der Löwe überhaupt eine Chance hat, den Christen zu fangen, nehmen wir stets an, dass das Spielfeld (unser metrischer Raum) einen Weg vom Löwen zum Christen enthält.

Nachdem wir nun wissen, wann ein Verfolgungs- oder Fluchtspiel gewonnen ist, stellen wir eine auf den ersten Blick überraschende Frage. Für die Scheibe ist Bessies Strategie bekanntlich siegbringend für den Christen;

aber könnte der Löwe auch eine Gewinnstrategie haben?

Diese Frage scheint natürlich Unfug zu sein. Wie sollen beide gleichzeitig eine Gewinnstrategie haben? Es gilt doch offensichtlich:

Hätten beide eine Gewinnstrategie, so lässt man beide diese spielen; sowohl der Christ als auch der Löwe gewinnen dann, Widerspruch.

Denkt man aber kurz nach, so sieht man, dass auch dieser „Beweis" Unsinn ist. Wir können nämlich nicht *beide* gleichzeitig die Gewinnstrategie anwenden lassen. Nehmen wir an, dass unter Benutzung der Gewinnstrategien Φ und Ψ der Löwe den Weg f und der Christ den Weg g läuft, dann gilt $\Phi(f) = g$ und $\Psi(g) = f$. Insbesondere ist $\Psi(\Phi(f)) = f$, also f Fixpunkt der Abbildung

$\Psi \circ \Phi : \mathcal{B} \to \mathcal{B}$. *Wieso soll diese Abbildung aber einen Fixpunkt haben?* Dies können wir im Allgemeinen nicht annehmen.

In einem allgemeinen Verfolgungs- oder Fluchtspiel gibt es also zwei grundlegende, mehr oder weniger unabhängige Fragen. Hat der Löwe eine Gewinnstrategie? Hat der Christ eine Gewinnstrategie? Und können alle vier möglichen Kombinationen von Antworten auftreten?

In einem Spiel, in dem beide Spieler abwechselnd ziehen, kann man Strategien ohne Problem gegeneinander ausspielen. In diesem Fall kann also höchstens ein Spieler eine Gewinnstrategie haben. In unserem Fall kann aber nur der Spieler, der *gemäß seiner Strategie* handelt, *sofort* auf Züge (also Wege) des anderen reagieren. Trotz dieses Symmetriebruchs ist diese Definition sinnvoll, da wir die „auf-dem-Radius-bleiben"-Strategie des Löwen zulassen wollen: Er kann sofort auf jede Geschwindigkeits- oder Richtungsänderung seiner Beute reagieren.

Auch andere Fragen ergeben sich von selbst, etwa ob es „schöne" Gewinnstrategien gibt. Wir können etwa *stetige* Gewinnstrategien suchen, die „nah beieinander liegende" Wege auf „nah beieinander liegende" abbilden. (Mathematisch heißt eine Christenstrategie $\Phi : \mathcal{B} \to \mathcal{C}$ stetig, wenn es für jedes $f_0 \in \mathcal{B}$ und $\varepsilon > 0$ ein $\delta > 0$ derart gibt, dass für alle $f_1 \in \mathcal{B}$ mit $|f_0(t) - f_1(t)| < \delta$ stets $|\Phi(f_0)(t) - \Phi(f_1)(t)| < \varepsilon$ für alle $t > 0$ gilt. Für Löwenstrategien gehen wir ähnlich vor.)

Wie steht es außerdem mit dem *Spiel in beschränkter Zeit*, das nach einer bestimmten Zeit T beendet wird? Hier hat der Christ gewonnen, wenn er zur Zeit T noch lebt. Und wie hängt all dies vom Spielfeld ab, solange dieses „schön" ist?

Wenn wir jetzt nur unsere „Erwartungen" bestätigten, wäre das Einführen dieses gesamten mathematischen Formalismus wohl übertrieben. Wir werden aber im letzten Abschnitt sehen, dass er durch einige unerwartete Ergebnisse durchaus gerechtfertigt ist.

5 Ergebnisse und offene Probleme

In diesem letzten Abschnitt stellen wir einige Ergebnisse aus einer Arbeit von Bollobás, Leader und Walters [3] vor, woraufhin wir einige offene Probleme angeben.

Zunächst beschäftigen wir uns mit dem Spiel in beschränkter Zeit auf einem der schönsten möglichen Spielfelder, einem *kompakten* metrischen Raum, in dem jede Folge eine konvergierende Teilfolge hat. Beispiele sind abgeschlossene Intervalle, Scheiben oder Kugeln.

Wie steht es dann mit den folgenden zwei Aussagen?

1. Mindestens ein Spieler hat eine Gewinnstrategie.
2. Höchstens ein Spieler hat eine Gewinnstrategie.

Beide Aussagen scheinen wahr zu sein. Durch Diskretisieren kann man zeigen, dass die erste Aussage in dieser besten aller Welten stets wahr ist: In einem kompakten metrischen Raum hat stets mindestens ein Spieler eine Gewinnstrategie für das Spiel in beschränkter Zeit. Doch nicht einmal dies hat einen wirklich trivialen Beweis; siehe [3].

Die zweite Aussage, die genauso wahr scheint, ist überraschenderweise falsch.

Ein Spiel, in dem beide Spieler Gewinnstrategien haben. *Das Spielfeld sei der abgeschlossene Vollzylinder*

$$D \times I = \{(a, z) : a \in D \ und \ 0 \leq z \leq 1\},$$

wobei der Abstand zweier Punkte $(a, z), (b, u) \in D \times I$

$$\max\{|a - b|, |z - u|\}$$

sei. Zu Beginn des Spiels sei C im Mittelpunkt der Decke des Zylinders (eine Einheitsscheibe) und B sei im Mittelpunkt des Bodens. Dann haben beide Spieler Gewinnstrategien.

Beweis. Das Schwere am Beweis waren die Definitionen, der Rest ist nur Formsache. So kann der Christ etwa, ist er erst einmal nicht mehr direkt über dem Löwen, die Höhendimension ignorieren und die Bessie-Strategie anwenden und überlebt beliebig lang. Wir müssen also nur zeigen, dass er es schaffen kann, etwa zur Zeit $t = 1/2$ nicht mehr über dem Löwen zu sein. Dies sei dem Leser als Übung überlassen.

Der Löwe hat es noch leichter. Er bleibt auf der gleichen Scheibenkoordinate wie der Christ und läuft mit Geschwindigkeit 1 in Höhenrichtung. Zur Zeit $t = 1$ hat er dann den Christ gefangen. Hierbei nutzt er aus, dass wir nicht die normale, euklidische Abstandsfunktion, sondern den sogenannten $\ell_1-Abstand$, das Maximum der Abstände in der Scheibe D und dem Intervall I, benutzen. $\qquad\qquad\qquad\square$

Die beiden angegebenen sind einfache Beispiele von Strategien, die sich nicht gegeneinander spielen lassen.

Durch Diskretisierung lässt sich zeigen, dass in unserem anfänglichen Spiel in der Einheitsscheibe D der Löwe *keine* Gewinnstrategie hat. Durch Betrachtung der Positionen, wo O, B und C kollinear sind, sehen wir jedoch, dass Bessies Strategie nicht stetig ist. Hierfür gibt es einen tieferliegenden Grund:

Stetigkeit im ursprünglichen LC-Spiel. *Im ursprünglichen Spiel hat kein Spieler eine stetige Gewinnstrategie.*

Startet der Löwe im Ursprung, so gibt es zu jeder stetigen Strategie des Christen einen Löwenweg, entlang dessen der Christ zur Zeit 1 gefangen wird.

Beweis. Wir müssen nur den zweiten Teil beweisen, da wir bereits wissen, dass der Löwe überhaupt keine Strategie hat. Hierfür benötigen wir den *Brouwerschen Fixpunktsatz*, der besagt, dass jede stetige Abbildung $\varphi : D \to D$ einen Fixpunkt hat, es also einen Punkt $x \in D$ mit $\varphi(x) = x$ gibt (siehe etwa [1, S. 216]).

Sei nun $\Phi : \mathcal{B} \to \mathcal{C}$ eine stetige Christenstrategie. Für $z \in D$ sei h_z der Weg, der mit konstanter Geschwindigkeit von 0 zu z derart verläuft, dass z zur Zeit 1 erreicht wird, also $h_z(t) = tz$ (wir nehmen an, dass der Ursprung der Mittelpunkt von D ist.) Die Abbildung $D \to \mathcal{B}$, $z \mapsto h_z$ ist stetig. Also ist $z \mapsto \Phi(h_z)(1)$ eine stetige Funktion von D nach D, die nach dem Brouwerschen Fixpunktsatz einen Fixpunkt $z_0 \in D$ hat: $\Phi(h_{z_0})(1) = z_0$. Läuft der Löwe deshalb entlang h_{z_0}, so wird der gemäß der Strategie Φ handelnde Christ zur Zeit 1 gefangen. $\qquad\Box$

Ist die Arena zwar immer noch schön, aber nicht mehr kompakt, so stoßen wir auf seltsame Phänomene. So zeigte etwa Alexander Scott, dass im LC-Spiel auf dem *offenen* Intervall $(0, 1)$ *beide* Spieler Gewinnstrategien haben. Es starte nämlich der Löwe bei 2/3 und der Christ bei 1/3. Dann ist

$$f(t) \mapsto \Phi(f)(t) = f(t)/2$$

eine Gewinnstrategie für den Christen, und

$$g(t) \mapsto \Psi(g)(t) = \max\{2/3 - t, g(t)\}$$

eine Gewinnstrategie für den Löwen.

Wie gesagt konnten wir in [3] aber für die nettesten möglichen Spielfelder zeigen, dass unsere Intuition zu einem gewissen Grad richtig ist:

Im LC-Spiel in beschränkter Zeit auf einem kompakten Feld hat mindestens ein Spieler eine Gewinnstrategie.

Wir verabschieden den Leser mit zwei sich hieraus ergebenden offenen Fragen:

1. Gibt es ein LC-Spiel in beschränkter Zeit, für das kein Spieler eine Gewinnstrategie hat?

2. Gibt es ein LC-Spiel in unbeschränkter Zeit auf einem kompakten Feld, für das kein Spieler eine Gewinnstrategie hat?

Diese und weitere Ergebnisse und Fragen findet der Leser in der Arbeit [3].

Danksagung. Ich danke Gabriella Bollobás für ihre Zeichnungen.

Literaturverzeichnis

[1] Béla Bollobás, *Linear Analysis: An Introductory Course. Second edition.* Cambridge University Press, Cambridge, 1999, xii+240 Seiten.

[2] Béla Bollobás, *The Art of Mathematics — Coffee Time in Memphis.* Cambridge University Press, New York, 2006, xvi+359 Seiten.

[3] Béla Bollobás, Imre Leader und Mark Walters, *Lion and man — can both win?* Preprint, 14. September 2009, 24 Seiten; `http://arxiv.org/abs/0909.2524` .

[4] Hallard T. Croft, *"Lion and man": a postscript.* Journal of the London Mathematical Society **39** (1964), 385–390.

[5] Vladimir Janković, *About a man and lions.* Matematički Vesnik **2** (1978), 359–361.

[6] John E. Littlewood, *Littlewood's Miscellany. Edited and with a foreword by B. Bollobás.* Cambridge University Press, Cambridge, 1986, vi + 200 Seiten.

[7] Paul J. Nahin, *Chases and Escapes — The Mathematics of Pursuit and Evasion.* Princeton University Press, Princeton/NJ, 2007, xvi + 253 Seiten.

[8] C.C. Puckette, *The curve of pursuit.* Mathematical Gazette **37** (1953), 256–260.

[9] P.A. Rado und R. Rado, Mathematical Spectrum **7** (1974/75), 89–93.

Drei mathematische Wettbewerbe

Günter M. Ziegler

Zusammenfassung Die Entwicklung der Mathematik wird durch Kooperation, Zusammenarbeit, gemeinsame Anstrengungen und gemeinsame Arbeit vorangetrieben. Trotzdem gibt es unter Mathematikern auch Wettbewerbe. Diese „Rennen" laufen in den unterschiedlichsten Arenen ab. In diesem kleinen Beitrag möchte ich von drei verschiedenen mathematischen Wettbewerben erzählen, die sich durchaus von den aus der Schule bekannten unterscheiden.

1 Die Berechnung von π

Viel älter als alle Mathematikolympiaden ist der Wettbewerb „Berechne so viele Stellen von π, wie du kannst", der bereits in der Antike anfing. Al-Kashi berechnete (soweit wir wissen) 1429 als erster Mensch mehr als 10 Stellen; im Jahr 1706 bestimmte Machin 100 Stellen, und 1949 erhielten Smith und Wrench mehr als 1000 Stellen — mit einem Tischrechner.

Warum macht man so etwas? Natürlich tut man der Pressestelle seiner Universität einen großen Gefallen, da diese es sich sicher nicht nehmen lassen will, einen Weltrekord zu verkünden. Für die Mathematiker ist es hingegen eine Art von Sport, ein Wettbewerb. Der eigentliche Grund ist jedoch, dass die massiven, rekordbrechenden Berechnungen sichtbar machen, wie stark die Theorie fortgeschritten ist, und welche der vielen wunderbaren Formeln für π (siehe etwa [20]) sich wirklich für eine Berechnung eignen. Man darf sich nicht mit Formeln aus dem 18. Jahrhundert zufriedengeben, wenn man π auf eine Million Stellen berechnen will. Ein anderer Grund für das Rennen um die Rekorde ist, dass sie sich gut zum Testen von Computern eignen,

Günter M. Ziegler
Fachbereich Mathematik und Informatik, Freie Universität Berlin, Arnimallee 2, 14195 Berlin, Germany. E-mail: `ziegler@math.fu-berlin.de`

Hardware wie Software. Daher sollten alle solche Berechnungen stets auf zwei verschiedene Arten durchgeführt werden, woraufhin man das Ergebnis beider untereinander und mit dem bisherigen Rekordhalter abgleicht.

Lange Zeit hielten Yasumasa Kanada und sein Team den Rekord, für den sie im November 2002 nach mehr als 600 Stunden Berechnungen auf einem Hitachi–Supercomputer SR8000/MPP mit 144 Prozessoren die ersten 1,2 Billionen ($1{,}2 \cdot 10^{12}$) Stellen von π berechneten. Dieser Rekord stand bis zum 17. August 2009: Daisuke Takahashi benutzte die Supercomputer an der Universität Tsukuba mit einer Spitzenleistung von 95 Billionen Gleitpunktoperationen pro Sekunde (95 Teraflops) für eine Berechnung, die immer noch 73 Stunden und 36 Minuten dauerte — und erhielt 2,577 Billionen Stellen von π.

Nach nur 136 Tagen wurde jedoch auch dieser Rekord gebrochen: Am 31. Dezember 2009 gab der französische Programmierer Fabrice Bellard die Berechnung der ersten 2 699 999 990 000 Dezimalstellen von π bekannt — das sind fast 2,7 Billionen Stellen und mehr als 123 Milliarden mehr als der bisherige Rekord. Diese Nachricht wird die Japaner wohl überrascht haben, und wahrscheinlich war sie ihnen nicht sehr lieb, da Bellard *keinen* extrem teuren Supercomputer benötigte. Stattdessen kostete der von ihm benutzte PC weniger als 2000 Euro. Natürlich benutzte er für die Berechnung eine spezialisierte Formel:[1]

$$\frac{1}{\pi} = \frac{3}{\sqrt{40\,020}} \sum_{n=0}^{\infty} (-1)^n \binom{6n}{3n, n, n, n} \frac{545\,140\,134\,n + 13\,591\,409}{640\,320^{3n+1}} .$$

Diese beachtliche Formel, die mit jedem Summanden 14 weitere Stellen von π bestimmt, wurde 1984 von den legendären Chudnovsky-Brüdern entdeckt. Sie leben zusammen in New York (David unterstützt Gregory, der an der autoimmunen Muskelkrankheit *Myasthenia gravis* leidet) und beide sind Professoren am NYU Polytechnic Institute. Die Chudnovsky-Brüder sind nicht nur für ihre Formeln zur Berechnung von π bekannt, sondern auch für ihren „hausgemachten" Supercomputer, mir dem sie die erste Milliarde der Stellen von π berechneten. Diese Berechnung hielt von 1989 bis 1997 den Weltrekord. Siehe [16] für eine beachtenswerte Darstellung der Geschichte der Chudnovskys. (Die Chudnovsky-Brüder könnten auch die Inspiration für den 1998 erschienenen Film „Pi" des Regisseurs Darren Aronofsky gewesen sein ...)

Die unglaubliche Formel der Chudnovskys fiel nicht vom Himmel. Sie hat eine ähnliche „Bauart" wie frühere Formeln des indischen Genies Srinivasa

---

[1] Der „Multinomialkoeffizient" $\binom{n}{k_1, k_2, k_3, k_4} := \frac{n!}{k_1! k_2! k_3! k_4!}$ gibt die Zahl der Partitionen einer n-elementigen Menge in vier Teilmengen der Größe k_1, k_2, k_3, und k_4 an, wobei $n = k_1 + k_2 + k_3 + k_4$.

Ramanujan, der etwa die folgende Formel fand:

$$\frac{1}{\pi} = \frac{2\sqrt{2}}{9\,801} \sum_{n=0}^{\infty} \binom{4n}{n,n,n,n} \frac{26\,390\,n + 1\,103}{396^{4n}} \; .$$

Solche Formeln (siehe z. B. [20]) sind tief in der Theorie der modularen Formen verwurzelt — eine Theorie, die Ramanujan noch nicht zur Verfügung stand.

Auch Ramanujans Leben wurde in der Literatur behandelt, etwa in Robert Kanigels Biographie „Der das Unendliche kannte" (1991), David Leavitts Roman „The Indian Clerk" (2007) und dem Theaterstück „A Disappearing Number" von Simon McBurney und dem Théâtre de la Complicité (2007).

Für seinen Rekord benutzte Bellard die Chudnovskysche Formel [5], und er implementierte sie sicher auch gut — so dass sie auf einem normalen PC (mit einer auf 2,93 GHz getakteten Core i7-CPU) laufen konnte. Die technischen Details findet man in [1]. Die Berechnung dauerte inklusive Überprüfung 131 Tage, so dass er sie kurz nach der Bekanntgabe des japanischen Weltrekords gestartet haben muss.

Das Rennen geht natürlich weiter. Ballards Rekord wurde nach sieben Monaten und drei Tagen gebrochen: Am 2. August 2010 gaben Alexander J. Yee und Shigeru Kondo den nächsten Weltrekord, die Berechnung von 5 Billionen Stellen von π, wiederum auf nur einem PC, bekannt [22]. Mittlerweile konnten sie mit dem gleichen Programm und Computer 10 Billionen Stellen bestimmen. Und wer weiß, ob dieser Rekord noch steht, wenn dieser Satz gelesen wird ...

2 Mathematiker vs. Mathematiker

Dies ist die Geschichte eines beachtlichen öffentlichen Wettbewerbs, der im Jahr 1894 zwischen zwei Mathematikern stattfand. Manchmal gibt es in der Mathematik Rennen um die Lösung einer Aufgabe. Im besten (oder schlechtesten) Fall erfährt die Öffentlichkeit von diesem Rennen erst nach seinem Ende, wie bei dem heftigen, unfairen und zerstörerischen Kampf zwischen Newton und Leibniz darüber, wer von beiden die Infinitesimalrechnung erfunden hätte. Im Wettbewerb von 1894, über den ich euch erzählen will, ging es nicht hauptsächlich um Mathematik, sondern um Schach, das mathematischste aller Strategiespiele. Schach ist pure Logik. Es zählen logisches Denkvermögen sowie Strategie und die richtige Bewertung der jeweiligen Positionen; somit sind Schachwettbewerbe eine ideale Bühne für Mathematiker.

Darf ich die Kontrahenten vorstellen? In der einen Ecke sehen wir *Wilhelm Steinitz*, 1836 in Prag geboren. Um ein Mathematikstudium aufzunehmen, kam er 1858 nach Wien. Zu dieser Zeit verdiente er sich seinen Lebensunterhalt als Parlamentsreporter für die „Österreichische Constitutionelle Zeitung", aber er fand schnell heraus, dass er viel leichter durch Schachpartien in Wiener Kaffeehäusern an Geld gelangen konnte. Steinitz spielte viel Schach (und wir müssen annehmen, dass er sein Mathematikstudium darüber vernachlässigte). Im Jahre 1862 bestritt er in London sein erstes internationales Turnier. Ich weiß nicht, ob er je einen Studienabschluss in Mathematik erhielt — doch man erkennt den Mathematiker in ihm in seiner Einstellung zum Schach. Heutzutage wird Steinitz als Revolutionär der Schachtheorie angesehen: Ihm verdanken wir die „wissenschaftliche Herangehensweise" an Schach, die systematische Suche nach Regeln und Mustern. Diese bildete die Grundlage seines Erfolges. Nach dem Prinzip „theoria cum praxi" (um das Motto zu zitieren, das der Mathematiker Gottfried Wilhelm Leibniz im März 1700 zur Gründung der Königlich-Preußischen Akademie der Wissenschaften vorschlug) gewann er ein Turnier nach dem anderen. In einer heftigen Schlacht in London (die 8:6 endete — unter allen 14 Spielen gab es kein Remis) besiegte er 1866 den Preußen Adolf Anderssen, der auch Mathematik studiert hatte. Anderssen war ein Verfechter des „romantischen" Angriff-um-jeden-Preis-Schachstils und galt bis zu diesem Duell als inoffizieller Weltmeister. Von diesem Punkt an wurde Steinitz als weltbester Schachspieler angesehen. Von 1866 bis zu den Weltmeisterschaften 1894 — also 28 Jahre — dominierte er die Schachwelt. Im Alter von fünfzig Jahren besiegte er 1886 den Polen Johannes Hermann Zukertort und war anschließend der erste offizielle Schachweltmeister.

In der anderen Ecke steht *Emanuel Lasker*, ein deutscher Jude, der 1868 in Berlinchen (Neumark, heutzutage Polen) geboren wurde. Er war der Schwager der deutschen Dichterin Else Lasker-Schüler. Lasker begann 1889 in Berlin Mathematik zu studieren, zog aber ein Jahr später nach Göttingen um. Im selben Jahr begann er seine Schachkarriere mit einem Sieg im Hauptturnier in Breslau (Wrocław, Polen). Ab einem bestimmten Zeitpunkt danach war Schach in seinem Leben wichtiger als Mathematik: Im Jahr 1891 unterbrach Emanuel Lasker sein Mathematikstudium, zog erst nach London und 1893 in die USA.

Ein Jahr später, 1894, fand das entscheidende Duell „Mathematiker vs. Mathematiker" statt: der 25-jährige Lasker gegen den 58 Jahre alten Steinitz. Beide wussten eine treue Schar von Unterstützern hinter sich — die einen favorisierten den bedeutenden Altmeister, die anderen setzten auf den jugendlichen Herausforderer. Schachliebhaber sammelten ein Preisgeld von insgesamt 3000 US-Dollar, von denen der Gewinner 2000 und der Verlierer den Rest bekommen sollte. Das Schauspiel wird in „in allen fünf Erdteilen mit Spannung erwartet", so die Presse. Die *New York Times* etwa kündigt an, ausführlich über die einzelnen Partien berichten zu wollen. Der Wettbewerb sollte erst in New York, dann in Philadelphia und schließlich in Montreal stattfinden, bis einer der Wettstreiter zehn Spiele gewonnen hatte.

Am 15. März 1894 beginnt der Kampf. Lasker gewinnt das erste Spiel, Steinitz das zweite, Lasker das dritte und Steinitz das vierte. Dann gibt es zwei Remis. Es steht nun 2:2, da Remis nicht zählen. Der Kampf ist dramatisch, und die Buchmacher müssen ihre Quoten häufig erneuern. Schließlich gewinnt Lasker die Spiele 15 und 16 und führt somit 9:4. Ihm fehlt nur noch ein Sieg, doch im 17. Spiel schlägt Steinitz zurück und gewinnt es im „großartigen Stil seiner besten Tage". Das Spiel soll das beste des ganzen Wettbewerbs gewesen sein. Kann Steinitz das Spiel noch drehen? Wird der alte Mann am Ende den Sieg davontragen? Obwohl Lasker anscheinend das ganze nächste Spiel einen Vorteil hat, kann er auch dieses nicht gewinnen.

Beide Wettstreiter gingen Schach ähnlich an: Sie spielten beide das moderne, systematische Steinitz'sche Positionsschach. Doch Lasker könnte sich zusätzlich der Psychologie bedient haben — er suchte nicht den wissenschaftlich richtigen Zug, sondern den, der seinen Gegner am meisten störte. Zumindest behauptete dies einer seiner deklassierten Gegner.

Nahm auch die Öffentlichkeit Anteil an diesem Wettbewerb? Es scheint so: Die *New York Times* berichtete ausführlich von allen Spielen. Sahen sie in diesem Duell einen Kampf „Mathematiker vs. Mathematiker"? Das weiß ich nicht.

Doch Lasker blieb standhaft und gewann schließlich am 26. Mai 1894 das 19. und letzte Spiel, und am Endstand lässt sich wenig herumdeuten: Lasker gewinnt die Meisterschaft 10:5 (vier Spiele endeten mit Remis).

> Lasker ist somit Weltmeister und verdient es, für seinen Erfolg beglückwünscht zu werden, da er seinen Gegner klar und entscheidend besiegte und so das Vertrauen seiner Unterstützer rechtfertigte,

schreibt die *New York Times* am nächsten Tag. Lasker, der nach diesem Sieg von der *New York Times* „der Teutone" genannt wurde, ist außerdem der erste und bis jetzt einzige deutsche Weltmeister.

Zweieinhalb Jahre später, über die Jahreswende 1896/1897, gibt es eine Revanche. Diese endet in einem 10:2-Kantersieg für Lasker (mit fünf Remis). Dieser sollte noch 27 Jahre, bis 1921, Schachweltmeister bleiben, länger als jeder andere (bis jetzt).

Als Mathematiker beanspruche ich Lasker als „einen von uns": Er war kein Schachweltmeister, der sein Mathematikstudium abgebrochen hatte, sondern *war* und wollte nichts anderes *sein* als ein Mathematiker. So zog er sich nach seinem zweiten Sieg gegen Steinitz für eine Weile aus der Schachwelt zurück und setzte seine Studien erst in Heidelberg und dann in Berlin fort. Im Jahr 1900 erhielt er unter Max Noether, dem Vater von Emmy Noether, an der Universität Erlangen seinen Doktortitel. Seine Dissertation „Über Reihen auf der Convergenzgrenze" war nur 26 Seiten lang. Sie wurde 1901 veröffentlicht. Vier Jahre später, 1905, veröffentlichte er eine lange und wichtige Arbeit in der Zeitschrift *Mathematische Annalen*. Sie behandelte kommutative Algebra und führte das Konzept der „Primärzerlegung" ein. In diese Richtung forschte Emmy Noether später weiter. Anscheinend hoffte Lasker auf eine akademische Karriere in der Mathematik, doch da er weder in Deutschland, noch in England oder den USA eine passende Stelle finden konnte, musste er weiter Schach spielen. Vielleicht war Lasker ein Vorbild für den genialen Klaviervirtuosen Frantisek Hrdla in Wolfgang Hildesheimers Geschichte „Gastspiel eines Versicherungsagenten" (1952), der *unbedingt* Versicherungsvertreter werden wollte, aber durch seinen dominanten Vater an der Ausübung seines Traumberufs gehindert wurde …

Was war Laskers Traumberuf? Im Geleitwort zu einer Biographie [11] über Lasker schreibt Albert Einstein, der ihn in Berlin traf und ihn auf ihren gemeinsamen Spaziergängen kennenlernte:

> Für mich hatte diese Persönlichkeit, trotz ihrer im Grunde lebensbejahenden Einstellung, eine tragische Note. Die ungeheure geistige Spannkraft, ohne welche keiner ein Schachspieler sein kann, war so mit dem Schachspiel verwoben, dass er den Geist dieses Spieles nie ganz loswerden konnte, auch wenn er sich mit philosophischen und menschlichen Problemen beschäftigte. Dabei schien es mir, dass das Schach für ihn mehr Beruf als eigentliches Ziel seines Lebens war. Sein eigentliches Sehnen schien auf das wissenschaftliche Begreifen und auf jene Schönheit gerichtet, die den logischen Schöpfungen eigen ist; eine Schönheit, deren Zauberkreis keiner entrinnen kann, dem sie einmal irgendwo aufgegangen ist.
>
> Spinozas materielle Existenz und Unabhängigkeit war auf das Schleifen von Linsen begründet; entsprechend war die Rolle des Schachspieles in Laskers Leben.

Interessanterweise begab sich Lasker sozusagen in Einsteins Hoheitsgebiet, indem er eine der speziellen Relativitätstheorie gegenüber kritische Arbeit veröffentlichte, in der er die Hypothese in Frage stellte, dass die Vakuumlichtgeschwindigkeit konstant ist.

> Ein seltsamer Mensch, dachte ich (…) wahrhaftig, eine Doppelbegabung von nicht alltäglichen Ausmaßen.

(Dieses Zitat ist jedoch nicht von Einstein über Lasker, sondern von Hildesheimer über Hrdla.)

3 Tetraeder packen

Wie dicht kann man gleich große reguläre Tetraeder im Raum anordnen? Diese Frage wurde von Hilbert als 18. seiner berühmten Probleme auf dem Internationalen Mathematikerkongress 1900 in Paris gestellt [13]:

> Ich weise auf die hiermit in Zusammenhang stehende, für die Zahlentheorie wichtige und vielleicht auch der Physik und Chemie einmal Nutzen bringende Frage hin, wie man unendlich viele Körper von der gleichen vorgeschriebenen Gestalt, etwa Kugeln mit gegebenem Radius oder reguläre Tetraeder mit gegebener Kante (bzw. in vorgeschriebener Stellung) im Raume am dichtesten einbetten, d. h. so lagern kann, dass das Verhältnis des erfüllten Raumes zum nichterfüllten Raume möglichst groß ausfällt.

Doch diese Geschichte beginnt viel früher. Der griechische Philosoph Aristoteles behauptete, dass man den Raum mit Tetraedern ohne Lücken ausfüllen kann — eine 100%-ige Packung. Dies ist nicht wahr, und die Wahrheit ist sogar noch schlimmer. Aristoteles schreibt:[2]

> Es ist allgemein bekannt, dass nur drei ebene Figuren einen Ort ausfüllen können, nämlich das Dreieck, das Viereck und das Sechseck, und nur zwei feste Körper, die Pyramide und der Würfel.

Offenbar werden hier unter „Figuren" nur *regelmäßige* Polygone oder Polyeder verstanden, und die „Pyramide" ist ein regelmäßiger Tetraeder. Nun behauptet Aristoteles nicht nur, dass man den Raum mit regelmäßigen Tetraedern füllen kann, sondern sogar, dass dies „allgemein bekannt" ist. Wohlbekannt? Vielleicht, aber deshalb noch lange nicht wahr! Doch wenn der große Aristoteles dies als bekannt bezeichnet, kann es eine Weile dauern, bevor es jemand in Frage stellt ....

Dieser Fehler überlebte fast 1800 Jahre, bis der Deutsche Johannes Müller (1436–1476), besser bekannt als Regiomontanus, einer der Väter der modernen Trigonometrie, ihn entdeckte. Sein Manuskript „De quinque corporibus aequilateris quae vulgo regularis nuncupantur: quae videlicet eorum locum impleant corporalem & quae non. contra commentatorem Aristotelis Averroem"[3] ist wohl verschollen, und daher wissen wir nicht, was er genau schrieb — doch der Titel gibt uns eine recht gute Idee. Aristoteles' Behauptung kann man mit einem sorgsam gebastelten Pappmodell, oder einfacher (und verlässlicher) mit etwas Trigonometrie und einem Taschenrechner widerlegen: Der Winkel an jeder Kante eines regulären Tetraeders ist $\arccos \frac{1}{3} \approx 70.529°$ und somit etwas weniger als ein Fünftel von $360°$. Doch natürlich hatten Aristoteles und seine Zeitgenossen weder Taschenrechner noch Trigonometrie zur Verfügung. Anscheinend konnte Regiomontanus mithilfe von Trigonometrie die nötigen Berechnungen anstellen.

Wenn nun der Raum nicht vollständig gefüllt werden kann, was ist dann die größte mögliche Dichte? Um zu sehen, dass man Würfel perfekt packen

---

[2] *De Caelo* III, 306b; zitiert nach Majorie Senechals preisgekrönter Arbeit „Which Tetrahedra fill Space?" [17].

[3] „Über die fünf gleichseitigen Körper, die man meist regelmäßig nennt, und darüber, welche unter ihnen ihren natürlichen Raum füllen, und welche nicht, im Widerspruch zu Averroës, dem Kommentator von Aristoteles"

kann, muss man nur eine Packung Würfelzucker aufmachen. Gleich große Kugeln können den Raum auf $\frac{\pi}{\sqrt{18}} \approx 74.05\%$ ausfüllen — diese Behauptung, die Keplersche Vermutung, wurde 1611 postuliert und 1998 von Thomas C. Hales und seinem Student Samuel Fergusson [10] mithilfe von umfangreichen Computerberechnungen beantwortet — siehe [12] und [18].

Aber Tetraeder? Wie dicht kann ein „Sand" aus gleich großen Körnern, die reguläre Tetraeder sind, sein? Nimmt man an, dass alle Tetraeder gleich im Raum orientiert sind und zusätzlich ihre Mittelpunkte ein Gitter bilden, kann man dies leicht lösen. Dann füllt die dichteste Packung nur $\frac{18}{49} \approx 36.73\%$ des dreidimensionalen Raums: Siehe Abbildung 1.

Abb. 1. Die dichteste Gitterpackung von Tetraedern. Graphik aus [6].

Lässt man die Forderung nach einer Gitterstruktur weg, wird alles viel komplizierter (dies kennt man bereits aus der Untersuchung von Kugelpackungen, für die Gauß das Problem für eine Gitterpackung lösen konnte). Kann man die Tetraeder zufällig beliebig drehen, wird es richtig kompliziert. Man spielt *Tetraeder–Tetris*$^{©?}$: man kann und sollte die Tetraeder so klug drehen, dass sie in die von den anderen gelassenen Lücken passen. Aber was ist die dichteste Packung, die man so erzielen kann?

Erst vor kurzem griff die Forschung dieses Problem auf — und es wurde Gegenstand eines Wettbewerbs zwischen Wissenschaftlern verschiedenster Disziplinen. Meine Version der Geschichte beruht zu Teilen auf einem *New York Times*-Bericht von Paul Chang [2], der einen guten Einblick liefert (aber, wie mir Wissenschaftler aus der Nähe des Rennens berichten, noch längst nicht alles sagt).

Der Startschuss wurde 2006 von John H. Conway gegeben, einem legendären Geometer und Gruppentheoretiker aus Princeton, gemeinsam mit seinem Kollegen aus dem Institut für Chemie, Salvatore Torquato. Gemeinsam erhielten sie ein beachtlich schlechtes Ergebnis, das sie in den *Proceedings of the National Academy of Sciences* veröffentlichten: Sie konnten nicht mehr als 72% des Raums mit gleich großen regelmäßigen Tetraedern füllen — das ist schlechter als die beste Kugelpackung!

Paul M. Chalkin, ein Physiker an der NYU, konnte das nicht glauben: Er kaufte große Mengen tetraederförmiger Würfel (wie man sie für das Spiel „Dungeons & Dragons" benutzt) und ließ Schüler mit ihnen experimentieren. Mit etwas Wackeln und Schütteln der Tetraeder in großen Behältnissen erhielten sie einen Anteil, der signifikant größer als 72% war. Doch solche physikalischen Experimente sind als mathematischer Beweis natürlich nichts wert — so haben etwa die benutzten Plastiktetraeder leicht abgerundete Ecken und Kanten und sind daher keine idealen Tetraeder. Doch macht das wirklich einen Unterschied? Das ist schwer zu sagen!

Zur selben Zeit forderte in Ann Arbor, Michigan, der Mathematiker Jeff Lagarias seine Doktorandin Elizabeth Chen heraus: „Du musst sie schlagen. Wenn du sie schlägst, ist das sehr gut für dich." Chen legte los, analysierte eine Menge von möglichen lokalen Konfigurationen und stellte im August 2008 eine Packung mit einer Dichte von beachtlichen 78% vor [3]. Zuerst wollte ihr Lagarias das gar nicht glauben!

Etwas später ... An der gleichen Universität, jedoch in der Abteilung für Verfahrenstechnik, begann Sharon C. Glotzer sich für Tetraederpackungen zu interessieren: Sie und ihre Kollegen wollten herausfinden, ob sich geschüttelte Tetraeder in den aus Flüssigkristallen bekannten kristallinen Strukturen anordnen. Um dies herauszufinden, schrieben sie ein Computerprogramm, das das Schütteln und die Neuanordnung der Tetraeder simulierte — und fanden komplizierte, „quasikristalline" Strukturen, die aus gitterartigen Wiederholungen einer Grundkonfigurationen von 82 Tetraedern bestehen. Kompliziert, aber dicht: 85,03%! Noch während diese Ergebnisse die Veröffentlichung in *Nature* erwarteten, tauchten neue Wettstreiter auf: Yoav Kallus, Simon Gravel und Veit Elser vom Laboratorium für Atom- und Festkörperphysik der Cornell University fanden eine sehr viel einfachere Packung, die aus Wiederholungen einer einfachen Konfiguration von vier Tetraedern aufgebaut ist [14]. (Es ist überhaupt nicht klar, wieso diese einfache Konfiguration nicht in den Simulationen von Glotzer et al. auftauchte). Dichte: 85,47%.

Aber das Rennen ging weiter ... Kurz vor Weihnachten 2009 erreichten Salvatore Torquato und sein Doktorand Yang Jiao eine Dichte von 85,55%: Sie hatten die Lösung aus Cornell analysiert und konnten sie ein wenig verbessern. War das Rennen damit vorbei?

Nein! Am 26. Dezember 2009 schlug Elizabeth Chen zurück: Ihr Preprint, der kurz nach Jahresende auf das arXiv hochgeladen wurde (und gemeinsam mit Sharon Glotzer und Michael Engel aus der Abteilung für Chemieingenieurswesen geschrieben wurde) beschreibt eine weitere Verbesserung des Cornell–Kristalls; sie wurde durch einen systematischen Optimierungsansatz gefunden [4]. Dichte: $\frac{4000}{4671} \approx 85{,}6348\%$. Und dies scheint auch jetzt, zweieinhalb Jahre später (Mai 2012), der aktuelle Rekord zu sein.

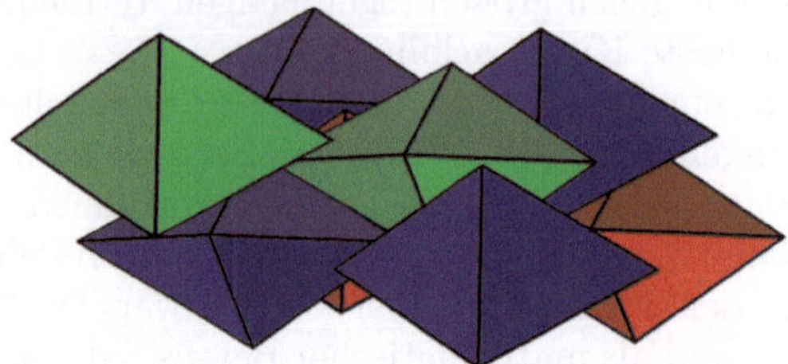

Abb. 2. Eine optimierte Konfiguration von $N = 16$ Tetraedern, die eine Konfiguration zweier Doppeltetraeder wiederholt. Graphiken aus [4].

Wo ist die Ziellinie dieses Rennens? Ich weiß es natürlich nicht. Und soweit ich weiß, gibt es bis jetzt nicht keinerlei gute Schätzungen für den Abstand zum Optimum. Vielleicht sind 85,6348% optimal, vielleicht gibt es viel bessere Packungen. Wir müssen nun obere Schranken suchen, und für diese reichen Beispiele nicht aus; wir brauchen vollkommen andere Werkzeuge. Vielleicht können die für das Keplerproblem benutzten Abschätzungen (siehe Lagarias [15] und Henk & Ziegler [12]) helfen, vielleicht auch nicht.

Ich nehme jedoch an, dass jetzt am anderen Ende, an der 100%-Grenze, ein weiteres Rennen anfängt: Wer kann zeigen, dass eine Packung mit gleich großen regulären Tetraedern nicht mehr als 95% des dreidimensionalen Raums einnehmen kann? Im Moment (November 2010) scheint man nur zu wissen, dass die Dichte nicht mehr als 99,999 999 999 999 999 999 999 974% sein kann, siehe Gravel et al. [8].

Wie fühlt es sich an?

Wie fühlt es sich an, in der Mathematik gegeneinander anzutreten? Eine Möglichkeit, dies herauszufinden, sind die Mathematikwettbewerbe für Schüler, die bis zur Internationalen Mathematikolympiade (IMO) reichen. (Denjenigen, die diese nicht kennen, sei George Csicserys großartige Dokumentation [7] über das Team der USA bei der IMO 2006 ans Herz gelegt, die einen Einblick in das Leben und Denken der besten Wettbewerbsteilnehmer gewährt. Im Sommer 2010 wurde außerdem ein Film von Oliver Wolf über die IMO 2009 fertiggestellt [21].) Soweit ich sagen kann, stellen Schachwettbewerbe härtere körperliche Anforderungen, doch in Forschungswettbewerben geht es viel mehr um Teamarbeit, wie man am Tetraederrennen sieht. Es gibt noch viele weitere im Moment aktive Rennen. Über einige wird viel Geheimhaltung betrieben — etwa bei dem Segelwettbewerb „America's Cup", der mit den Jahren zu einem Wettbewerb zwischen Mathematikern wurde. Unter den Wettstreitern gibt es etwa den Mathematiker Alfio Quarteroni von der École Polytechnique Fédérale de Lausanne, der mit seinem Team in das Design und die Optimierung der Schweizer Jacht Alinghi einbezogen ist, die den Wettbewerb zweimal gewann. Viele der Rennen sind jedoch viel weniger Wettbewerbe als eine gemeinschaftliche Anstrengung, und jeder, der nach einer intellektuellen Herausforderung (und vielleicht nach einer Möglichkeit, sich zu beteiligen und sein Talent zu beweisen) sucht, ist eingeladen mitzumachen. Trau dich!

Literaturverzeichnis

[1] Fabrice Bellard, *Computation of 2700 billion decimal digits of Pi using a desktop computer.* Preprint, 11. Februar 2010 (vierte Revision), 11 Seiten; `http://bellard.org/pi/pi2700e9/pipcrecord.pdf` .

[2] Kenneth Chang, *Packing tetrahedrons, and closing in on a perfect fit.* New York Times, 4. Januar 2010; `http://www.nytimes.com/2010/01/05/science/05tetr.html` .

[3] Elizabeth R. Chen, *A dense packing of regular tetrahedra.* Discrete & Computational Geometry **40** (2008), 214–240; `http://arxiv.org/abs/0908.1884` .

[4] Elizabeth R. Chen, Michael Engel und Sharon C. Glotzer, *Dense crystalline dimer packings of regular tetrahedra.* Discrete & Computational Geometry **44** (2010), 253–280; `http://arxiv.org/abs/1001.0586v2` .

[5] David V. Chudnovsky und Gregory V. Chudnovsky, *Approximations and complex multiplication according to Ramanujan.* In: *Ramanujan Revisited*, George E. Andrews et al. (Herausgeber), Academic Press, Inc., Boston, 1988, 375–396; 468–472.

[6] John H. Conway und Salvatore Torquato, *Packing, tiling, and covering with tetrahedra.* Proceedings of the National Academy of Sciences **103** 28 (2006), 10612–10617; `http://www.pnas.org/content/103/28/10612.full.pdf` .

[7] George Csicsery, *Hard Problems. The Road to the World's Toughest Math Contest* (Film). Mathematical Association of America, 2008, 82 Minuten (Feature) / 45 Minuten (Klassenraum-Version), ISBN 978-088385902-5; `http://www.zalafilms.com/hardproblems/hardproblems.html` .

[8] Simon Gravel, Veit Elser und Yoav Kallus, *Upper bound on the packing density of regular tetrahedra and octahedra.* Discrete & Computational Geometry, erscheint noch (Onlineveröffentlichung: 14. Oktober 2010); `http://arxiv.org/abs/1008.2830` .

[9] Amir Haji-Akbari, Michael Engel, Aaron S. Keys, Xiaoyu Zheng, Rolfe G. Petschek, Peter Palffy-Muhoray und Sharon C. Glotzer, *Disordered, quasicrystalline and crystalline phases of densely packed tetrahedra.* Nature **462** (2009), 773–777.

[10] Thomas C. Hales, *A proof of the Kepler conjecture.* Annals of Mathematics **162** (2005), 1063–1183.

[11] Jacques Hannak, *Emanuel Lasker. Biographie eines Schachweltmeisters.* Siegfried Engelhardt Verlag, Berlin, 1952; dritte Auflage 1970.

[12] Martin Henk und Günter M. Ziegler, *Spheres in the computer — the Kepler conjecture.* In: *Mathematics Everywhere*, Martin Aigner und Ehrhard Behrends (Herausgeber), American Mathematical Society, Providence/RI, 2010, 143–164.

[13] David Hilbert, *Mathematical problems.* Bulletin of the American Mathematical Society **8** (1902), 437–479; Neudruck: Bulletin of the American Mathematical Society (New Series) **37** (2000), 407–436.

[14] Yoav Kallus, Veit Elser und Simon Gravel, *Dense periodic packings of tetrahedra with small repeating units.* Discrete & Computational Geometry **44** (2010), 245–252; `http://arxiv.org/abs/0910.5226` .

[15] Jeffrey C. Lagarias, *Bounds for local density of sphere packings and the Kepler conjecture.* Discrete & Computational Geometry **27** (2002), 165–193.

[16] Richard Preston, *The mountains of Pi.* The New Yorker, 2. März 1992; `http://www.newyorker.com/archive/1992/03/02/1992_03_02_036_TNY_CARDS_000362534`.

[17] Majorie Senechal, *Which tetrahedra fill space?* Mathematics Magazine **54** (1981), 227–243.

[18] George G. Szpiro, *Kepler's Conjecture. How Some of the Greatest Minds in History Helped Solve One of the Oldest Math Problems in the World.* John Wiley & Sons, Inc., Hoboken/NJ, 2003.

[19] Salvatore Torquato und Yang Jiao, *Analytical constructions of a family of dense tetrahedron packings and the role of symmetry.* Preprint, 21. Dezember 2009, 16 Seiten; `http://arxiv.org/abs/0912.4210`.

[20] Eric W. Weisstein, *Pi formulas.* Von MathWorld — A Wolfram Web Resource; `http://mathworld.wolfram.com/PiFormulas.html`.

[21] Oliver Wolf, *The 50th International Mathematical Olympiad 2009* (Film). Bildung und Begabung e.V., 48 Minuten, Audio Flow 2010; `http://www.audio-flow.de`.

[22] Alexander J. Yee und Shigeru Kondo, *5 trillion digits of Pi — new world record*; `http://www.numberworld.org/misc_runs/pi-5t/details.html`.

Komplexe Dynamik, die Mandelbrot-Menge und das Newton-Verfahren — oder: Von nutzloser und nützlicher Mathematik

Dierk Schleicher

Zusammenfassung Wir besprechen die Iterationstheorie von Polynomen, die man aufgrund ihrer Reichhaltigkeit, ihrer Schönheit und ihrer interessanten, wenn auch nicht a priori nützlichen Ergebnisse untersucht. Anschließend betrachten wir die Dynamik des Newtonverfahrens zur Bestimmung der Nullstellen glatter Funktionen, das sehr nützlich ist. Zuletzt zeigen wir, dass beide eng miteinander zusammenhängen und dass man für die Entwicklung der Anwendung viel über die „nutzlose" Theorie wissen muss. Dieser Beitrag ist als Aufruf gegen die Trennung der Mathematik (oder der gesamten Wissenschaft) in „nützliche" und „nutzlose" Teile gedacht.

Vorbemerkung.   Als Mathematikprofessor an einer internationalen Universität treffe ich oft Studenten, die sich zwar sehr für Mathematik im Allgemeinen und ein Mathematikstudium im Speziellen interessieren, jedoch Zweifel an der „Nützlichkeit" dieses Studiums für das spätere Leben haben. Meist haben Eltern oder Lehrer diesen Studenten nahegelegt, sich lieber für ein Fach zu entscheiden, in dem sie mehr Aussichten auf gute Arbeitsstellen haben. In diesem Text will ich versuchen, meine Ansichten zu diesen Fragen darzulegen.

Die erste mögliche Antwort lernte ich als Gymnasiast während des deutschen Trainings zur Internationalen Mathematik-Olympiade kennen. Zu dieser Zeit wusste ich nicht, was ich studieren sollte, und schwankte zwischen Physik, Informatik, Elektrotechnik und Mathematik. Einer der Dozenten sagte mir, dass man „kluge Leute immer braucht", ganz egal, was sie genau studiert haben. Ich bin mir sicher, dass man nur in dem Bereich wirklich erfolgreich sein kann, der einem am meisten Spaß macht: Nur wenn man sich für

Dierk Schleicher
Jacobs University, Postfach 750 561, D-28725 Bremen, Germany.
E-mail: `dierk@jacobs-university.de`

seine Arbeit begeistert, kann man seine gesamte Kreativität und sein gesamtes Potential ausschöpfen. Kreativen Menschen stehen so viele Türen offen, dass sie es sich leisten können, das Studienfach zu wählen, in dem sie maximale Leistungen bringen können (oder maximalen Spaß haben!), anstatt sich Sorgen um das Risiko der Arbeitslosigkeit zu machen: Nahezu alle Mathematikstudenten, die ich kenne, waren in ihren späteren Karrieren durchaus erfolgreich, obwohl sich die einzelnen Wege stark voneinander unterscheiden. Sie hatten also eine Vielzahl von Optionen für ihre spätere Karriere. (Ich selbst entschied mich, Physik und Informatik zu studieren — nur um nach meiner Diplomarbeit zu merken, dass mich in beiden Bereichen vor allem die mathematischen Fragen interessierten; so wurde ich [wieder?] zum Mathematiker und erhielt als solcher auch meinen Doktor.)

---

1 Iteration komplexer Polynome

Zum Anfang wollen wir einen der (anscheinend) nutzlosesten Teile der Mathematik betrachten: Die Iteration von Polynomen. Sei $q\colon \mathbb{C} \to \mathbb{C}$ ein Polynom, dessen Grad mindestens 2 ist. Wir interessieren uns dafür, wie sich q bei Iteration verhält: Was ist für ein bestimmtes $z \in \mathbb{C}$ das asymptotische Verhalten der Folge z, $q(z)$, $q(q(z))$, $q(q(q(z)))$, ...? Wir schreiben $q^{\circ 0} := \mathrm{id}$ und $q^{\circ n} := q \circ q^{\circ(n-1)}$ für die n-te Iterierte von q. Die Folge $(q^{\circ n}(z))_{n \in \mathbb{N}}$ nennt man den *Orbit* von z. Einige Orbits sind sicherlich beschränkt, etwa die, für die z ein Fixpunkt oder allgemeiner ein periodischer Punkt von q ist (wenn also $q(z) = z$ oder $q^{\circ n}(z) = z$ für ein $n \in \mathbb{N}$). Andere Orbits sind unbeschränkt: Ist $|z|$ groß genug, so gilt $|q(z)| > 2|z|$ und daher $q^{\circ n}(z) \to \infty$ für $n \to \infty$. Für die Theorie der dynamischen Systeme ist es wichtig, *invariante Mengen* zu finden, also Mengen $K \subset \mathbb{C}$ mit $q(K) \subset K$; verschiedene invariante Mengen erlauben es, verschiedene Aussagen über die Dynamik der verschiedenen Orbits zu treffen. Zwei offensichtlich invariante, nicht-leere Mengen sind die *gefüllte Julia-Menge*[1] von q

$$K(q) := \{z \in \mathbb{C}\colon \text{der Orbit von } z \text{ unter Iteration von } q \text{ ist beschränkt}\}$$

und die *Menge der entkommenden Punkte* von q

$$I(q) := \{z \in \mathbb{C}\colon \text{Der Orbit von } z \text{ geht unter Iteration von } q \text{ gegen } \infty\} \, ;$$

---

[1] Diese Mengen sind nach Gaston Julia (1893–1978) benannt, einem der Gründer der komplexen Dynamik im frühen 20. Jahrhundert. Der andere wichtige Pionier war Pierre Fatou (1878–1929); nach ihm ist das Komplement der Julia-Menge benannt.

für jedes Polynom q gilt $\mathbb{C} = K(q) \,\dot\cup\, I(q)$. In Abbildung 1 sieht man mehrere Beispiele für Mengen $K(q)$.

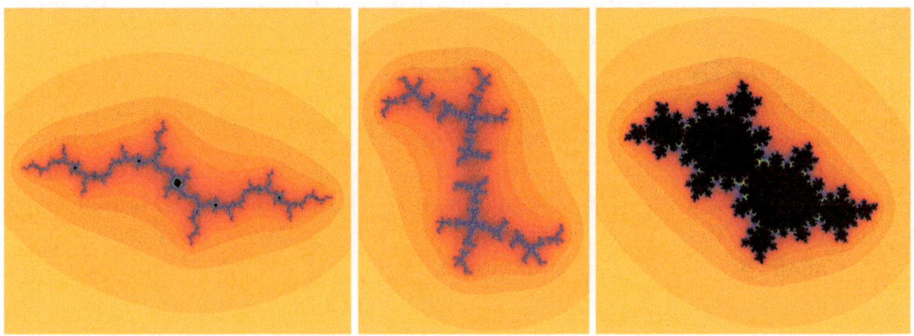

Abb. 1. Für mehrere quadratische Polynome q ist die gefüllte Julia–Menge $K(q)$ schwarz gefärbt; das gefärbte Komplement ist die Menge $I(q)$ der entkommenden Punkte, wobei die verschiedenen Farben dafür stehen, wie schnell die Punkte gegen ∞ konvergieren („fliehen"). In manchen Bildern ist die schwarze Julia–Menge so „dünn", dass man sie kaum sieht: im linken und rechten Bild ist die Julia–Menge zusammenhängend, während sie im mittleren Bild total unzusammenhängend ist.

Die Struktur dieser Mengen ist so reichhaltig wie schwer zu bestimmen: So sind etwa manche Mengen $K(q)$ zusammenhängend und andere nicht. Es ist nicht leicht, sie zu verstehen, da sich diverse Fragen stellen, die sehr tief gehen können.

Hier sind einige Beispiele:

(P1)   Hat $K(q)$ innere Punkte (d. h. enthält $K(q)$ offene Mengen)? Kann die Dynamik von q auf offenen Teilmengen von $K(q)$ explizit bestimmt werden?

(P2)   Wie kann man die verschiedenen Mengen $K(q)$ durch ihre topologischen und kombinatorischen Eigenschaften explizit unterscheiden?

(P3)   Sind alle unzusammenhängenden Mengen $K(q)$ homöomorph zueinander (also topologisch ununterscheidbar)?

(P4)   Ist der Rand einer zusammenhängenden Menge $K(q)$ (die *Julia-Menge*) eine Kurve (d. h. auf stetige, aber nicht zwingend injektive Weise durch einen Kreis parametrisiert)?

(P5)   Kann der Rand von $K(q)$ positives Maß haben? Kann insbesondere $K(q)$ selbst in dem Fall, wo es keine inneren Punkte hat, noch positives Maß haben? (Wir reden hier vom ebenen Lebesgue-Maß; die Frage bedeutet anschaulich, ob es Mengen $K(q)$ gibt, die keine inneren Punkte, aber trotzdem positiven Flächeninhalt haben.)

(P6)   Für welche (quadratischen) Polynome q ist $K(q)$ zusammenhängend (oder äquivalent $I(q)$ einfach zusammenhängend)?

Einige dieser Fragen sind schnell beantwortet, bei anderen wurde erst vor kurzem ein Durchbruch erzielt, und wieder andere sind bis jetzt ungelöst. So ist (P3) recht einfach, wenn q Grad 2 hat: Ist die gefüllte Julia-Menge eines quadratischen Polynoms unzusammenhängend, so ist sie eine *Cantor-Menge*, d. h. kompakt, total unzusammenhängend (jede zusammenhängende Teilmenge kann höchstens einen Punkt enthalten) und hat keine isolierten Punkte; und zwei Cantor-Mengen in einem metrischen Raum sind stets homöomorph. Außerdem ist die Dynamik auf zwei quadratischen Cantor-Mengen mehr oder weniger gleich (der Fachbegriff lautet „topologisch konjugiert"). Erhöht man den Grad des Polynoms, wird die Klassifizierung schwerer. Ein vor kurzem bewiesener Satz besagt jedoch, dass man alle unzusammenhängenden Julia-Mengen durch Cantor-Mengen und zusammenhängende Julia-Mengen von Polynomen mit kleinerem Grad beschreiben kann. Daher interessiert man sich vor allem für die zusammenhängenden Julia-Mengen.

Teile von (P1) sind auch einfach: enthält $K(q)$ innere Punkte, so nennt man jede Zusammenhangskomponente des Inneren von $K(q)$ eine *Fatou-Komponente*, und jede Fatou-Komponente wird durch q surjektiv auf eine andere abgebildet. Nach einem schwierigen Satz von Sullivan (der bereits vor 1920 von Fatou vermutet wurde, jedoch erst gegen 1980 bewiesen wurde) ist jede Fatou-Komponente entweder periodisch (d. h. nach endlich vielen Iterationen wird sie auf sich selbst abgebildet) oder wird zumindest nach endlich vielen Iterationen auf eine periodische Fatou-Komponente abgebildet. Für eine periodische Fatou-Komponente $U \subset K(q)$ mit Periode $n \in \mathbb{N}$ gibt es (nach einem Satz von Fatou) nur wenige Möglichkeiten:

(A)   Unter Iteration von $q^{\circ n}$ konvergiert jeder Orbit in U gegen einen periodischen Punkt $p \in U$ (in diesem Fall heißt der Orbit von p *anziehend*);

(P)   unter Iteration von $q^{\circ n}$ konvergiert jeder Orbit in U gegen einen periodischen Punkt $p \in \partial U$ (in diesem Fall heißt der Orbit von p *parabolisch*); oder

(S)   es gibt einen periodischen Punkt $p \in U$, und (nach einem geeigneten Koordinatenwechsel) ist die Dynamik von $q^{\circ n}$ die der Rotation einer Kreisscheibe um einen irrationalen Winkel (solche Komponenten U heißen *Siegel-Scheiben*, und ihre Existenz verdanken wir einem schweren Satz, der ursprünglich von dem Zahlentheoretiker Carl Ludwig Siegel stammt; auf dieses Thema wird auch in Yoccoz' Beitrag [14] in diesem Buch eingegangen).

Die Frage (P5), ob der Rand von $K(q)$ positiven Flächeninhalt haben kann, blieb jahrzehntelang ungelöst. Vor kurzem zeigten Xavier Buff und Arnaud Chéritat, dass dies in der Tat passieren kann. Die „Jagd" nach der Lösung wird in [2] beschrieben. Wir werden auf dieses Thema noch zurückkommen.

Wir hatten bereits gesehen, dass die zusammenhängenden Julia-Mengen die interessanteren sind. Wie kann man nun bestimmen, ob die gefüllte Julia-Menge $K(q)$ eines bestimmten Polynoms q zusammenhängend ist? Es stellt sich heraus, dass hierfür die kritischen Punkte von q, also die $z \in \mathbb{C}$ mit $q'(z) = 0$, ausreichen. Es gilt nämlich folgender Satz: *Die Menge $K(q)$ ist genau dann zusammenhängend, wenn die Orbits aller kritischen Punkte von* *q beschränkt sind (und sie ist eine Cantor-Menge, falls alle kritischen Orbits unter Iteration gegen ∞ konvergieren.)*

Der einfachste (nichttriviale) Fall ist der eines quadratischen Polynoms q. Nach einem passenden Koordinatenwechsel kann dieses immer als $z \mapsto q_c(z) = z^2 + c$ mit einem eindeutig bestimmten komplexen Parameter c geschrieben werden. Diese Polynome haben (in $\mathbb{C}$) nur den kritischen Punkt $z = 0$, so dass wir nur prüfen müssen, ob der Orbit von 0 beschränkt ist: Falls ja, so ist $K(q)$ zusammenhängend, und sonst ist es eine Cantor-Menge. (Hintergründe und weitere Eigenschaften der Dynamik von Polynomen findet man in Milnors exzellentem Buch [6].)

Für $q_c(z) = z^2 + c$ nennt man die Menge der Parameter c, für die $K_c := K(q_c)$ zusammenhängend ist, die *Mandelbrot-Menge* $\mathcal{M}$: Jeder Punkt in $\mathcal{M}$ steht für ein anderes quadratisches Polynom mit einer anderen Julia-Menge. Insofern kann man $\mathcal{M}$ als eine Art „Inhaltsverzeichnis" im Buch der (zusammenhängenden) quadratischen Julia-Mengen ansehen. Es erlaubt uns, Fragen wie (P2) oder (P4) systematisch zu untersuchen; trotz größerer Fortschritte gibt es hierbei noch offene Probleme.

Die Struktur der Mandelbrot-Menge $\mathcal{M}$ ist sehr kompliziert, wie man in Abbildung 2 sieht. So gibt es etwa die folgenden unbeantworteten Fragen:

(M1)   Lässt sich die Topologie der Mandelbrot-Menge einfach beschreiben?

(M2)   Sei c ein innerer Punkt von $\mathcal{M}$. Enthält die gefüllte Julia-Menge von q_c notwendigerweise einen inneren Punkt?

(M3)   Ist der Rand von $\mathcal{M}$ eine Kurve? Wie groß ist sein Flächeninhalt?

Diese so schweren wie tiefgehenden Fragen lassen sich noch nicht vollständig beantworten. Die Frage (M2) wird oft prägnanter als *„ist hyperbolische Dynamik dicht im Raum der quadratischen Polynome?"* gestellt und ist eine der wichtigsten Fragen der (komplexen) Dynamik. Die erste Hälfte von Frage (M3), ob der Rand von $\mathcal{M}$ eine Kurve ist, wird normalerweise als *„ist die Mandelbrot-Menge lokal zusammenhängend?"* gestellt, und nach einem grundlegenden Satz zweier Pioniere dieses Gebiets, Adrien Douady und John Hubbard, würde eine positive Antwort hierauf Frage (M2) beantworten [3]. In diesem Fall gäbe es auch eine recht einfache Antwort auf Frage (M1): falls $\mathcal{M}$ lokal zusammenhängend ist, lässt sich die Topologie von $\mathcal{M}$ relativ einfach durch das von William Thurston und Adrien Douady entwickelte *pinched disk model* beschreiben: das ist eine Kreisscheibe, die an genau bestimmten Stellen „zusammengequetscht" (abgeschnürt) wird (siehe etwa [13], insbesondere den Anhang).

Bis jetzt haben wir einige der grundlegenden Fragen in der *komplexen Dynamik* (bzw. *holomorphen Iterationstheorie*) vorgestellt, die eher theoretischer Natur sind. Auf den ersten Blick scheinen sie aber außerhalb dieses Felds weder interessant noch nützlich zu sein. Und doch gibt es einige kluge und sogar sehr renommierte Mathematiker, die an diesen Fragen arbeiten, und sie haben alle ihre eigenen Gründe dafür. Ich habe für mich die folgenden gefunden:

Abb. 2. Die Mandelbrot-Menge $\mathcal{M}$ (in schwarz) im Raum der iterierten komplexen Polynome $z \mapsto z^2 + c$. Jeder Punkt steht für einen bestimmten Parameter $c \in \mathbb{C}$. Die Punkte außerhalb von $\mathcal{M}$ sind abhängig davon, wie schnell der Punkt 0 unter Iteration von q_c gegen ∞ konvergiert, unterschiedlich gefärbt.

- Diese Fragen entstehen auf natürliche Weise und führen zu einer ebenso tiefgehenden wie schönen Theorie;

- sie sind verwandt zu tiefgehenden Fragen in der Physik oder anderen mathematischen Bereichen wie Zahlentheorie (siehe etwa Yoccoz' Text [14] in diesem Buch) sowie (hyperbolische) Geometrie, Topologie und viele weitere;

- obwohl wir die Fragen hier nur für sehr spezielle Abbildungen (quadratische Polynome) gestellt haben, lassen sich die meisten Antworten auf viel allgemeinere Fragestellungen erweitern (etwa die Iteration von Polynomen mit höherem Grad — und noch weitere; siehe unten), so dass wir quadratische Polynome als vereinfachte Modelle für viel kompliziertere Abbildungen ansehen können (siehe wieder Yoccoz' Beitrag);

- das Konzept der Iteration taucht in der Mathematik in den verschiedensten Situationen auf (selbst die Beweise grundlegender Sätze wie dem Satz von der impliziten Funktion oder Existenzaussagen für die Lösungen gewöhnlicher Differentialgleichungen beruhen auf einer Iterationsvorschrift; des Weiteren gehen viele Algorithmen iterativ vor); in einfachen Situationen kann man oft allgemeinere Strukturen leichter erkennen.

Meiner Meinung nach sind dies alles „richtige" Antworten. Im Abschnitt 3 werden wir außerdem die Bedeutung der Iterationstheorie komplexer Polynome an einer wichtigen Anwendung erkennen.

2 Die Dynamik des Newton-Verfahrens

Wir wollen nun eine Situation beschreiben, in der man sofort und auf natürliche Weise sieht, wie wichtig Iteration ist: Die Dynamik des Newton-Verfahrens. Betrachte eine glatte Funktion $f\colon \mathbb{R} \to \mathbb{R}$, etwa ein Polynom. Oft ist es für ein bestimmtes mathematisches oder anderes wissenschaftliches Problem wichtig, die Nullstellen von f zu bestimmen, also die Punkte $x \in \mathbb{R}$ mit $f(x) = 0$. Da man jede Gleichung $f(x) = g(x)$ äquivalent als $f(x) - g(x) = 0$ schreiben kann, ist dies eine der Grundfragen der Mathematik.

Meistens gibt es keine explizite Formel für die Nullstellen von f, und man muss sich mit genäherten Lösungen zufrieden geben (selbst wenn es eine explizite Formel gibt, ist es oft effizienter, die Lösungen durch eine Näherungsformel zu bestimmen; und wenn Formeln etwa durch Wurzel- oder Exponentialfunktionen ausgedrückt werden, müssen diese ja auch berechnet werden, ebenfalls meist durch Näherungsverfahren). Hierfür ist der bekannteste Algorithmus, der auch einer der ältesten ist, das *Newton-Verfahren*: Wenn wir eine Anfangsnäherung x_0 kennen, zeichnen wir die Tangente an f durch x_0 und bestimmen ihren Schnittpunkt mit der x-Achse. Dieser Schnittpunkt x_1 ist oft eine bessere Näherung für die tatsächliche Nullstelle; durch Iteration dieses Schritts finden wir eine Folge von Näherungen $x_n = N_f(x_{n-1})$. Es gilt somit $x_n = N_f^{\circ n}(x_0)$: Die Iteration der Newtonabbildung N_f ergibt in Abhängigkeit von x_0 eine Folge (x_n) von Näherungen. In vielen Fällen konvergiert diese Folge sehr schnell gegen eine Nullstelle von f. Es gilt nämlich folgender so klassischer wie einfacher Satz: *Ist x^* eine einfache Nullstelle von f (d. h. $f(x^*) = 0$ und $f'(x^*) \neq 0$), dann konvergiert der Newton-Orbit aller hinreichend nahe an x^* liegenden Punkte gegen x^*: Es gibt $\varepsilon > 0$ derart, dass alle x_0 mit $|x_0 - x^*| < \varepsilon$ die Eigenschaft $x_n \to x^*$ haben.* „Normalerweise" gilt dies auch für mehrfache Nullstellen; es gibt jedoch gewisse „entartete" Gegenbeispiele. Für eine einfache Nullstelle weiß man sogar, dass die Folge der Näherungen sehr schnell konvergiert. Auf lange Sicht verdoppelt sich die Anzahl der richtigen Dezimalstellen in x_n bei jeder Iteration von N_f ungefähr. So erwartet man nach 10 Iterationen von N_f etwa $2^{10} > 1000$ richtige Dezimalstellen. Natürlich liegt das weit über der Rechengenauigkeit einer konkreten Implementierung! Also besitzt der Fehler nach weniger 10 Iterationen bereits die Größenordnung der Rechengenauigkeit — wenn man nur nahe genug an x^* anfängt.

Man kann die Formel für N_f sofort aufschreiben:

$$N_f(x) = x - f(x)/f'(x)\,.$$

Wir betrachten nun den einfacheren Fall, dass $f = p$ ein Polynom in einer Variablen ist. In diesem Fall ist $N_p(x) = (xp'(x) - p(x))/p'(x)$ eine rationale Funktion (der Quotient zweier Polynome). Vielleicht ist es nicht klar, warum man Polynome iterieren sollte, aber *Newtonabbildungen von Polynomen sind dafür da, iteriert zu werden!*

Abb. 3. Links: Die Dynamikebene der Newtonabbildung eines typischen komplexen Polynoms p (hier mit Grad 7). Verschiedene Farben kennzeichnen, zu welcher Nullstelle von p ein bestimmter Punkt in $\mathbb{C}$ unter Iteration von N_p konvergiert. Rechts: Dieselbe Newtondynamik auf der Riemannschen Zahlenkugel (eine Kugel, die einen Punkt ∞ enthält, so dass das Komplement von ∞ unter stereographischer Projektion aus ∞ mit $\mathbb{C}$ identifiziert wird). Man sieht den Punkt ∞ am Nordpol (wo sich sämtliche Bassins treffen).

In Abbildung 3 sieht man die Dynamik der Newtonabbildung eines typischen Polynoms. Diese Formel ist auch für komplexe Zahlen sinnvoll, und es ist (wie so oft) viel einfacher, mit komplexen Zahlen zu arbeiten, denn es stellt sich heraus:

Reelle Mathematik ist schwer, komplexe Mathematik ist jedoch schön!

Die Bilder zeigen, dass die meisten Startpunkte in $\mathbb{C}$ unter Iteration von N_p gegen eine Nullstelle des Polynoms konvergieren. Es stellen sich nun automatisch die folgenden (wichtigen!) Fragen:

(N1)   Konvergieren *fast alle* Punkte in $\mathbb{C}$ unter Iteration von N_p gegen eine Nullstelle von p? (Ist die Wahrscheinlichkeit, dass ein zufällig gewählter Startpunkt gegen eine Nullstelle konvergiert, 1? Ist äquivalent die Menge der Startpunkte, die nicht gegen irgendeine Nullstelle konvergieren, eine ebene Nullmenge?) Dies wäre der *bestmögliche* Fall.

(N2)   Kann es *offene Mengen* von Punkten in $\mathbb{C}$ geben, die unter Iteration von N_p nicht gegen irgendeine Nullstelle von p konvergieren? Dies wäre der *schlechteste* Fall.

(N3)   Sei p ein Polynom vom Grad $d \geq 2$, von dem wir nur wissen, dass alle Nullstellen von p in der komplexen Einheitsscheibe $\mathbb{D}$ liegen. Wie können wir Startpunkte finden, so dass uns die Newton-Iteration *alle* Nullstellen liefert?

(N4)   Wie oft muss man von passenden Startpunkten iterieren, um alle Nullstellen mit einer bestimmten Genauigkeit $\varepsilon > 0$ zu finden?

Für eine Nullstelle α von p sei B_α das *Bassin* von α, also die Menge aller $z \in \mathbb{C}$, die unter Iteration von N_p gegen α konvergieren. Man sieht leicht, dass jedes Bassin offen ist und eine Umgebung von α enthält. Die Vereinigung aller Bassins sind die „guten" Startpunkte (für die man mit Newton-Iteration eine Nullstelle findet), alle anderen Punkte sind „schlecht" (hier führt das Newton-Verfahren nicht zu einer Nullstelle).

Für ein quadratisches Polynom p mit zwei verschiedenen Nullstellen sieht man leicht, dass die Menge der schlechten Startpunkte immer aus der Mittelhalbierenden der beiden Punkte besteht. Im Fall, dass der Grad d von p mindestens 3 ist, wird es schon interessanter. Beachte zunächst, dass jede Newtonabbildung (für ein Polynom p vom Grad $d \geq 2$) schlechte Startwerte z besitzt: So gibt es für jedes $n \geq 2$ periodische Punkte mit Periode n (aber für jedes n nur endlich viele). Außerdem ist der Rand jedes Bassins abgeschlossen und nicht leer und schneidet kein Bassin einer Nullstelle. Also konvergiert kein Punkt auf dem Rand irgendeines Bassins gegen eine Nullstelle. Es stellt sich interessanterweise heraus, dass die Ränder *aller* Bassins stets gleich sind! Dieser gemeinsame Rand ist die *Julia-Menge* von N_p. Wir können die Fragen (N1) und (N2) also auch wie folgt stellen: Liegt jeder Punkt $z \in \mathbb{C}$, der nicht gegen eine Nullstelle von p konvergiert, in dem gemeinsamen Rand aller Bassins? Und kann dieser gemeinsame Rand positives Maß haben?

3 Nutzloses und Nützliches

Abbildung 4 liefert Hinweise zu einigen unserer Fragen: Für die Newton-Iteration mancher kubischer Polynome gibt es Teilmengen der Menge schlechter Startwerte, die wie die gefüllten Julia-Mengen quadratischer Polynome aussehen. Dahinter steht die grundlegende Theorie der „polynomartigen Abbildungen" und „Renormierung", die von Adrien Douady und John Hubbard entwickelt wurde: *Für jedes quadratische Polynom q gibt es ein kubisches Polynom p, so dass die Menge der schlechten Startwerte für die Newton-Dynamik von N_p eine Kopie der gefüllten Julia-Menge von q enthält.* Man kann sogar in einem präzisen mathematischen Sinn zeigen, dass für alle kubischen Newton-Abbildungen die *meisten* schlechten Startwerte zu solchen kleinen Kopien von gefüllten Julia-Mengen quadratischer Polynome gehören (alle anderen bilden eine Nullmenge). Man muss also die Dynamik der Iteration von Polynomen verstehen, um die schlechten Punkte der Newton-Dynamik zu verstehen. *Wir müssen für die „nützlichen" Fragen über die Newton-Dynamik die „nutzlose" Theorie der iterierten Polynome kennen!*

Die Renormierungstheorie beantwortet Frage (N1) mit *nein:* Es gibt Polynome p derart, dass der Rand der Menge der Punkte, die gegen eine Nullstelle konvergieren, *positives Maß* hat, da dieser Rand eine Kopie des Rands der gefüllten Julia-Menge eines quadratischen Polynoms enthält, deren Maß posi-

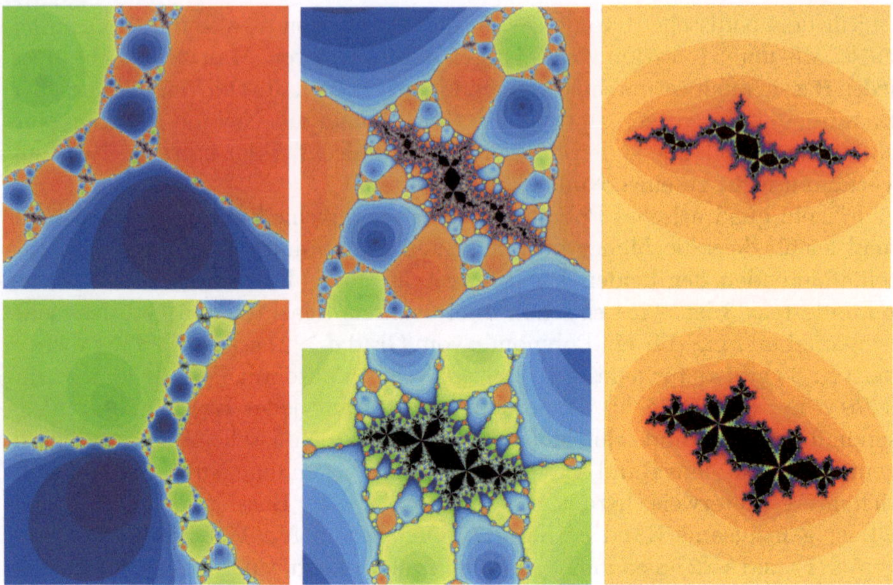

Abb. 4. Newtonabbildungen zweier kubischer Polynome (links) und Vergrößerungen einiger Details (Mitte). „Renormierbare" Startwerte, die nicht gegen eine Nullstelle konvergieren, sind schwarz; die anderen Punkte sind in Abhängigkeit von der Nullstelle, gegen die sie konvergieren, gefärbt. Rechts: Die gefüllten Julia-Mengen zweier quadratischer Polynome, die homöomorph zu (einer Zusammenhangskomponente) der Menge der schwarzen Punkte in den mittleren Bildern ist.

tiv ist. Man benutzt hierfür die vor kurzem gefundene Antwort auf die Frage (P5).

Schlimmer noch: da es viele quadratische Polynome gibt, deren gefüllte Julia-Mengen innere Punkte enthalten, gibt es viele kubische Polynome p, so dass die Menge der schlechten Startwerte für die Newtonabbildung N_p innere Punkte, d. h. offene Mengen enthält; hiermit wird Frage (N2) beantwortet. Einige Beispiele sieht man in Abbildung 4.

Dieser „schlechteste Fall", dass Newtonabbildungen offene Mengen schlechter Startwerte haben können, wurde gegen Ende der 1970er Jahre entgegen der allgemeinen Erwartung entdeckt, nachdem es möglich wurde, systematische Computerexperimente vorzunehmen (ein Pionier hierbei war John Hubbard). Dies führte den Fields-Medaillisten Stephen Smale und andere dazu, die folgende Frage zu stellen [10, Problem 6]:

(N5)   Man klassifiziere die Polynome p (mit beliebigem Grad), deren Newtonabbildungen N_p offene Mengen schlechter Startwerte besitzen.

Jetzt, etwa 25 Jahre später, können wir auch diese Frage beantworten. Teile der Antwort finden sich in der Doktorarbeit von Yauhen Mikulich aus Bremen. Ohne zu sehr auf Details einzugehen: Es stellt sich heraus, dass man, um die so nützliche wie wichtige Frage (N5) zu beantworten, die Feinheiten der „nutzlosen" Dynamik iterierter Polynome beliebigen Grades verstehen muss! In allen Graden $d \geq 3$ sind (bis auf eine Nullmenge) alle „schlechten" Startwerte in kleinen Kopien von Julia-Mengen bestimmter Polynome enthalten, und für deren Klassifikation benötigt man eine Klassifikation aller iterierten Polynome.

Wir wollen nun ein bestimmtes „Spielzeugmodell" mit kleinem Grad betrachten. Wir haben bereits gesehen, dass die Newtonabbildungen quadratischer Polynome recht einfach sind. Doch bereits für kubische Polynome sind die Abbildungen sehr viel interessanter. Betrachten wir also ein kubisches Polynom $p(z) = c(z-\alpha_1)(z-\alpha_2)(z-\alpha_3)$ mit $c, \alpha_1, \alpha_2, \alpha_3 \in \mathbb{C}$. Da der Faktor c in der Newtonabbildung $N_p(z) = z - p(z)/p'(z)$ gekürzt wird, können wir $c = 1$ annehmen. Nach einer Verschiebung können wir $\alpha_1 = 0$ annehmen, und nach einer Drehstreckung dürfen wir (bis auf Umbenennung) $\alpha_2 = 1$ annehmen (es sei denn $\alpha_3 = \alpha_2 = \alpha_1 = 0$). In geeigneten Koordinaten können wir also jedes kubische Polynom außer z^3 als $p_\lambda(z) = z(z-1)(z-\lambda)$ schreiben, und da die Newtonabbildung sich unter Koordinatenwechseln mittransformiert, können wir uns auf diese Polynome einschränken. Zu jedem $\lambda \in \mathbb{C}$ gehört somit das kubische Polynom p_λ und damit auch die Newtonabbildung $N_{p_\lambda} =: N_\lambda$.

Am Anfang der Untersuchung steht folgender klassischer Satz: *enthält die Menge der schlechten Startwerte eines kubischen Polynoms p eine offene Menge, so enthält sie auch den Schwerpunkt der drei Wurzeln von p.*

Um herauszufinden, ob die Newtonabbildung eines bestimmten kubischen Polynoms eine offene Menge schlechter Startwerte besitzt, muss sie nur mit einem einzigen Startwert $z \in \mathbb{C}$ iteriert werden (nämlich dem Schwerpunkt; dieser ist gerade der einzige Punkt $z \in \mathbb{C} \setminus \{\alpha_1, \alpha_2, \alpha_3\}$ mit $N'_\lambda(z) = 0$: er ist der einzige „freie kritische Punkt" von N_λ, und der Zusammenhang zwischen seinem Iterationsverhalten und der Dynamik des Systems ist analog zu dem Verhalten kritischer Punkte weiter oben). Abbildung 5 zeigt die komplexe Zahlenebene als Parameter λ des kubischen Polynoms p_λ aufgefasst: die schwarzen Parameter λ sind gerade die, für die der freie kritische Punkt (der Schwerpunkt) nicht gegen irgendeine Nullstelle konvergiert. Es stellt sich nun heraus, dass man zum Verstehen der „schlechten kubischen Polynome" bereits die Mandelbrotmenge verstehen muss! (Siehe [11].) Analog muss man für allgemeine Polynome höheren Grades eine gewisse höherdimensionale Verallgemeinerung der Mandelbrotmenge verstehen, und obwohl dies im Detail sehr viel schwerer ist, ist das Grundprinzip gleich.

4 Alte Fragen und neue Antworten

Wir kommen nun zu praktischen Fragen. Das Newton-Verfahren wurde zur Bestimmung der Nullstellen glatter Funktionen entwickelt. Wie kann man in

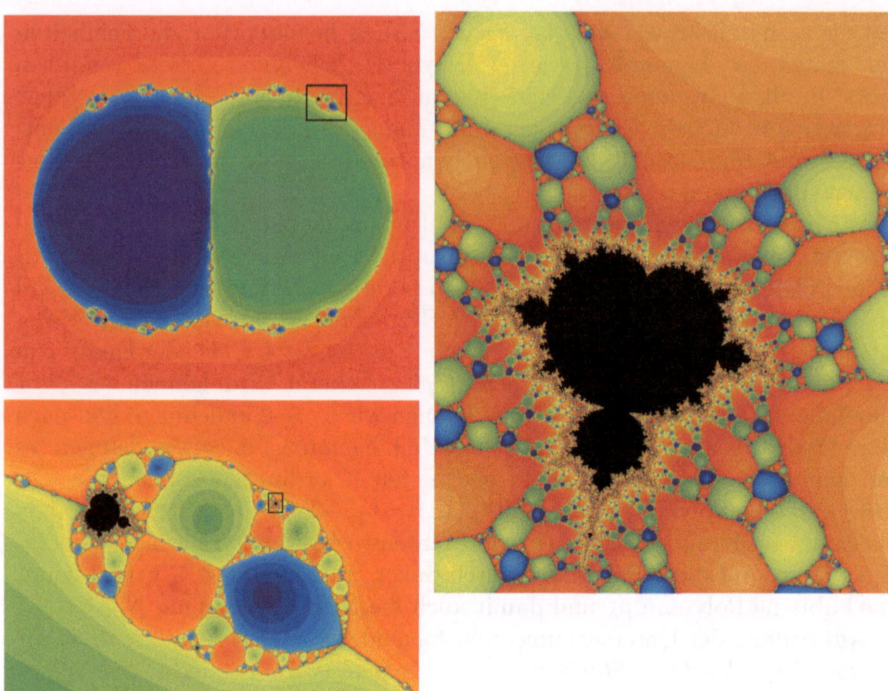

Abb. 5. Die λ-Ebene kubischer Polynome $p_\lambda(z) = z(z-1)(z-\lambda)$ für $\lambda \in \mathbb{C}$. Schwarze Punkte stehen für Polynome, deren freier kritischer Punkt nicht gegen eine Nullstelle konvergiert. Es werden ein Überblick der λ-Ebene (oben links) und zwei schrittweise Vergrößerungen (unten links und rechts) dargestellt. Die Farben zeigen, gegen welche Nullstelle der freie kritische Punkt konvergiert.

dem relativ einfachen Fall eines komplexen Polynoms einer Variable konkret alle Nullstellen finden? Das oben beschriebene Newton-Verfahren ist grundsätzlich heuristisch: man wählt den Startwert irgendwie, iteriert die Newton-Abbildung und hofft, dass der Orbit gegen eine Nullstelle konvergiert. Selbst wenn fast alle Startwerte gegen *irgendeine* Nullstelle konvergieren, ist noch nicht klar, wie man auf diese Weise *alle* Nullstellen finden soll. Kann es etwa passieren, dass sich eine Nullstelle „versteckt" und nur von einer kleinen Menge von Startwerten aus erreicht werden kann? (Natürlich könnte man eine Wurzel finden, den entsprechenden Linearfaktor herausdividieren und mit dem Restpolynom genauso vorgehen. In der Praxis ist dies jedoch selten sinnvoll, da dieser Algorithmus numerisch sehr instabil ist. Außerdem kann es sein, dass das Polynom in einer einfachen Form vorliegt, die verloren ginge, wenn man Nullstellen herausdividiert. Daher wollen wir *alle* Nullstellen ohne Herausdividieren von Nullstellen finden.)

Eines unserer Ziele ist es, aus dem Newton-Verfahren einen Algorithmus zu machen. Wir wollen ein „Rezept" der folgenden Art: *Gegeben sind ein Polynom p vom Grad $d \geq 2$ und eine Fehlertoleranz $\varepsilon > 0$. Wähle die Start-*

werte $z^{(1)}, \ldots, z^{(k)}$ *mit* $k \geq d$ *(präzisieren) und iteriere die Newtonabbildung an diesen Punkten, bis die folgende Bedingung gilt (präzisieren). Dann gibt es d Punkte auf den iterierten Orbits (präzisieren), so dass jede der d Nullstellen von p von einem von ihnen höchstens Abstand ε hat.* (An den angegebenen Stellen muss das Rezept präzisieren, etwa an welchen Startwerten die Iteration begonnen werden soll; in unserem Ansatz hängen diese gar nicht von p ab, solange p geeignet normiert ist.)

Das Newton-Verfahren ist so alt wie die gesamte Analysis, doch bis jetzt wurde es noch nicht zu einer vollständigen Theorie entwickelt, und es ist (noch) kein Algorithmus. Eines der Hauptprobleme ist, dass ein Orbit $z_n = N_p^{\circ n}(z_0)$ einen Punkt z erreichen könnte, in dem $p'(z)$ sehr nahe an Null ist, so dass $N_p(z) = z - p(z)/p'(z)$ nahe an ∞ ist, und es anschließend lange dauert, bis der Orbit wieder die Gegend der Nullstellen erreicht. Daher ist die Dynamik schwer zu kontrollieren. Für einen bestimmten Startwert ist es nicht leicht, zu entscheiden, ob dies passieren wird. Daher wurde das Problem der Bestimmung der Nullstellen eines Polynoms im Rahmen der numerischen Analysis zwar intensiv bearbeitet, doch da das Newton-Verfahren den Ruf hat, schwer zu kontrollieren zu sein, basieren die meisten Ansätze auf anderen numerischen Methoden. Einen aktuellen Überblick über den Wissensstand bezüglich des Newton-Verfahrens zum Finden von Nullstellen liefert [7].

Es stellt sich jedoch heraus, dass Methoden der komplexen Dynamik, insbesondere die „nutzlosen" Teile der Theorie, helfen können, das Newton-Verfahren zu einem praktisch anwendbaren Algorithmus zu machen. So gibt es den folgenden relativ neuen Satz [5]: *Gegeben sei ein (auf eine bestimmte Weise normiertes) Polynom vom Grad $d \geq 2$. Dann kann man eine recht kleine Menge von $k = \lceil 1.11\, d \log^2 d \rceil$ Startwerten $z^{(1)}$, $z^{(2)}$, $\ldots$, $z^{(k)}$ angeben, so dass es für jede Nullstelle α von p mindestens einen Startwert gibt, der unter Iteration von N_p gegen α konvergiert.* Dies ist eine Menge „guter Startwerte", die nur vom Grad d, nicht aber vom Polynom p selbst abhängt (solange dieses auf eine bestimmte Weise normiert ist). Hiermit können wir Frage (N3) beantworten. Man kann die Menge der Startwerte explizit aufschreiben; die Punkte sind auf $\log d$ konzentrischen Kreisen um den Ursprung gleichverteilt. Die Anzahl der Punkte lässt sich sogar deutlich auf etwa $d(\log \log d)^2$ reduzieren, wenn man einige von ihnen zufällig verteilt! Das ist ein ziemlich neues Ergebnis, das gemeinsam mit Béla Bollobás, einem der Autoren dieses Buchs, und dem Mitherausgeber Malte Lackmann gefunden wurde [1]. An diesem Resultat war also ein junger Mathematiker beteiligt, der gerade an der Grenze zwischen Schule und Universität stand — ganz im Sinne der „Einladung in die Mathematik"!

Wir haben also den Grundstein für einen auf dem Newton-Verfahren basierenden Algorithmus gelegt, sind jedoch noch nicht ganz fertig. Eine der wichtigsten offenen Fragen ist (N4): Wie viele Iterationen sind nötig, um alle Nullstellen bis auf eine bestimmte Genauigkeit ε zu finden? Auch für dieses Problem erwarten wir, dass man mit Methoden der komplexen Dynamik, insbesondere mit einer Mischung aus euklidischer und hyperbolischer Geome-

trie, hier Fortschritte erzielen kann; es ist tatsächlich möglich, explizite obere
Schranken für die Anzahl der Iterationen, die zur Bestimmung sämtlicher
Nullstellen benötigt werden, anzugeben, und diese sind nicht allzu schlecht
und werden im Laufe der Zeit immer besser (siehe etwa [8, 9]). Vielleicht ist
das Newton-Verfahren doch ein besserer Algorithmus, als man immer dachte
— an ihm wird seit den Anfängen der Analysis geforscht, und doch bietet er
noch genug Möglichkeiten für weitere Arbeit. Entgegen gewisser Vorurteile
kann man selbst in den ältesten Teilen der Mathematik Neues entdecken —
oft gerade weil es in anderen Gebieten Fortschritte gab, unabhängig davon,
ob diese zuvor als nützlich oder nutzlos eingestuft wurden. (Auf diese Einsicht
geht auch Timothy Gowers in seinem Beitrag ein [4].)

Wir können der Versuchung nicht widerstehen, kurz auf Funktionen f einzugehen, die allgemeiner als Polynome sind. Eine erste Verallgemeinerung
sind etwa die „ganzen Funktionen" $f : \mathbb{C} \to \mathbb{C}$, die in jedem Punkt von $\mathbb{C}$
(komplex) differenzierbar sind. Ein klassisches Beispiel ist die berühmte „Riemannsche Zetafunktion" ζ, die auch in Terence Taos Beitrag [12] beschrieben
wird: Sie nimmt an den geraden negativen ganzen Zahlen den Wert Null an,
und die Riemannsche Vermutung besagt, dass alle anderen Nullstellen Real-
teil 1/2 haben. Die Zetafunktion ist keine ganze Funktion (sie hat einen Pol
bei $z = 1$), es gibt aber eine eng verwandte Funktion, die ξ genannt wird. Ihre
Nullstellen sind genau die „nichttrivialen" Nullstellen von ζ. Auch auf diese
Funktion kann man das Newton-Verfahren anwenden: siehe Abbildung 6. Die
Verteilung dieser Nullstellen ist der Grundstein für viele mathematische Er-

Abb. 6.   Die Dynamik der Riemannschen ξ-Funktion: In dem Bild sind einige Nullstellen
markiert, und die verschiedenen Farben stehen dafür, gegen welche Nullstellen von ξ ein
gegebener Punkt der Ebene unter Iteration des Newton-Verfahrens konvergiert.

gebnisse, und das Newton-Verfahren ist genau dafür ausgelegt. Natürlich gibt es spezialisierte, genau auf die Zetafunktion zugeschnittene Verfahren, doch das Newton-Verfahren ist sogar für solche Funktionen allgemein genug; leider können wir auf die Details hier nicht eingehen.

Ich möchte mit einer persönlichen Bemerkung schließen. Für mich gibt es keine nützliche oder nutzlose Mathematik. Verschiedene Bereiche der Mathematik sind mehr oder weniger interessant — das sollte jeder für sich selbst festlegen. Aber kein Teil der Mathematik sollte als „nützlich" oder „nutzlos" eingestuft werden. Die Mathematik ist voller Verbindungen und Zusammenhänge. Manche sind offensichtlich, andere werden erst lange Zeit später entdeckt. Manche von uns gewinnen ihre Motivation aus der inneren Schönheit unserer Forschungsgebiete, andere, weil wir damit Fragen beantworten oder Probleme lösen können, die von innerhalb oder auch außerhalb der Mathematik kommen. Wir bauen alle gemeinsam am „Haus" der Mathematik, und hierfür zählt vor allem, dass wir neue Zusammenhänge erkennen, über die engen Grenzen unserer Teildisziplinen herausdenken und gewillt sind, tiefer in die weißen Flecken auf der mathematischen Landkarte einzudringen. Gute Mathematik wird früher oder später immer eine Anwendung finden, oft entgegen aller Erwartungen. Wenn wir uns nur auf offensichtliche Anwendungen einschränken, würden wir die wichtigsten Verbindungen übersehen — das wäre eine Verschwendung der Talente, die am meisten aufblühen und sich am wohlsten fühlen, wenn sie eine gute Theorie entwickeln können!

Literaturverzeichnis

[1] Béla Bollobás, Malte Lackmann und Dierk Schleicher: *A small probabilistic universal set of starting points for finding roots of complex polynomials by Newton's method.* Mathematics of Computation **82** 281 (2013), 443–457.

[2] Arnaud Chéritat, *The hunt for Julia sets with positive measure.* In: *Complex Dynamics: Families and Friends*, Dierk Schleicher (Herausgeber), A K Peters, Wellesley/MA, 2009, 539–559.

[3] Adrien Douady und John Hubbard, *Etude dynamique des pôlynomes complexes* (die „Orsay Notes"). Publications mathématiques d'Orsay 84-02 (1984) und 85-04 (1985).

[4] W. Timothy Gowers, *Sind IMO-Aufgaben wie Forschungsprobleme? Ramseytheorie als Fallstudie.* In: *Eine Einladung in die Mathematik* (dieses Buch).

[5] John H. Hubbard, Dierk Schleicher und Scott Sutherland, *How to find all roots of complex polynomials by Newton's method*. Inventiones Mathematicae **146** (2001), 1–33.

[6] John Milnor, *Dynamics in One Complex Variable. Third edition*. Princeton University Press, Princeton/NJ, 2006.

[7] Johannes Rückert, *Rational and transcendental Newton maps*. In: *Holomorphic Dynamics and Renormalization. A Volume in Honour of John Milnor's 75th Birthday*, Mikhail Lyubich und Michael Yampolsky (Herausgeber), Fields Institute Communications **53** (2008), 197–212.

[8] Dierk Schleicher, *Newton's method as a dynamical system: efficient root finding of polynomials and the Riemann ζ function*. In: *Holomorphic Dynamics and Renormalization. A Volume in Honour of John Milnor's 75th Birthday*, Mikhail Lyubich und Michael Yampolsky (Herausgeber), Fields Institute Communications **53** (2008), 213–224.

[9] Dierk Schleicher, *On the efficient global dynamics of Newton's method for complex polynomials*. Preprint, 29. August 2011, 20 Seiten; `http://arxiv.org/abs/1108.5773`

[10] Stephen Smale, *On the efficiency of algorithms of analysis*. Bulletin of the American Mathematical Society (New Series) **13** 2 (1985), 87–121.

[11] Tan Lei, *Branched coverings and cubic Newton maps*. Fundamenta Mathematicae **154** (1997), 207–260.

[12] Terence Tao, *Struktur und Zufälligkeit der Primzahlen*. In: *Eine Einladung in die Mathematik* (dieses Buch).

[13] William Thurston, *On the Geometry and Dynamics of Iterated Rational Maps*; manuscript (1982). In: *Complex Dynamics: Families and Friends*, Dierk Schleicher (Herausgeber), A K Peters, Wellesley/MA, 2009, 3–137.

[14] Jean-Christophe Yoccoz, *Kleine Nenner: Zahlentheorie in dynamischen Systemen*. In: *Eine Einladung in die Mathematik* (dieses Buch).